W0383343

Peter Semmens

Katastrophen auf Schienen

Eine weltweite Dokumentation

trans press

Einbandgestaltung: Jürgen Schumann

Die Originalausgabe ist erschienen unter dem Titel »Railway Disasters of the World«.
Photographs Copyright by Mayumi Cho, 1992.
© 1994 Fenice 2000 S.r.l., Milan, for the international edition.

Die Übersetzung besorgten
Ekkehard Asche und Ursula Nixdorf

Titelbild: Markus Widmer

ISBN 3-344-71030-3

© für die deutsche Ausgabe:
1996 by transpress Verlag, Postfach 10 37 43, 70032 Stuttgart.
Ein Unternehmen der Paul Pietsch-Verlage GmbH & Co.
Sämtliche Rechte der Speicherung, Verfielfältigung und Verbreitung sind vorbehalten.
Lektorat: Claus-Jürgen Jacobson.
DTP: Bernd Peter
Druck und Bindung: Freiburger Graphische Betriebe, 79108 Freiburg i.Br.
Printed in Germany

Inhaltsverzeichnis

Die Eisenbahnen und die Sicherheit

Sicherheit ist etwas Emotionales. Sie ist darüber hinaus etwas, bei dem die meisten von uns eine doppeldeutige Haltung einnehmen, sei es bewußt oder unbewußt. Wenn unser Körper oder unser Eigentum durch andere Schaden nehmen, dann erwarten wir, daß irgend jemand für nicht angemessene Sicherheitsvorkehrungen verantwortlich gemacht wird. Wie oft denken wir jedoch nicht im geringsten daran, eben solche Vorkehrungen bei Tätigkeiten im täglichen Leben einzuhalten, sei es z.B. das Tragen einer Schutzbrille oder das Anlegen des Sicherheitsgurtes, ganz zu schweigen davon, daß wir beim Autofahren Geschwindigkeitsbegrenzungen nicht beachten. Alle diese Vorschriften erscheinen uns mitunter trivial. Dennoch sollten wir sie einhalten, insbesondere am Arbeitsplatz.

Im Jahre 1815 erfanden George Stephenson und Humphrey Davy die Sicherheitslampe. Über diese Erfindung herrschte allgemein Freude, spendete sie doch in den Kohleminen Licht, ohne daß die Gefahr bestand, daß Explosionen durch offene Flammen ausgelöst werden könnten. Diese Lampen mußten später so gestaltet werden, daß sie unter Tage nicht geöffnet werden konnten.

Früher explodierten oftmals die Kessel der Dampflokomotiven, weil irgend jemand an den Sicherheitsventilen herumhantiert hatte. Auf diese Weise starb der Heizer der »Locomotion« keine drei Jahre nach der Eröffnung der Stockton & Darlington Railway.

Nur allzu leicht übersehen wir die Tatsache, daß wir unser ganzes Leben lang den verschiedensten Gefahren ausgesetzt sind. Die Wahrscheinlichkeit, durch einen Unfall im eigenen Hause zu Tode zu kommen, ist nur unwesentlich geringer als die, in einem Verkehrsunfall zu sterben (86 Menschen pro Million verglichen mit 98 pro Million)[1]. Das Leugnen dieser Tatsache mag sehr wohl darauf zurückzuführen sein, daß die einzige hundertprozentige Gewißheit unser aller der Tod ist. Die Fähigkeit der Medien und Politiker, Besorgnis über potentielle oder tatsächliche Unglücke auszulösen, hat den gleichen Ursprung. Aus diesem Grunde ist es leicht, die gewaltigen Verbesserungen in der Transportsicherheit, die in diesem Jahrhundert erreicht wurden, zu mißachten. Eine Untersuchung der internationalen Eisenbahnszene über diesen Zeitraum kann den Lesern somit helfen, die Leistungen von Wissenschaft und Technik in diesem Bereich besser zu würdigen.

Betrachtet man die Unfälle oder Katastrophen, die sich während der vergangenen 90 Jahre ereignet haben, so ist es wichtig, jedes dieser Unglücke auf dem Hintergrund des jeweiligen Standes der Technik sowie der Erwartungen und Einstellungen der Öffentlichkeit jener Zeit zu sehen. Von den zwanziger Jahren des 19. Jahrhunderts an hatte die Erfindung der Dampflokomotive der industriellen Revolution einen wesentlichen Impuls verliehen. Obwohl die blühendste und einflußreichste Entwicklung der Eisenbahnen in den ersten Jahrzehnten des 20. Jahrhunderts lag[2], unterschieden sich die Eisenbahntechnologie in den Jahren nach 1900 wie auch der damalige Lebensstandard erheblich von denen der heutigen Zeit.

Zu Beginn des 20. Jahrhunderts erreichten einige Versuchszüge Geschwindigkeiten von 160 km/h[3], darunter auch dampfgeführte[4]. Die Reisezugwagen jener Zeit waren weitgehend die gleichen wie diejenigen, die 50 Jahre später gebaut wurden. Die Erfindung des Telefons und des Radios stand zwar noch aus, aber dank des elektrischen Telegrafen war es über viele Jahre möglich gewesen, Nachrichten zu senden, um den jeweiligen Ort, an dem sich die Züge gerade befanden, vor ihrer Ankunft mitzuteilen. Vielleicht bestand gerade darin der größte Einzelbeitrag zur Sicherheit der Eisenbahn, vor allem auf einspurigen Strecken, die auch heute noch weltweit überwiegen. Auch die Einführung des Blockstreckensignalsystems stützte sich auf den Einsatz telegrafischer Ausrüstungen, jedoch waren solche Anlagen im Jahre 1900 bei weitem nicht überall zu finden.

Die meisten der potentiellen, mit der Dampflokomotive im Zusammenhang stehenden Gefahren wurden bis 1900 erkannt, und es wurden Systeme geschaffen, um ihren Einsatz auf breiter Ebene zu ermöglichen. Dennoch kam es im 20. Jahrhundert noch gelegentlich zur Explosion eines Dampfkessels, die in einem Fall sogar das Ausmaß einer Katastrophe annahm[5]. Mit der Zunahme der Größe jedoch tauchten neue Probleme auf; die Indienststellung der Pacific-Züge in Frankreich zog im Jahre 1910 aufgrund von Schwierigkeiten bei der Signalsichtung etliche schwere Unfälle nach sich[6]. Einige Probleme gab es auch mit bestimmten Konstruktionen des Drehgestells, das dazu neigte, aus den Gleisen zu springen, doch sie haben zu keiner Zeit zu katastrophalen Folgen geführt.

An einigen Orten war bereits der elektrische Zugbetrieb aufgenommen worden, was jedoch im großen und ganzen keine spezifischen Veränderungen im Sicherheitsstandard der Eisenbahnen bewirkte. Auch waren in vielen Städten elektrische Straßenbahnen aufgetaucht, die aufgrund der erwarteten Zunahme des motorisierten Verkehrs die Ursache für zahlreiche Unfälle waren. Vom 1. Mai 1907 bis zum 30. April 1908 wurden in Großbritannien 105 Menschen durch die Straßenbahn getötet und 1003 verletzt.[7]

Das Ersetzen der Öl- und Gasbeleuchtung in Zügen durch elektrischen Strom bedeutete vom Standpunkt der Sicherheit aus einen großen Schritt nach vorne, da durch die veralteten Beleuchtungssysteme die Trümmer oftmals in Brand gesetzt wurden, nachdem der Unfall passiert war, wodurch sich die Anzahl der Todesopfer noch weiter erhöhte. Zur Jahrhundertwende waren die Personenzüge hauptsächlich aus Holz gebaut, aber auch das änderte sich ziemlich rasch. Allerdings fanden hölzerne Karosserien auf stählernen Unterbauten bei manchen Bahngesellschaften noch viele Jahre Anwendung (in Großbritannien zum Beispiel bis zu Beginn der 50er Jahre). Zu Beginn des 20. Jahrhunderts tauchten dann Schienenfahrzeuge mit Ölantrieb auf, jedoch stellte die Verwendung eines solch leicht entzündbaren Treibstoffes eine zusätzliche Gefahr im Falle eines Unfalls dar[8]. Die Übernahme des Verbrennungsmotors für Lokomotiven auf breiter Ebene ließ die Entwicklung des Dieselmotors erwarten. Da solche Motoren vergleichsweise langsamen anliefen, wurden sie später mit dem elektrischen Antrieb kombiniert, um so allmählich die Dampftraktion von den Eisenbahnen dieser Welt zu verbannen.

Gerade die Kombination dieser beiden Formen der Antriebskraft revolutionierte die Bahngeschwindikeit in der zweiten Hälfte unseres Jahrhunderts. Angeführt vom japanischen »Shinkansen« aus dem Jahre 1965, wurden Geschwindigkeiten von 200 km/ h oder mehr alltäglich, und so verkehren jetzt die französischen TGV-Züge regelmäßig mit einer planmäßigen Geschwindigkeit von 300 km/h. Diese Hochgeschwindigkeitszüge fahren keinesfalls nur auf neugebauten Strecken, und es sei angemerkt, daß vor ein paar Jahren British Rail mehr Züge dieser Art betrieb als jedes andere Land. Die meisten von ihnen waren Dieselmotorzüge und fuhren auf Strecken, die mitunter 150 Jahre alt waren. Die für sie geltenden Sicherheitsstandards sind extrem hoch; das herausragendste Beispiel sind die japanischen »Bullet-Züge«, bei denen es in den fast 30 Jahren seit ihrer Inbetriebnahme noch nicht einen einzigen Toten gegeben hat.

Das Wetter liegt noch außerhalb unseres Einflußbereiches, aber die Technik hat es möglich gemacht, einige seiner Gefahren unter Kontrolle zu bringen, insbesondere dadurch, daß zuverlässigere Vorhersagemethoden entwickelt wurden. Die Einführung von Streckengleisschaltungen, Farbsignalen und der Signalgebung vom Führerhaus aus hat viel dazu beigetragen, den feuchten und oft tödlichen Zugriff des Nebels zu bezwingen und dabei den Nebelmann mit seinen Knallkapseln und Kohlefeuern an der Gleisstrecke zu ersetzen. Vor der Zeit, als Gesetze zur Gewährleistung einer sauberen Luft erlassen wurden, waren die Folgen des »dicken, gelben Nebels«, wie er typisch war für London, schlimmer als heute, aber nun sind es die Benutzer der Straßen, die auf Autobahnen in gewaltige Massenkarambolagen im Nebel verwickelt werden. Hin und wieder wurden Züge von heftigen Stürmen aus den Gleisen gefegt, doch die größten Gefahren birgt starker Regen, der Erdrutsche und Überflutungen hervorrufen kann. Die Häufigkeit, mit der Züge in angeschwollene Flüsse getrieben wurden, nachdem eine Brücke oder ein Bahndamm durch die Fluten in Mitleidenschaft gezogen worden war, ist erstaunlich. Unglücke dieser Art passieren immer wieder, und bis heute gibt es keine Möglichkeit, sie zu verhindern.[9]

Die »falsche Sorte Schnee« unterbricht nach wie vor den Zugverkehr in vielen Ländern, nicht nur in Großbritannien, doch waren in diesem Jahrhundert die durch diese Art von Niederschlägen verursachten Unglücke selten.

Bereits 1913 hatte sich die jährliche Gesamtzahl der bei Verkehrsunfällen in Großbritannien ums Leben gekommenen Menschen auf 2.099 erhöht, und es gab mehr als 43.000 Verletzte[10]. Bis Mitte der dreißiger Jahre überstieg sie jedoch 7.000 und diese Zahlen blieben so hoch bis in die siebziger Jahre. Im Jahre 1990 aber ging die Anzahl trotz des zunehmenden Verkehrs auf 5.217 zurück, wobei 341.141 Menschen verletzt wurden[11]. Bei den meisten dieser Unfälle sterben ein oder zwei Personen, aber selbst in Anbetracht ihrer Häufigkeit machen die wenigsten Schlagzeilen in den nationalen Medien. Gerade weil sie so selten passieren, gelangen Eisenbahnunfälle unverhältnismäßig schnell in den Blickpunkt des öffentlichen Interesses. So gab es beim Aufprall eines Zuges auf einen Prellbock in der Cannon Street lediglich zwei Tote, obwohl sehr viele Menschen verletzt wurden. Die Medien aber hatten – beschenkt mit dieser Story vor ihrer Haustür – ihren großen Tag. Eisenbahnunglücke haben einen besonderen Sensationswert. Dadurch gelangen derartige Nachrichten rasch an die Agenturen in aller Welt, und somit sind viele Informationen zusammengekommen, die in der nachfolgenden Chronologie enthalten sind.

Neben den Weiterentwicklungen, die sich während der letzten Jahrzehnte auf dem Gebiet der Transporthardware vollzogen haben, hat sich bei Ingenieuren und anderen Leuten ein weit größeres Verständnis der Gefahren, die im Zusammenhang mit sich wiederholenden Abläufen stehen, herausgebildet. Sie reichen von der Häufigkeit, mit der eine gelernte Schreibkraft eine falsche Taste anschlägt, bis hin zu dem erwarteten Ausfall einer lebensnotwendigen Baugruppe in einem Flugzeug.

Vor mehr als 10 Jahren berief die Royal Society eine Studiengruppe zur Untersuchung der Risiken, in die später auch Gesellschaftswissenschaftler sowie Ingenieure und Persönlichkeiten aus dem Gebiet der Naturwissenschaften einbezogen wurden. Ein zweiter Bericht wurde nun veröffentlicht, in dem die unterschiedlichen Auffassungen der Menschen zu diesen Risiken betrachtet werden[12]. So hat Sir Frederick Warner eine nützliche Zusammenfassung in der Ausgabe der Science & Public Affairs vom Winter 1992, herausgegeben von der Royal Society und der British Association for the Advancement of Science, gegeben.

Zahlreiche Probleme mit der Einstellung der Öffentlichkeit gegenüber Unfällen liegen in der Art und Weise begründet, wie wir im Unterbewußtsein unterschiedliche Maßstäbe anlegen an unfreiwillige Risiken (z.B. beim Reisen mit öffentlichen Verkehrsmitteln) und an freiwillige (unsere eigene Geschicklichkeit, um nicht in Verkehrsunfälle verwickelt zu werden). Politiker und deren Berater sind immer schnell dabei, die Investition gewaltiger Summen in Sicherheitsmaßnahmen zu fordern, um eben das erstere Risiko zu vermeiden. Das jedoch treibt die Fahrpreise in die Höhe und mehr Menschen dazu, das höhergradige freiwillige Risiko einzugehen.

Ein Phänomen ist die immer wieder zu beobachtende »Anhäufung« von Unglücksfällen. Tatsächlich ist jedes Unglück einzig und allein das Ergebnis zufälliger Umstände. Zu jedem beliebigen vorgegebenen Zeitpunkt hängt das Stattfinden eines schweren Unfalls mit einem öffentlichen Verkehrsmittel wahrscheinlich in hohem Maße von diesem Faktor ab. Eines der Kriterien, die ich der Einbeziehung von Unfällen in diese Chronologie zugrunde gelegt habe, ist, daß es dabei stets 20 oder noch mehr Tote gegeben hat. In jenem Augenblick, als sich ein bestimmtes Unglück ereignete, entschied einzig und allein der Zufall darüber, ob es 19 oder 20 Todesopfer waren.

Zweifelsohne nahmen auch die Schwere und die Häufigkeit der Zugunglücke einen langfristigen Verlauf. Als Beispiel läßt sich die Statistik für die Vereinigten Staaten von Amerika nennen. In den zwanziger Jahren ereigneten sich ziemlich viele Unglücke mit ernsthaften Folgen, aber in der Mitte der dreißiger Jahre gab es einen Zeitraum von 15 Monaten, in dem auf den Schienen dieses Landes nicht ein einziger Mensch getötet wurde. Leider änderte sich die Situation zum Schlechten, nachdem die USA in den 2. Weltkrieg eingegriffen hatten, wie man aus der Chronologie wird ersehen können.

Die einst erzielten Verbesserungen lassen sich auf die großen Safety-First-Kampagnen zurückführen, wohingegen die nachfolgende Verschlechterung den Kriegsbedingungen geschuldet war.

Es wäre sehr schwierig, wenn nicht sogar unmöglich, wollte man weltweite, statistisch gültige Zusammenhänge dieser Art herstellen, und ich habe dies auch gar nicht erst versucht. Insgesamt gesehen muß es dennoch einen gewissen Zusammenhang zwischen dem erreichten Grad an Sicherheit bei einer bestimmten Transportform und der dafür investierten Summe geben. Anhand zweier Extreme auf dem Eisenbahnsektor kann man die Ereignisse in Frankreich aus dem Jahr 1911 mit dem beispielhaften Rekord vergleichen, den die Franzosen mit der Einführung ihres unschlagbaren TGV während der vergangenen 15 Jahre erzielt haben. Mit diesen neuen Hochtechnologiezügen ging jedoch ein hohes Maß an sorgfältig dirigierter und organisierter Entwicklungsarbeit einher. Das bloße Investieren von Geldmitteln in jedes von der Öffentlichkeit und den Politikern festgestellte Sicherheitsproblem führt für sich genommen noch zu keiner Optimierung der Kosten-Nutzen-Rechnung, geschweige denn zu einer Verringerung des Risikos auf ein Minimum.

Bei der Darstellung der verschiedenen Unfälle mußte ich die Berichte auch angesichts weiterer spezifischer oder allgemeiner Kenntnisse über das Eisenbahnwesen interpretieren. Gehen wir zurück ins Jahr 1961. Damals schrieb ich einen witzelnden Artikel mit der Überschrift »Leitfaden eines jungen Reporters zur Britischen Eisenbahn«[13], in dem ich mich über einige der Standardsätze, mit denen man zu vielen Gelegenheiten aufwartete, lustig machte. So legte man in diesen klassischen Aussagen Betonung darauf, daß jeder Zug, auf den ein anderer auffuhr, Verspätung gehabt hatte – ein Rückgriff auf jene Zeiten, in denen die Züge in bestimmten Zeitabständen fuhren. Dieses Regime ist schon seit langem durch das von unseren Gesetzen über die Regulierung des Eisenbahnverkehrs vorgeschriebene Blockstreckensystem ersetzt. Während meiner Arbeit an diesem Buch bin ich auf andere ähnliche Begründungen gestoßen, die nicht sehr wahrscheinlich sind, und ich habe zu ihnen an geeigneter Stelle meine Meinung dargelegt. Die am weitesten verbreitete Meinung war, daß, wenn sich ein Teil eines Zuges loskoppelt, dies bereits ausreichend dafür sei, daß der hintere Zugteil aus den Gleisen getragen wird. In den meisten Fällen müssen die Ereignisse in genau entgegengesetzter Reihenfolge eingetreten sein.

Wann immer Eisenbahnunglücke analysiert werden, muß man sich auch den Lehren, die aus ihnen gezogen wurden, zuwenden. Auch zu diesem Aspekt habe ich Stellung bezogen. Daß ich dazu überhaupt in der Lage bin, ist auf die Einstellung des betreffenden Landes oder der Eisenbahnbehörde, eine »offene« Untersuchung zu führen und deren Ergebnisse auch zu veröffentlichen, zurückzuführen. Als Rußland 1931 damit begann, im Schnellverfahren Haftstrafen bis zu 10 Jahren wegen Disziplinverstößen zu verhängen, wurde dadurch natürlich – das verstand sich von selbst – keine offene Untersuchung in die Wege geleitet. Das galt besonders dann, wenn die Vermutung nahelag, daß diese Unglücke bewußt herbeigeführt worden waren, was die Todesstrafe hätte bedeuten können[14]. Nach mehr als 35 Jahren dieses Regimes war es interessant, festzustellen, wie sich die Berichterstattung über einen Unfall bei Kamensk-Schachtinski im August 1987 veränderte, als »Glasnost« in der UdSSR ihren Verlauf nahm[15]. Doch auch andere Länder geben nicht immer ihre Geheimnisse preis. Als ich noch an den ersten Kapiteln dieses Buches arbeitete, erzählte mir Maurice Holmes, der damalige Sicherheitsdirektor von British Railways, daß er in seiner früheren Funktion als Einsatzleiter an bestimmten Unfällen, die sich auf dem europäischen Festland ereignet hatten, interessiert war. Trotz seiner Mitgliedschaft im Movement Committee der Union Internationale des Chemins de Fer (UIC - Internationale Eisenbahnervereinigung) war es sehr schwierig für ihn, an genaue Einzelheiten und Informationen über bestimmte Geschehnisse heranzukommen. (Es ist erwähnenswert, daß die SZD nicht Mitglied der UIC war.)

Die Vereinigten Staaten von Amerika rühmen sich selbst damit, eine liberale Politik im Hinblick auf den Zugang zu offiziellen Informationen zu verfolgen. Dort leistete die Interstate Commerce Commission (ICC) einen Großteil der bundesweiten Untersuchungsarbeit zu Eisenbahnunfällen dieses Jahrhunderts, aber ihre Berichte sind nicht überall verfügbar, nicht einmal in den Vereinigten Staaten selbst, obwohl dies wahrscheinlich mehr auf die Strategie zurückzuführen ist, daß vor allem Bibliotheken solche Berichte erwerben. Es geschah jedoch auch, daß deren periodische Kurzreports, die vergleichbar sind mit unseren eigenen Railway Safety Annual Reports, nichts über den Ort, an dem bestimmte Unfälle geschahen, und nichts über den Namen der betroffenen Eisenbahngesellschaft aussagten.

In Großbritannien hat die Eisenbahninspektion über mehr als 150 Jahre eine Reihe von Untersuchungen zu Unglücksfällen angestellt, auch wenn bei diesen nur ein Reisender zu Tode kam. Die Ergebnisse dieser Untersuchungen sind allesamt in einem offiziellen Bericht veröffentlicht worden, den jedermann käuflich erwerben konnte. In der Bibliothek des »National Railway Museum« füllen die gebundenen Exemplare der Untersuchungsberichte etliche Meter Regal und stellen so ein wertvolles Archiv für jeden dar, der sich mit diesem Thema näher befassen möchte.

Gehen wir noch einmal ins Jahr 1946 zurück. Am Abend des 15. Juli hielt ich mich gerade in Hatfield auf, als der »Aberdonian« entgleiste, und so konnte ich den Reisenden bei der Suche nach ihren Gepäckstücken in den Trümmern der Wagen helfen. Später bestellte ich einen Bericht von Oberstleutnant G.R.S. Wilson über dieses Unglück und war erstaunt, zu lesen, daß die Ursache in einem Fehler in der Seitensteuerung des vorne befindlichen Laufwagens der V2-Lokomotive lag (das war nämlich der einzige Radsatz der Lokomotive, der sich noch auf den Schienen befunden hatte).

In den folgenden Jahren kaufte ich regelmäßig diese Berichte und erfuhr eine Menge über Eisenbahnregeln und -vorschriften aus ihnen. Ich erhielt einen Einblick in die möglichen Ursachen und Umstände von Unfällen. Dies war für meine berufliche Karriere von Vorteil. Die Aufmachung und Klarheit dieser Berichte waren für mich beispielgebend, und als ich später technische Berichte schreiben mußte, tat ich dies nach ihrem Vorbild.

Bis vor kurzem noch bestand die Eisenbahninspektion aus ehemaligen höheren Offizieren aus den Reihen der Royal Engineers, die alle über Managementerfahrungen verfügten und Kampfhandlungen angeleitet hatten, wenn auch nicht immer nur unter Kriegsbedingungen. Obwohl sie, wie es die Pflicht verlangte, formell für neue Eisenbahnen und Anlagen eintraten, hatten die aus ihren Untersuchungen der Unglücksursachen abgeleiteten Empfehlungen nur beratenden Charakter. Ursprünglich gehörten sie dem Board of Trade an, gingen jedoch später zum Ministerium für Transportwesen über, und nachdem sie eine Zeitlang zum Umweltamt gehört hatten, kehrten sie zum Ministerium für Transportwesen zurück. Jetzt tragen sie formell die Bezeichnung »Her Majesty's Railway Inspectorate« und gehören der Health & Safety Executive an. Sie wiederum untersteht dem Arbeitsministerium, aber es bestehen keine Verbindungen mehr zu militärischen Diensten.

Auch der Stil einiger dieser Unfallberichte hat sich geändert. In den früheren Reports wurden die Einzelheiten zum Unglücksgeschehen und dem Ort ausführlich dargelegt, gefolgt von einer Zusammenfassung der Beweise mit anschließenden Schlußfolgerungen, Bemerkungen und Empfehlungen. Demgegenüber beinhaltet der dritte Abschnitt eines neueren Berichtes eine Liste von 12 Fragen »... , die zu untersuchen und – wenn möglich – zu beantworten sind. « Ein jeder, der den Bericht logischerweise von Anfang an liest, hat an dieser Stelle noch keinerlei Informationen über die Wichtigkeit, nicht einmal über die Bedeutung dieser Fragen. Eine davon ist sogar falsch formuliert, denn es wird gefragt, ob der Zugführer durch eine erst festgelegte und dann annullierte Streckenführung irregeführt wurde, was impliziert, daß dies auch wirklich so geschah. Die tatsächliche Frage müßte lauten: » Hat der Stellwerkswärter erst eine Strecke vorgegeben und dann wieder annulliert und dadurch den Zugführer irregeführt?« Beide Fragestellungen unterscheiden sich erheblich voneinander. Die knappe militärische Phraseologie ist ebenfalls in einigen Fällen verlorengegangen, und so beinhaltet auch einer der neueren Berichte lange Sätze mit mehr als 70 Wörtern. In aufeinanderfolgenden Abschnitten findet man Wendungen wie »ziemlich pessimistische Vermutungen«, aber es ist unmöglich, herauszufinden, was der Autor zu implizieren sucht.

Nach dem Unfall in der Cannon Street gab es eine umfangreiche Diskussion in den Medien über die Auswirkungen des Zusammenstoßes eines Zuges mit dem Prellbock auf im Zug stehende Fahrgäste. Es wurde der allgemeine Schluß gezogen, daß Network SouthEast das Reisen unnötigerweise zu einer Gefahr werden ließ, und zwar dadurch, daß in den Hauptverkehrszügen nicht für ausreichende Sitzgelegenheiten gesorgt war. Es ergingen zahlreiche Vorschläge, die besagten, daß man keine stehenden Fahrgäste zulassen und das Anlegen von Sicherheitsgurten zur Pflicht machen sollte. Deshalb beschloß die Health & Safety Executive, einige Untersuchungen in Auftrag zu geben, bei denen dynamische Modellverfahren angewendet werden sollten. Sieben Monate nach dem Unglück wurde die Presse eingeladen und zwei »einzigartige Computersimulationen wurden vorgeführt, um zu zeigen, warum und auf welche Weise so viele Menschen bei dem Unfall in der Cannon Street verletzt wurden«. Während der Vorführung fiel Richard Hope von der Railway Gazette International auf, daß die menschlichen Körper auf den Videobildschirmen in dem Augenblick des Zusammenstoßes jegliche Kontrolle über ihre Muskeln verloren[16]. Er ließ die Simulation noch einmal mit Aufprallstillstand wiederholen, und die »Fahrgäste« stürzten in Haufen auf den Boden. Der im März 1992 veröffentlichte Abschlußbericht verwies auf dieses Experiment, das in zwei Stufen durchgeführt wurde und in dem die Simulationsergebnisse tatsächlich Berücksichtigung fanden.

Seit dem Jahre 1871 gibt es die Bestimmung, daß die Ursachen eines Zugunglücks von einem öffentlichen Untersuchungsausschuß und nicht von der Eisenbahninspektion untersucht werden. In den letzten Jahren wurde des öfteren eindringlich darum gebeten. Der Unfall am Bahnübergang von Hixon im Jahre 1968[17] veranlaßte erst zum zweiten Male eine solche Untersuchung, und sowohl beim Ausbruch eines Feuers in der U-Bahn bei King's Cross[18] als auch bei der Kollision bei Clapham Junction[19] in den Jahren 1987/ 88 wurde so verfahren. Derartige Untersuchungen sind zwangsläufig von weit größerem Ausmaß – wie auch die auf ihrer Grundlage erteilten Empfehlungen, die sich dabei auf 157 im erstgenannten und auf 93 im letztgenannten Fall beliefen. Im ersteren Fall wurden diese Empfehlungen in fünf verschiedene Kategorien gemäß ihrer Bedeutung klassifiziert, allerdings besteht noch keine Klarheit darüber, ob diese Klassifizierung auf irgendeiner Kosten-Effektivitäts-Analyse oder auf einer Beurteilung der zugelassenen Geschwindigkeit basierte und das, obwohl es einen Meinungsaustausch dazu mit der Londoner U-Bahn gegeben hatte. Diese beiden Unfälle erzeugten bezüglich der Sicherheit eine Einstellung, bei der sich zeigte, daß man »über den Dingen stand«. Mehrere betroffene Gesellschaften äußerten sich zu verschiedenen Aspekten des Betreibens von Eisenbahnen und machten Vorschläge, die ungeachtet der entstehenden Kosten umgesetzt werden sollten. Die Besorgnis über das Ausbrechen von Feuer in der Londoner U-Bahn gipfelte beinahe in der Forderung, jedes Maschinenteil ohne Schmierung arbeiten zu lassen, da Öle und Fette brennbar waren und somit ein Feuer auslösen könnten. In hunderten von weiteren Fällen veranlaßte der leisteste Geruch von Rauch, daß die betreffende Station geschlossen wurde, bis die Feuerwehr alles untersucht und festgestellt hatte, daß alles in Ordnung war. Dadurch konzentrierte man sich jedoch nur auf eine einzige Gefahrenquelle und übersah die Tatsache, daß frustrierte oder scheinbar frustrierte Fahrgäste, die urplötzlich auf die Straße strömten, bedeutend größeren Gefahren aus anderen Quellen ausgesetzt waren als beim Reisen mit der U-Bahn. Wie Sir Frederick Warner in »The Times« herausstellte, ist die Gefahr, bei einem Verkehrsunfall ums Leben zu kommen, aufs Jahr gerechnet mehr als 30mal größer als beim Reisen per Bahn[20]. Hinzu kommt, daß drei von vier solcher Zwischenfälle aus einem Fehlalarm resultierten, obwohl dieser in guter Absicht ausgelöst worden war. Nach einem Zugunglück auf der Central Line bei Bethnal Green im Februar 1991 schrieb Brian Appleton in seinem Bericht:

»Dies... hätte in einem nie dagewesenen Desaster enden können, und es veranschaulicht nicht nur, daß unterschiedliche Arten von Gefahren zusammenwirken können, sondern auch die Schwierigkeiten bei der Steuerung des Betriebsablaufs und die Wichtigkeit, Gefahren abzuwägen«[21].

Eine Bombenwarnung wurde ausgelöst, als eine unbeaufsichtigte Aktentasche an der Haltestelle Bond Street gefunden wurde. Züge wurden angehalten, und eine weitere ähnliche Tasche war von einem Aussteigenden in einem U-Bahn-Zug an der Station Liverpool Street zurückgelassen aufgefunden worden. Daraufhin waren sieben Züge in den Tunneln gefangen, was bedeutete, daß mehr Züge zu evakuieren waren als die Anzahl der Stationen betrug, an denen die Operation durchzuführen war.

Die Prozedur bei steckengebliebenen Zügen besteht nun darin, daß sie aneinandergeschoben werden müssen, so daß die Fahrgäste bis zur nächsten Station hindurchlaufen können. Herr Appleton vermerkt, daß dies ein tückischer, nicht ganz ungefährlicher Vorgang ist. In diesem Falle berührten sich zwei Züge und verursachten dabei einen Kurzschluß. Die elektrischen Widerstände im hinteren Zug begannen zu rauchen, und der Rauch zog durch den Tunnel. Anschließend wurden der Strom abgeschaltet und – wie es die Vorschriften erforderten – die Feuerwehr gerufen. Deren Eintreffen jedoch brachte die Evakuierungsmaßnahmen, die in den Händen der Polizei und des Eisenbahnpersonals lagen, völlig durcheinander, und es herrschte Verwirrung darüber, wer denn nun eigentlich die Kontrolle übernehmen sollte. Die Evakuierung aller 6000 betroffenen Fahrgäste dauerte mehrere Stunden, und obwohl ungefähr 70 Menschen wegen Hitzeschäden ins Krankenhaus gebracht werden mußten, wurde niemand ernsthaft verletzt. Brian Appleton, der Vorsitzender einer der ehemaligen Abteilungen von ICI und einer der Gutachter bei der Untersuchung des Piper-Alpha-Unglücks gewesen war, konnte seine Erfahrungen, die er in der chemischen Industrie beim Arbeiten unter potentiell gefährlichen Bedingungen gewonnen hatte, einbringen. Seine wichtigsten Schlußfolgerungen und Empfehlungen sind zu umfangreich, als daß ich sie hier zitieren könnte, aber es ist vielleicht von Bedeutung, daß die Evakuierung von dreimal so vielen Fahrgästen aus den Zügen der Central Line nach einem Stromausfall am 24. November 1993 ohne Probleme verlief.

Bevor ich nun meine Ausführungen zu den allgemeinen Aspekten der Sicherheit auf den Schienen beende, möchte ich noch auf etwas durchaus Erwähnenswertes hinweisen. In den Berichten über die Unfälle in der UdSSR bei Porbelo im Januar 1935[22] und bei Karymskoje im Juni 1936[23] bin ich auf die extremen Maßnahmen eingegangen, die die sowjetischen Behörden gegen jedes Mitglied der Eisenbahn, das sie als Unfallverursacher ansahen, einleiteten. Beim Durcharbeiten der von der Eisenbahninspektion verfaßten Unfallberichte fiel mir u.a. die Offenheit der Betroffenen auf. Einmal geschah es sogar, daß einer der Zeugen, der in einem Grubenunglück aussagte, daraufhin »mit Schmutz beworfen wurde«. Meine Kollegen waren darüber erstaunt, aber der Kommentar vom Bergbauinspektor lautete, daß solche Vorkommnisse dort alltäglich seien.

Es wäre sehr bedauerlich, wenn wir unsere offene Einstellung gegenüber den Untersuchungen zu Eisenbahnunfällen verlieren würden. Gerade weil diese Gefahr besteht, habe ich einen Bericht über den Purley- Unfall im März 1989 in die Chronologie aufgenommen, auch wenn es nur fünf Todesopfer gab[24].

Vor ein paar Jahren waren zwei InterCity-Züge 125 in einen nicht ganz so schlimmen Zusammenstoß auf der King-Edward-

Brücke außerhalb des Bahnhofs Newcastle verwickelt, nachdem einer der Lokführer ein Gefahrensignal überfahren hatte. Daraufhin kam er vor Gericht und wurde mit einer Geldstrafe von 30 Pfund belegt. Das Beweismaterial war eindeutig, und es zeigte sich einmal mehr, daß – und darauf bin ich bereits weiter oben zu sprechen gekommen – selbst die gewissenhaftesten Menschen bei der Durchführung von sich stets wiederholenden Aufgaben hin und wieder Fehler machen, ob sie nun eine Schreibmaschine, einen Zug oder sogar ein Polizeiauto »bedienen«. In diesem Zusammenhang kann ich, um diese Abhandlung über Sicherheit und die Eisenbahnen zum Abschluß zu bringen, nichts Besseres tun als einen Brief von Stanley Hall zur Purley-Kollision zu zitieren (Stanley Hall ist ein ehemaliger Stellwerks- und Sicherheitsbeamter von British Rail, dessen eigene Bücher über Zugunglücke im Literaturverzeichnis aufgeführt sind):

»Es scheint mir, daß der gegenwärtige Trend, einen Sündenbock und nach Rache für schwere Transportunfälle zu suchen, ungesund ist. Anstatt daß man versucht, die tatsächlichen Sicherheitsstandards zu verbessern, erzeugt man wahrscheinlich nur Menschen und Institutionen, die danach trachten, ihre Spuren zu verwischen. Welchen Zweck – wenn nicht den der Rache – erfüllt man denn, wenn man einen Zugführer, der versehentlich nicht an einem roten Signal gehalten hat, ins Gefängnis schickt? Wird dadurch die Eisenbahn auf irgendeine Weise sicherer?

Das vorrangige Ziel der Untersuchung des Unglücks muß sein, herauszufinden, auf welche Weise das System fehlerhaft war, so daß dieses korrigiert werden kann. Systeme müssen die Möglichkeit eines menschlichen Irrtums einkalkulieren, weil Menschen eben Fehler machen, und geschehen sie noch so unabsichtlich. Diese Tatsache wird man nicht ändern, indem man sie ins Gefängnis steckt.«[25].

1) Health & Safety Executive & Consumer Safety Unit figures for 1989
2) Professor Harold Perkin, The Age of the Railway, Routledge & Kegan Paul (1970)
3) Murray Hughes, Rail 300, Appendix: David & Charles (1988)
4) P.W.B. Semmens, City of Truoro- A Locomotive Legend, S. 10- 19: Silver Link Publishing (1985)
5) San Antonio, Texas; USA: 18 March 1912 (siehe S. 40)
6) siehe Seite 39
7) Railway Gazette 9 85 (1908)
8) Collision at Tipton Ford, USA, on 5 August 1914 (siehe S. 44)
9) siehe Seite 165
10) Railway Gazette 20 405 (1914)
11) Great Britain Transport Statistics; HMSO
12) Risk: Analysis, Perception and Management, The Royal Society, ISBN 0 85403 467 0 (1993)
13) Trains Illustrated Annual 1961, S. 48- 49: Ian Allan
14) Railway Gazette 54 170 (1931)
15) siehe Seite 212
16) Railway Gazette International 147 573 (1991)
17) Ein Bericht darüber ist in der Chronologie nicht enthalten. Er wurde im Juli 1968 von HMSO veröffentlicht (Cmnd. 3706)
18) Das war kein Zugunglück und wurde deshalb nicht in die Chronologie aufgenommen. Der Titel des Berichtes von Desmond Fennell lautet »Investigation into the King's Cross Underground Fire«, HMSO (ISBN 0 10 104992 7).
19) siehe Seite 216
20) Sir Frederick Warner, Brief an »The Times« (17. Januar 1991)
21) Appleton Inquiry Report, HMSO (1992)
22) siehe Seite 90
23) siehe Seite 21
24 siehe Seite 219
25 Brief an »The Times« (21. September 1990)

Chronologie Einleitung

Die folgende Chronologie enthält eine weitgehend umfassende Übersicht über alle Zugunfälle in der Welt zwischen 1900 und 1990, bei denen mehr als 20 Todesopfer zu beklagen waren.

Das Zusammentragen dieser Informationen war nicht leicht. Die Zahl 20 wurde deshalb gewählt, weil sich die britische Presse wahrscheinlich erst ab dieser Höhe zu einer Berichterstattung veranlaßt sah. Meine Aufgabe wurde erheblich erleichtert durch die Bereitschaft von Francis Voisy, mir seine Aufzeichnungen zu diesem Thema, die er durch das Studium der entsprechenden Jahrgänge von »The Times« und einigen anderen aussagekräftigen Abhandlungen zusammengetragen hatte, zur Verfügung zu stellen. Ich selbst habe die bis Mitte der sechziger Jahre erschienenen Ausgaben der Wochenzeitschrift »The Railway Gazette« durchgearbeitet (danach stellte sie ihre Berichterstattung über die meisten schweren Eisenbahnunfälle ein).

Was die Unfälle im Vereinigten Königreich von Großbritannien und Nordirland anbelangt, so standen selbstverständlich die Berichte der Railway Inspecting Officers, die an das zuständige Ministerium gingen, zur Verfügung. Diese Berichte sind eine präzise Informationsquelle, geben sie doch die Ursache des Unglücks genau an. Dadurch, daß die vollständigen Serien ab dem Jahre 1843 in der Bibiliothek des National Railway Museum aufbewahrt sind, war es mir möglich, meine eigene umfangreiche Sammlung zu ergänzen. Leider sind die noch zahlreicheren entsprechenden Berichte der amerikanischen Interstate Commerce Commission in Großbritannien nicht verfügbar. Auch in den USA selbst gehören sie häufig nicht zum Bestand der Bibliotheken, doch stellt die meisterhafte Analyse aus dem Jahre 1979 »A History of Railroad Accidents, Safety Precautions and Operating Practices« von Robert Shaw eine Zusammenfassung von unschätzbarem Wert dar. Sie ist die zweite, erweiterte Auflage seines Buches »Down Brakes« aus dem Jahre 1961, die unter dem Konkurs des englischen Herausgebers litt. Der Vertrieb dieser Fassung ließ ebenfalls viel zu wünschen übrig, und ich hatte Glück, daß ich ein Exemplar von der Transport Museum Association in St. Louis geschenkt bekam. In den folgenden Kapiteln habe ich darauf des öfteren Bezug genommen.

Jeder Eintrag zu einem Unfall ist mit mehreren Titelzeilen versehen, wobei in der ersten das Datum erscheint. In wenigen Fällen steht es in Klammern, was bedeutet, daß Zweifel bezüglich des genauen Tages, an dem sich das Unglück ereignete, bestehen. In Berichten von der anderen Seite der Welt geht man mit dieser Angabe nicht immer sehr exakt um. Außerdem erlaubten es einige totalitäre Staaten, besonders kommunistische, oftmals nicht, in aller Öffentlichkeit zuzugeben, daß bei ihnen derartige Unglücke passieren konnten. Informationen über solche Ereignisse traten dann schließlich doch ans Tageslicht, wenn auch oft erst lange nach dem Unglück.

In der nächsten Titelzeile erscheint der Ort, an dem der Unfall passierte. In vielen Fällen, speziell bei Frontalzusammenstößen auf eingleisigen Streckenabschnitten, wird gesagt, daß sich der Crash zwischen zwei Betriebsstellen oder aber in der Nähe irgendeiner Ortschaft ereignet hat. Ich habe in der Titelzeile oder aber im Text entweder alle verfügbaren Informationen angegeben oder genügend zusammengetragen, um den Unglücksort in bezug auf einen Bahnhof oder eine Stadt zu identifizieren. Im Verlaufe des in diesem Buch untersuchten Zeitraumes haben sich zahlreiche Ortsnamen geändert, jedoch habe ich die verwendet, die zu jener Zeit gebräuchlich waren. In einigen Fällen habe ich auf die Veränderungen hingewiesen, die in diesem Jahrhundert stattgefunden haben. Ein solcher Verweis war bei weitem nicht für alle genannten Beispiele möglich. Analog dazu habe ich auch die Ländernamen verwendet, die zum Zeitpunkt des Unglücks aktuell waren.

Wo immer dies möglich war, habe ich auch den Namen der Eisenbahngesellschaft oder -organisation, auf deren Gleisen der Unfall passierte, angegeben. Nicht in jedem Falle war dies eindeutig zu bestimmen, und dort, wo Zweifel bestanden, habe ich diesen Eintrag weggelassen, um nicht irrtümlicherweise den falschen Eigentümer anzugeben.

In der letzten Titelzeile eines jeweiligen Eintrags erscheinen die Anzahl der Opfer. Auch hier wiederum stimmen die verfügbaren Informationen nicht immer überein, und die einzigen Presseberichte hierzulande waren oftmals nur vorläufige. Somit sind auch viele Zahlen über Getötete und Verletzte Näherungszahlen, die auch als solche vermerkt sind, oder es sind gerundete Zahlen, was ein Anzweifeln ihrer Genauigkeit zuläßt. In diesen Fällen habe ich sie in Klammern gesetzt. In anderen Beispielen verweist der Unfallbericht auf »mehr als x Tote«; dort habe ich eine Zahl eingesetzt, versehen mit einem +/- Zeichen. Mitunter werden in verschiedenen Berichten unterschiedliche Opferzahlen angegeben, wobei ihre Zuverlässigkeit augenscheinlich gleich ist. In einem solchen Fall habe ich immer beide genannt. Die angegebene Zahl der Todesopfer enthält auch immer diejenigen, die an den Folgen ihrer Verletzungen gestorben sind. Zweifelsohne wären Beispiele zu nennen, in denen solche Todesfälle die Gesamtanzahl an Todesopfern bei einem speziellen Unglück auf mehr als 20 ansteigen ließen, obwohl die ursprüngliche, in den Presseberichten genannte Zahl nicht so hoch war, als daß ich diesen Fall hätte einbeziehen können.

Andererseits kann es sich aber mit der Gesamtopferzahl manchmal auch genau umgekehrt verhalten. So stürzte am 1. Juli 1917 ein Wagen eines kanadischen Intercity-Zuges der Niagara-Gorge-Eisenbahn, der entlang dem Fluß unterhalb der Niagara-Fälle verkehrt, aufgrund einer Unterspülung des Bahndamms in den Fluß. In den ersten Berichten darüber wurden 27 Tote angegeben. In diesem speziellen Fall konnte ich V. Nicholls, den Präsidenten der Canadian Railroad Historical Society, dazu bringen, für mich die Einzelheiten zu überprüfen, und es zeigte sich, daß Unklarheiten über die Anzahl der im Wagen befindlichen Menschen bestanden hatten. Obwohl nicht alle Leichen geborgen werden konnten, einigte man sich auf die Angabe von zehn Opfern. Deshalb habe ich dieses Unglück in die Chronologie nicht mit aufgenommen.

Die Eintragungen unterscheiden sich in ihrem Umfang erheblich voneinander. Es versteht sich von selbst, daß diejenigen Unglücke, deren Folgen über ein durchschnittliches Maß hinausgehen, ausführlicher dargestellt werden müssen, falls entsprechende Informationen verfügbar sind. Die »Bedeutsamkeit« solcher Tragödien liegt dabei nicht ausschließlich in der Höhe der Anzahl der Opfer, sondern sie kommt auch solchen Unfällen zu, in deren Folge es zu wichtigen Veränderungen im Eisenbahnbetrieb kam.

Wo dies angebracht erscheint, werden auch besonders ungewöhnliche Umstände, die zu dem Unglück geführt haben, aufgezeigt. Ich habe auch einige Fälle, bei denen es weniger als 20 Tote gab, mit aufgenommen. Die Gründe für die Auswahl sind verschieden, aber es ging vor allem darum, einen interessanten Aspekt des Eisenbahnbetriebs darzulegen, um den Lesern die Unterschiedlichkeit der in der Welt existierenden Eisenbahnsysteme vor Augen zu führen, von denen viele zwar immanente Gefahren bargen, die aber auch gleichzeitig über Systeme zu ihrer Abwehr verfügten.

Ganz bewußt habe ich die Namen der an den Unglücken beteiligten Personen nicht genannt, außer wenn ich mich auf den untersuchenden Beamten, der den Bericht erstellt hat, bezogen habe. Während es doch schwierig wäre, ohne Namensangaben eine noch detailliertere Beschreibung der Geschehnisse vorzunehmen, besteht der Zweck des Buches darin, die Aufmerksamkeit auf das Unglück selbst sowie auf die Lehren, die aus ihm gezogen wurden, zu lenken. Aus diesem Grunde erschien es nicht notwendig, die Namen irgendwelcher verantwortlicher Einzelpersonen dem Leser offenzulegen.

Es gibt zahlreiche Beispiele dafür, daß Züge vorsätzlich zerstört wurden. Derartige bewußt ausgeführte Handlungen lassen sich in zwei große Kategorien unterteilen, je nachdem, ob sie das Werk verärgerter Einzelpersonen oder aber organisierter Rebellen oder eines vermeintlichen Feindes waren.

Alle hier aufgeführten Unglücke sind Eisenbahnunfälle. Darüber hinaus haben sich jedoch noch viele anders geartete Zwischenfälle auf dem Gelände der Eisenbahn ereignet, bei denen es in einigen Fällen auch zahlreiche Opfer gab. So wurden z.B. 39 Arbeiter getötet, als im Jahre 1909 bei Alexandra Dock, Newport, ein Graben einstürzte. Viele Menschen verloren bei Unfällen während Tunnelbauarbeiten ihr Leben. Der Bau des Lötschberg-Tunnels in der Schweiz verlief besonders unglücklich. Zwölf Menschen wurden durch eine Lawine getötet, die im Februar 1908 das Baulager in Goppenstein verschüttete. Fünf Monate später ereignete sich ein Unglück direkt in der Tunnelröhre. Dabei kamen 26 italienische Arbeiter ums Leben, als sich durch eine Sprengladung, die bis in eine ausgehobene Kehle hinein Löcher riß, Gletschergeröll löste und in das nördliche Ende des Tunnels stürzte. Während des Ersten Weltkriegs kamen 25 Arbeiter bei einem Tunneleinsturz zwischen Vis in Belgien und Aachen in Deutschland ums Leben. Die betreffende Strecke wurde gerade neu gebaut, um einen besseren Transport zur Unterstützung der deutschen Frontlinie in Flandern zu ermöglichen.

Bekannt sind auch Aktionen, bei denen Eisenbahnen per Schiff transportiert wurden und in deren Verlauf es zu mehreren Schiffsunfällen kam. Im Juni 1941 wurde das Transportschiff »St. Patrick« der Great Western Railway zwischen Fishguard und Rosslare bombardiert und sank daraufhin. 30 Menschen verloren ihr Leben. Zwei Beispiele für Eisenbahntransportschiffe, die nach dem Zweiten Weltkrieg untergegangen sind, sind die »Princess Victoria«, gesunken in der Irischen See am 31. Januar 1953, und die Eisenbahnfähre »Toya Maru« der Japanischen Nationalen Eisenbahngesellschaft, die im September 1954 bei einem Taifun kenterte und mehr als 1000 Menschen in den Tod riß.

Unfälle bei Gleisbauarbeiten sind hier nicht enthalten. Viele Bauarbeiter wurden von vorbeifahrenden Zügen während ihrer Arbeit auf den Schienen getötet, wenn auch die Anzahl der Todesopfer bei einzelnen Zwischenfällen heutzutage eher gering ist. Der schlimmste Unfall dieser Art, auf den der Autor gestoßen ist, ereignete sich während des Ersten Weltkrieges, als die deutschen Eisenbahngesellschaften sehr viele junge Frauen bei Gleisarbeiten beschäftigten. Ende 1916 kamen bei einem Unglück nicht weniger als 19 Menschen ums Leben und drei weitere wurden schwer verletzt. Sie hatten das Gleis, auf dem ein Militärzug in Richtung Berlin fuhr, verlassen, und während sie den Truppen, die sich auf der Heimfahrt von der Ostfront befanden, zuwinkten, achteten die »Mädels« nicht auf einen ausreichenden Abstand zum Gegengleis. Sie wurden vom »Balkan-Express«, der in entgegengesetzter Richtung vorbeiraste, erfaßt[1]. Dies ist ein klassisches Beispiel dafür, wie Menschen, die unter gefährlichen Bedingungen arbeiten, durch andere Dinge abgelenkt werden können und sich dabei nicht auf die nun einmal festgelegten Sicherheitsbestimmungen konzentrieren.

»Vertrautheit macht leichtsinnig«, wie ein Sprichwort sagt, und ein unerwartetes Ereignis ist schon oft die Ursache für einen Unfall gewesen[2]. Ein ähnlicher Unfall ereignete sich, als im Jahre 1915 eine Gruppe von Männern in einen ungewöhnlichen Vorfall auf der Forth Bridge verwickelt wurde. Eine Artilleriekompanie, die über diese Brücke marschierte, wurde von einem Zug überrascht, der auf dem falschen Gleis fuhr. Zwei Artilleristen wurden getötet und sechs verletzt[3]. Zehn Mitglieder einer Gleisarbeiterkolonne kamen ums Leben, als im Jahre 1963 ihr mit 38 Schienen beladener Transportwagen entgleiste und auf die Tunnelwand eines Tunnels der Western Railway in Indien prallte[4].

Zahlreiche Todesopfer, vor allem gegen Ende des vorigen Jahrhunderts, gab es in Großbritannien. Im Jahre 1874 starben zum Beispiel 788 Eisenbahner. Vermutlich dürfte die Zahl der Todesofer noch größer sein, wenn man die Unfallopfer in Hüttenwerken und Kohleminen zu dieser Zeit mitrechnen würde. Auch in diesem Jahrhundert hat es schon einige Unfälle mit mehreren Toten auf unseren Eisenbahnstrecken gegeben. So wurden z.B. im Mai 1910 bei Old Oak Common vier Gleisbauarbeiter getötet[5]. In diesem einen Jahr starb jeder 737. Streckenarbeiter auf britischen Schienen, wenn auch die Anzahl der Todesopfer unter Rangierern noch höher war; jeder 428. von ihnen verlor in jenem Jahr auf den Gleisen sein Leben[6]. Es muß daran erinnert werden, daß es zur damaligen Zeit praktisch keine Gleisfeldbeleuchtung gab. Einige Bahngesellschaften hatten die Sicherheit allerdings besser im Griff, wie z.B. die City & South London Railway, bei der es in den 21 Jahren zwischen ihrer Eröffnung und dem Jahr 1911 keinen tödlichen Unfall gab[7].

Bis 1974 jedoch konnte die Anzahl der Toten unter den Bahnangestellten auf unseren Strecken deutlich reduziert werden und lag insgesamt bei 39. Selbst diese Zahl erscheint heutzutage hoch, da zwischen 1987 und 1991/ 92 nicht mehr als 11 Menschen von Zügen erfaßt wurden und ums Leben kamen[8].

Bis Mitte 1994 war weit mehr als ein Jahr vergangen, in dem kein Unfall dieser Art zu verzeichnen war.

Darüber hinaus ereigneten sich Zwischenfälle auf Bahngelände, bei denen Reisende betroffen waren, wie z.B. der Ausbruch eines Feuers am 18. November 1987 in der King's-Cross-U-Bahnstation, das den Tod von 31 Menschen zur Folge hatte. Aus Platzgründen ist es nicht möglich, an dieser Stelle noch auf weitere solche Ereignisse ausführlich einzugehen. In jedem dieser Fälle liegen die Ursachen nicht nur in den Betriebsabläufen der Eisenbahn.

Auch wurden die meisten Unfälle, die sich an Bahnübergängen zugetragen haben, ausgespart. Da hieran sowohl undisziplinierte Straßenbenutzer als auch die Eisenbahn beteiligt sind, wäre ein ganzes Kapitel notwendig, um darzulegen, auf welche Weise die Sicherheit an solchen Übergängen gewährleistet wird. Diese Abhandlung bezieht nur solche Unfälle an Bahnübergängen ein, bei denen mehr als 20 der Fahrgäste, die sich in dem betroffenen Zug befanden, starben.

Um den Leser in die Lage zu versetzen, sich noch mehr Informationen – falls überhaupt vorhanden – zu beschaffen, habe ich Verweise auf Bücher, Zeitschriften und Zeitungen gegeben, zu denen man leichter Zugang hat und in denen genaue Beschreibungen der Unfälle enthalten sind. Nicht verwiesen habe ich auf die beiden exzellenten Bücher neueren Datums von Stanley Hall, die es unbedingt wert sind, zusätzlich gelesen zu werden. Ihre Stärke liegt darin, daß sie anhand einer Reihe ähnlich gelagerter Unfälle auf spezielle Ursachen oder Aspekte eingehen. Vollständige Quellenangaben zu allen Büchern über Eisenbahnunfälle sind im Literaturverzeichnis enthalten.

Wenn ein Verweis auf eine Wochen- oder Monatszeitschrift angegeben ist, erscheint zuerst der Band, gefolgt von der Seitenanzahl und dem in Klammern angegebenen Erscheinungsjahr. Bei einer Tageszeitung wird das Datum genannt (Tag, Monat und Jahr).

Kurztitel:

Hamilton	Hamilton J.A.B.: Disaster Down the Line!
Hewison	Hewison, C.H.: Locomotive Boiler Explosions
Holloway	Holloway S.: Moorgate- Anatomy of a Railway Disaster
MR	Modern Railways, Ian Allan, Weybridge
Nock	Nock O.S.: Historic Railway Disasters (Paperback edition)
Pearce	Pearce, K.: Broken for Danger
Preuß	Preuß, E.: Eisenbahnunfälle in Europa
Rolt	Rolt. L.T.C.: Red for Danger
Ritzau	Ritzau, H.J. and Hörstel, J.: Die Katastrophenszene der Gegenwart – Eisenbahnunfälle in Deutschland, Band 2.
Reed	Reed, Robert C.: Train Wrecks – A Pictorial History of Accidents on The Main Line
RG	The Railway Gazette, London. Von 1971 an wurde der Name dieser Zeitschrift in »Railway Gazette International« geändert und gehört gegenwärtig zur Reed Business Publishing Group, Sutton.
RM	The Railway Magazine, IPC Magazines, London
Schneider	Schneider, A. und Mase, A.: Railway Accidents of Great Britain and Europe.
Shaw	Shaw, Professor Robert R.: A History of Railway Accidents, Safety Precautions and Operating Practices.
T	The Times, London
Vaughan	Vaughan, A.: Obstruction Danger

Die weiteren Einzelheiten zu diesen Büchern sind im Literaturverzeichnis enthalten.

(Es sei darauf verwiesen, daß es zu praktisch jedem Unfall auf den Britischen Inseln mit Todesfolge einen offiziellen Bericht gibt. Da diese Berichte zu jedem Unglück im UK, auf das in der Chronologie verwiesen wird, vorliegen, werden sie nicht ausdrücklich erwähnt.)

1) RG **25** 699 (1916)
2) RG **19** 656 (1913)
3) RG **23** 366 (1915)
4) RG **118** 183 (1963)
5) RG **12** 568 (1910)
6) RG **16** 373 (1912)
7) RG **14** 427 (1911)
8) Railway Safety – Report of the safety record of the railways in Great Britain during 1991/92, (HMSO S. 58)

Chronologie der Unfälle 1900–1904

23. Juni 1900

McDonald, Georgia, USA
(Southern)

35 Tote

Eine steinerne Bogenbrücke über einem Fluß war ausgewaschen worden. Ein Zug mit Arbeitern, die zur Reparatur an einer anderen Stelle unterwegs waren, stürzte in den Spalt. Die zerstörten Zugteile blieben kurz vor der Wasseroberfläche hängen und fingen Feuer. Nur die Insassen des Schlafwagens am Zugende konnten sich retten.

Shaw, S. 305

30. August 1900

Nyack, Montana, USA
(Great Northern)

36 Tote

Im Gebirge der Rocky Mountains lösten sich 18 mit Kieselsteinen beladene Wagen vom Schluß eines nach Osten fahrenden Zuges und rollten 25 km bis zum Bahnhof von Nyack zurück. Hier fuhren sie auf einen Personenzug auf, der gerade abfahren wollte. Dessen letzter Wagen war der private Geschäftswagen von Herrn Davis, dem Zweiten Generalsuperintendant der Eisenbahngesellschaft. Er selbst, sein Sohn und der Koch kamen ums Leben. Im nächsten Wagen saßen 46 skandinavische, bei der Gesellschaft angestellte Arbeiter aus Duluth, von denen ebenfalls 33 getötet wurden. Das Wrack fing Feuer, aber es gelang den Fahrgästen aus drei Reisezugwagen sich trotz Verletzungen zu retten.

8. September 1900

Bolivar Texas, USA
(Gulf & Inter State)

85 Tote

Während eines furchtbaren Hurrikans versuchte man erfolglos, den Zug aus Beaumont auf die Fähre zu verfrachten, damit dieser seine Reise fortsetzen konnte. Schließlich gab man auf, und er fuhr nach Beaumont zurück. Durch die Gewalt des Wirbelsturms jedoch wurde der Zug unterwegs völlig zerstört. Die Fahrgäste, die in ihm geblieben waren, kamen alle ums Leben. Einige hatten zuvor in einem nahegelegenen Leuchtturm Zuflucht gesucht. Sie konnten gerettet werden.

27. November 1901

Seneca, Michigan, USA
(Wabash)

20 Tote

Der Lokführer des in östlicher Richtung fahrenden Zuges Nr. 4 mißverstand die Zuganweisung, wonach die sonst übliche Kreuzung mit dem nach Westen fahrenden Zug Nr. 113 geändert worden war. Da beide Züge Verspätung hatten, sollten sie sich nicht in Sand Creek, sondern in Seneca, ca. 6 km weiter westwärts, kreuzen. In der Dunkelheit stießen sie auf einem eingleisigen Streckenabschnitt außerhalb des Bahnhofs Seneca zusammen. Die meisten Todesopfer waren Einwanderer.

Shaw, S. 123

30. März 1902

Zwischen Barberton und Kaapmuiden, Südafrika

Mehr als 44 Tote

Auf abschüssiger Strecke verlor der Lokführer die Kontrolle über den morgendlichen Personenzug, der in einem engen Bogen kurz vor einer Brücke über einen Wasserlauf entgleiste. Die Lokomotive und die ersten drei Wagen fuhren auf dem Gleis ineinander, während der vierte in den Wasserlauf stürzte und 22 Menschen in den Tod riß. Die meisten Opfer waren Soldaten, die in dem Wagen hinter der Lok saßen. Zwei Zivilisten fanden beim Absprung von den Wagen ebenfalls den Tod.

1. September 1902

Berry, Alabama, USA
(Southern)

21 Tote

Ein Personenzug entgleiste aus nicht bekannten Gründen.

11. September 1902

Mangapatnan, Indien

62 Tote

Die Lokomotive und sieben der acht Wagen des Madras-Bombay-Postzuges stürzten bei Nacht in einen Fluß, nachdem der Hauptpfeiler einer Brücke von den Fluten weggespült worden war. Alle Fahrgäste der 1. Klasse überlebten. Einige Postsäcke wurden weiter flußabwärts gefunden, und ihr Inhalt wurde weiterversandt!

27. September 1902

Arleux, in der Nähe von Douai, Frankreich (Nord)

20 Tote, 41 Verletzte

Ein Schnellzug nach Cambrai geriet bei voller Geschwindigkeit auf ein Rangiergleis, wobei die Lokomotive und sechs der sieben Wagen entgleisten. Man vermutete, daß ein Weichenwärter die Weiche nicht richtig gestellt hatte.

20. Dezember 1902

Byron, Kalifornien, USA
(Southern Pacific)

27 Tote

Ein Zug war aufgrund eines Heißläufers stehengeblieben, als ein zweiter auffuhr.

26. Dezember 1902

Wanstead, Ontario, Kanada
(Grand Trunk)
28 Tote

Ein Frontalzusammenstoß zwischen dem in westliche Richtung fahrenden Personenzug Nr. 5 und einem Güterzug passierte aufgrund eines Mißverständnisses am Telefon zwischen dem Dispatcher und dem Telefonisten in Watford. Dieser versäumte es, den Lokführer des Personenzuges über die Änderung der Kreuzung zu informieren und ihm mitzuteilen, daß er Watford zu durchfahren habe. Die beiden Züge kollidierten auf dem eingleisigen Streckenabschnitt in der Nähe von Wanstead.

Shaw, S. 145

27. Januar 1903

Graceland, New Jersey, USA
(Central of New Jersey)
23 Tote

Ein Nahverkehrszug wurde auf das Schnellfahrgleis geleitet, damit er einen Güterzug überholen konnte. Aufgrund eines Heißläufers mußte er seine Geschwindigkeit verringern. In der Zwischenzeit nahte der »Reading Express« auf dem Schnellfahrgleis. Da dessen Lokführer durch eine defekte Dampfstrahlpumpe abgelenkt war, übersah er die Signale und fuhr auf den Nahverkehrszug auf. Die Todesopfer waren allesamt in diesem Zug zu beklagen, da drei seiner Wagen ineinander geschoben wurden und Feuer fingen.

Shaw, S. 239

27. Juni 1903

San Asensio, Spanien
90 bis 100 Tote, 69 Verletzte

Auf der Strecke zwischen Bilbao und Saragossa stürzte ein Zug bei San Asensio in den Fluß Najerilla. Die Berichte über dieses Unglück waren widersprüchlich. Die Aufräumungsarbeiten wurden durch Streitigkeiten zwischen zivilen und militärischen Behörden behindert.

7. Juli 1903

Rockfish, Virginia, USA
(Southern)
23 Tote

Ein Frontalzusammenstoß ereignete sich zwischen einem Personen- und einem Güterzug, da der Zugführer des letzteren eine Zuganweisung falsch und der Lokführer sie erst gar nicht gelesen hatte! Unter den Todesopfern waren auch vier Mitglieder des Zugpersonals.

Shaw, S. 125

7. August 1903

Durand, Michigan, USA
(Grand Trunk)
22 Tote

Der Benjamin-Wallace-Zirkus zog nach einer Vorstellung in Charlotte mit zwei Sonderzügen weiter. In den frühen Morgenstunden kam der erste Sonderzug wegen eines Defekts an der Bremse zum Halten. Während er auf das Signal zum Einfahren in den Rangierbahnhof Durand wartete, sicherte ein Bremser den hinteren Zugteil. Der Lokführer des zweiten Sonderzugs war jedoch nicht sonderlich aufmerksam und bemerkte das Warnsignal erst, als ihn sein Heizer darauf hinwies. Da die Druckluftbremse des zweiten Zuges nach dem letzten Halt nicht wieder in ihren ordnungsgemäßen Betriebszustand versetzt worden war, gelang es dem Lokführer nicht, den Zug noch rechtzeitig anzuhalten.

Shaw, S. 227

14. November 1903

Kentwood, Louisiana, USA
(Illinois Central)
32 Tote

Ein Auffahrunfall ereignete sich infolge der Nachlässigkeit des Zugpersonals, das einen haltenden Zug nicht sicherte. Der nachfolgende Zug, der im Intervallsystem verkehrte (dieses System war zu jener Zeit bei vielen Eisenbahngesellschaften des Landes vorgeschrieben), fuhr auf. Bei entgegengesetzt fahrenden Zügen legte das Intervallsystem fest, in welcher Reihenfolge sie eingleisige Streckenabschnitte passieren sollten. Kam bei aufeinander folgenden Zügen einer zum Halten, war es Aufgabe des Bremsers oder des Schaffners, Knallkapseln auszulegen, um den nachfolgenden Zug zu warnen.

23. Dezember 1903

Laurel Run, Pennsylvania, USA
(Baltimore & Ohio)
53 Tote

Kanthölzer, die von einem Güterwagen heruntergefallen waren, brachten den mit hoher Geschwindigkeit fahrenden »Duquesne Limited-Express« zum Entgleisen. Der aus dem abgetrennten Dampfdom der Lokomotive entweichende Dampf hüllte den Raucherwagen vollständig ein und tötete alle Fahrgäste. Auch Feuer brach aus. Die beiden Pullman-Wagen am Zugende wurden jedoch nicht beschädigt.

Shaw, S. 211

3. Juli 1904

Litchfield, Illinois, USA
(Wabash)
24 Tote

Ein Personenzug entgleiste infolge Sabotage an einer Weichenanlage.

7. August 1904

Eden, Colorado, USA
(Zug der Missouri Pacific auf einer Strecke der Denver & Rio Grande-Eisenbahngesellschaft)
(88) Tote

Der Schnellzug Denver - St. Louis verunglückte bei Steele's Hollow, nachdem eine hölzerne Brücke, die über einen kleinen Fluß führte, durch einen Wolkenbruch weggespült wurde. Binnen einer Stunde stiegen die Wassermassen gewaltig an und rissen eine weniger stabile Straßenbrücke stromaufwärts der Eisenbahnstrecke mit sich fort. Ihre Überreste trafen auf den Zug, als dieser den angeschwollenen Fluß langsam passieren wollte. Der Tender und die ersten drei Wagen wurden zertrümmert und Teile davon rund 800 m flußabwärts mitgerissen. Die genaue Anzahl der Todesopfer wurde nie festgestellt, da man einige Leichen nicht fand.

Shaw, S. 303

24. September 1904

Hodges, Tennessee, USA
(Southern)

63 Tote

Der Fahrdienstleiter hatte dem in östliche Richtung fahrenden Zug Nr. 12 von Chattanooga nach Bristol Anweisung erteilt, den Zug Nr. 15 von Bristol nach Knoxville bei New Market zu kreuzen. Das Personal des letzteren fuhr jedoch ohne Halt durch New Market. Der Grund dafür wurde nie herausgefunden, da beide Männer bei dem Zusammenstoß ums Leben kamen.

Viele Todesopfer gab es in den beiden Leichtbauwagen des in östlicher Richtung fahrenden Zuges, die zwischen den schwereren Wagen regelrecht zerquetscht wurden.

Shaw, S. 136

10. Oktober 1904

Warrensburg, Missouri, USA
(Missouri Pacific)

29 Tote

Ein Personenzug Richtung Osten fuhr in zwei Teilen. Das Zugpersonal eines westwärts fahrenden Güterzuges beachtete jedoch nicht die Hinweise an der Lok des ersten Zugteils, die besagten, daß noch ein zweiter Teil folgt. Der Güterzug verließ daher das Nebengleis und fuhr dem zweiten Teil des Personenzugs entgegen. Der Zusammenstoß ereignete sich bei einer Gesamtgeschwindigkeit von ca. 50 km/h. Die meisten Todesopfer waren im ersten Wagen zu beklagen; dieser war nicht, wie sonst üblich, der Gepäckwagen. Das Personal beider Lokomotiven sprang rechtzeitig ab und konnte sich retten.

Shaw, S. 315

1905–1909

11. Mai 1905

Harrisburg, Pennsylvania, USA
(Pennsylvania)
23 Tote

In den frühen Morgenstunden wurde einem westwärts fahrenden Güterzug mit 68 Wagen durch Flagge das Signal zum Halten gegeben, da vor ihm eine Lokomotive rangierte. Obwohl der Zug nur mit geringer Geschwindigkeit fuhr, bremste der Lokführer so stark, daß durch die Wucht der ungebremsten letzten Wagen zwei der davor fahrenden Wagen entgleisten und auf das benachbarte Gleis gerieten, wo sich der »Cincinnati-Express« näherte. Obwohl dessen zweiter Teil mit den Güterwagen kollidierte, kamen durch den Zusammenstoß weder das Personal noch Fahrgäste zu Schaden. Allerdings befanden sich in einem der Wagen 2,5 t Dynamit, das bei der Kollision explodierte. Dadurch kamen 23 Menschen ums Leben.

Shaw, S. 213

17. Juni 1905

Patapsco, Maryland, USA
(Western Maryland)
26 Tote

Auf einem eingleisigen Streckenabschnitt kam es zu einem Frontalzusammenstoß, da das Personal des einen Zuges die Zuganweisung mißachtet hatte.

27. Juli 1905

Hall Road, England
(Lancashire & Yorkshire)
21 Tote

Ein an seinem Endpunkt angekommener elektrischer Triebwagen war auf das Kehrgleis zwischen den Streckengleisen geleitet worden. Dem Weichenwärter gelang es allerdings nicht, die Weichen umzustellen und das Signal für den folgenden Zug freizugeben, der in Hall Road laut Fahrplan nicht zu halten hatte. Nach einem zweiten, ebenfalls erfolglosen Versuch blieben die Weichen auf das Kehrgleis gerichtet. Der Wärter bemerkte dies jedoch nicht und gab dem Triebwagenführer des zweiten Zuges grünes Handsignal, da auch das Formsignal Halt zeigte. Der zweite Zug fuhr daraufhin auf das Kehrgleis und dort mit einer Geschwindigkeit von ca. 60 km/h auf den stehenden Zug auf.

Hamilton, S. 15

6. Oktober 1905

Rostow am Don, Rußland

27 Tote, 35 Verletzte

Der Postzug nach Wladikawkas entgleiste.

31. Dezember 1905

Lebedin, Ukraine

30 Tote

Ein Zusammenstoß im Bahnhof forderte das Leben von 30 Rekruten und »Eisenbahnabgeordneten«.

31. Dezember 1905

Zwischen Snamenska und Trepowka, Rußland

20 Tote

Zwei Militärzüge stießen zwischen beiden Bahnhöfen zusammen. Die Todesopfer waren allesamt Soldaten.

16. März 1906

Florence, Colorado, USA
(Denver & Rio Grande)

34 Tote

Während eines Schneesturms in den frühen Morgenstunden suchte ein Dispatcher einen Kreuzungspunkt für einen ostwärts fahrenden Zug mit dem in westliche Richtung fahrenden verspäteten »New Mexico, Utah & California Express«. Er rief den Telefonisten des Bahnhofs Beaver an, um zu hören, ob der Schnellzug diese Stelle bereits passiert habe. Der 25jährige Telefonist sagte, daß er noch nicht vorbeigefahren sei. Er war bereits 19 Stunden im Dienst und kurz eingenickt. In diesem Moment hatte der Expreß den Bahnhof passiert. Aufgrund dieser Fehlinformation entschied der Dispatcher, die Kreuzung nach Adobe zu verlegen, weiter östlich als normalerweise. Er wies den Telefonisten in Beaver an, den Lokführer des Schnellzuges entsprechend zu informieren, was jedoch gar nicht mehr möglich war. Der Zug setzte daher seine Fahrt ohne Halt in Adobe fort und beide Züge stießen zwischen Adobe und Florence frontal zusammen. Die beiden vorderen Wagen wurden zertrümmert, und es brach Feuer aus.

Shaw, S. 146. RG 8 601 (1908)

1. Juli 1906

Salisbury, England
(London & South Western)

28 Tote

Drei Minuten vor zwei Uhr war es, als der in Richtung London fahrende Schiffszug von Plymouth nach Waterloo in dem engen Bogen des Bahnhofes Salisbury seine Geschwindigkeit nicht verringerte. Die Lokomotive und einige Wagen entgleisten und stießen mit einem entgegengesetzt fahrenden Milchzug zusammen. Nur der letzte der fünf Wagen des Schnellzuges blieb relativ unbeschädigt. Von den 43 Trans-Atlantik-Fahrgästen, die allesamt in den drei mittleren Wagen fuhren, wurden 24 getötet.

Diese Schnellzüge waren 1904 im Zusammenhang mit der Ankunft der Schiffe der America Line in Plymouth eingerichtet worden und die einzigen ohne Halt in Salisbury. Lokwechsel war in Templecombe. Von dort bis Waterloo fuhren die Züge dann mit einer Durchschnittsgeschwindigkeit von ca. 90 km/h. Nachdem Eisenbahnbeamte die ersten Durchfahrten durch den Bahnhof Salisbury genau beobachtet hatten, wurde hier die Geschwindigkeitsbeschränkung auf ca. 50 km/h festgelegt. Die dritte Special Traffic Notice bestätigte diese Maßnahme und gab für beide Stellwerke Durchfahrtszeiten vor, die einer Geschwindigkeit von weniger als 40 km/h entsprachen. In der betreffenden Nacht durchfuhr der Schiffszug den Bahnhof wahrscheinlich jedoch mit ca. 95 km/h.

Eine interessanter Punkt im Bericht des Major Pringle für das Board of Trade ist, daß es zur damaligen Zeit nicht üblich war, in den Fahrplänen britischer Eisenbahngesellschaften Geschwindigkeitsbeschränkungen vorzusehen.

Hamilton, S. 19, S.92/93. Nock, S. 81. Rolt, S. 166.
RG 6 146 (1907), 10 159 (1909). RM 139 v (April 1993)

18. September 1906

Dover, Oklahoma, USA
(Chicago, Rock Island & Pacific)

20 Tote

Ein nordwärts fahrender Personenzug stürzte während seiner Fahrt von Fort Worth nach Chicago in den Fluß Cimarron. Das Unglück passierte, weil eine Brücke, die durch die Wassermassen nach einem schweren Sturm am Vortag beschädigt worden war, einstürzte.

28. Oktober 1906

Atlantic City, New Jersey, USA
(Pennsylvania)

57 Tote

Ein elektrischer Sonderzug entgleiste, als er sich mit einer Geschwindigkeit von ca. 65 km/h einer geöffneten Zugbrücke über den Tidefluß Elizabeth näherte. Der Lokführer war noch nie zuvor auf dieser Strecke gefahren, aber trotz der Warnsignale und des deutlich sichtbar geöffneten Brückenbogens unternahm er keinen Versuch, den Zug anzuhalten. Obwohl der Schaffner das Notbremsventil noch im letzten Augenblick öffnete, um den Absturz doch noch zu verhindern, versanken die Lok und die beiden folgenden Wagen im tiefen Wasser.

Im darauffolgenden Jahr wurde im Staat New York ein Bericht über »Eisenbahnzugbrücken« veröffentlicht. Es gab immerhin 41 derartige Brücken, und der Inspektor war der Meinung, daß – obwohl sie alle durch Signale gesichert waren – eine einheitliche Schutzvorrichtung vorgesehen werden sollte. In einem Abstand von mindestens 150 m vom »Zugpunkt« entfernt sollten Gleissperren installiert werden und 15 m davor ein Einfahrsignal. Darüber hinaus sollte in einer Entfernung von 450 m ein Vorsignal angeordnet werden.

Reed, S. 90, 100. Shaw, S. 194. RG 6 280 (1907)

12. November 1906

Woodville, Indiana, USA
(Baltimore & Ohio)

43 Tote

Ein in östlicher Richtung fahrender Güterzug und der zweite Teil des westwärts fahrenden Personenzuges Nr. 47 stießen zusammen. Der Güterzug stand im Überholungsgleis bei Babcock, um dort die beiden Teile des Personenzuges passieren zu lassen. Im Schneesturm übersah der Lokführer jedoch die grünen Fähnchen auf der Lokomotive des ersten Zugteils und die entsprechenden grünen Lichtsignale waren erloschen. Das Personal des Güterzuges hatte zwar das Pfeifsignal des ersten Zuges vernommen, mißverstand jedoch dessen Bedeutung. Es setzte den Zug in Bewegung, der daraufhin mit dem zweiten Teil des Zuges Nr. 47 zusammenstieß. Feuer brach aus, und auch hier waren wieder viele Opfer Einwanderer, dieses Mal aus Osteuropa.

29. Dezember 1906

Elliot Junction, Schottland
(North British & Caledonian Joint)
22 Tote

In den schweren Schneestürmen an der Ostküste Schottlands traf der 7.35 Uhr-Zug aus Edinburgh mit über einer Stunde Verspätung in Arbroath ein. Zwischenzeitlich war ein in südliche Richtung fahrender Güterzug außerhalb von Elliot Junction, südlich von Arbroath, in eine Schneewehe geraten. Der Lokführer beschloß, seine Lok nach vorn zu fahren, auf das andere Gleis überzuwechseln und dann nach Elliot Junction zurückzufahren, um die einzelnen Teile seines Zuges in südliche Richtung zu schieben. Die Operation dauerte weitaus länger als erwartet, und schließlich entgleisten noch einige Wagen dabei. So mußte eingleisiger Betrieb eingerichtet werden, aber der Schnee auf den Telegrafenleitungen hatte das Streckenblocksystem lahmgelegt. Bis drei Uhr nachmittags hatten die Eisenbahner in Arbroath damit zu tun, die eingeschneiten Züge in Richtung Süden zu dirigieren. Der erste, der losgeschickt wurde, war ein Nahverkehrszug. Die Fahrgäste stiegen in die hinteren Wagen ein, da nur dieser Teil des Zuges bis an den Bahnsteig herangebracht werden konnte. 15 min. später verließ der Schnellzug den Bahnhof – mit dem Tender voran durch den Schneesturm fahrend. Vor seiner Abfahrt wurde der Lokführer zweimal darauf hingewiesen, auf der Strecke entsprechende Vorsicht walten zu lassen, und diese Mahnung wurde noch einmal am Stellwerk von Arbroath-Süd gegeben. Der Lokführer aber mißachtete sie und fuhr mit einer Geschwindigkeit von fast 50 km/h auf den Nahverkehrszug auf, der bei Elliot Junction stand und darauf wartete, daß der Stellwerkswärter ihn nach Easthaven leitete.

Der offizielle Bericht äußerte sich kritisch über die Verbindung zum Unfallort. Zwar waren die Bedingungen erschwert, doch dauerte es fast vier Stunden, bis die ersten Nachrichten über das Unglück Easthaven erreichten, das nur 4 km entfernt war. Zudem stand vor Ort keine geeignete Ausrüstung für die Bergung zur Verfügung, nicht einmal schwere Hebezeuge. Der Lokführer des Schnellzuges, der etwas getrunken hatte, »um die Kälte draußen zu lassen«, wurde wegen fahrlässiger Tötung für schuldig erklärt. Ein Teil seiner 5monatigen Gefängnisstrafe wurde ihm später erlassen.

Hamilton, S. 30. Rolt, S. 121.

30. Dezember 1906

Terra Cotta, Washington D.C., USA
(Baltimore & Ohio)
43 Tote

Bei Nebel überfuhr ein leerer Zug mehrere Signale bei Tacoma und fuhr auf einen verspäteten Sonderzug aus Frederick auf, der in Richtung Washington unterwegs war. Dieser stand gerade im Bahnhof von Terra Cotta und nahm Fahrgäste auf. Unmittelbar nach dem Unglück wurden die meisten der betreffenden Bahnangestellten verhaftet, was die Baltimore & Ohio-Eisenbahngesellschaft zu der Erklärung veranlaßte, daß sie keine Untersuchungen dazu anstellen könnte, da alle ihre wichtigen Zeugen im Gefängnis säßen.

Shaw, S. 168

2. Januar 1907

Velland, Kansas,USA
(Rock Island)
31 Tote

Der Wärter in Velland hatte diesen Dienstposten erst drei Tage zuvor übernommen. In seiner Bewerbung um eine Anstellung hatte er sein Alter mit 23 anstatt 18 angegeben und zudem die falsche Angabe gemacht, daß er bereits sechs Jahre lang Erfahrungen bei anderen Eisenbahngesellschaften gesammelt habe. Der westwärts fahrende »California Fast Mail« war in Velland angehalten worden, um einen in Gegenrichtung fahrenden Zug passieren zu lassen. Nachdem der Dispatcher erfragt hatte, ob der Zug noch immer da stand, erteilte er die Anweisung, noch einen zweiten in östliche Richtung fahrenden Zug passieren zu lassen. Während der Wärter diese Instruktion auf eine Tafel schrieb, setzte sich der »California Fast Mail« in Bewegung und fuhr rückwärts auf das Hauptgleis. Anstatt daß der Wärter nun dafür sorgte, daß der Zug zur Entgegennahme der neuen Information angehalten wurde, hielt er lediglich die Tafel heraus, ohne jedoch das Halt-Signal zu erteilen. Der Zug fuhr weiter rückwärts, und noch immer unternahm der Wärter nichts, wahrscheinlich in der Annahme, die Lok wolle an den Wasserkran heranfahren. Erst viel zu spät stürzte er schließlich hinaus und versuchte vergebens, das Personal auf sich aufmerksam zu machen. Als er erkannte, daß ein Zusammenstoß unvermeidbar war, lief er davon. Obwohl der in die Kollision verwickelte, östlich fahrende Zug nur mit einer Geschwindigkeit von ungefähr 15 km/h leicht bergan fuhr, wurde ein Landstreicher, der auf dem Dach eines der Wagen mitfuhr, getötet. Der Gepäckwagen des »Mail« bohrte sich in den Raucherwagen, in dem sich mexikanische Arbeiter befanden. Von ihnen fanden 30 den Tod.

Shaw, S. 148.

16. Februar 1907

The Bronx, New York City, USA

(New York Central & Hudson River)

23 Tote

Drei Tage nach der Einführung der Elektrotraktion durch die New York Central-Eisenbahngesellschaft entgleiste ein Abendschnellzug nach White Plains in einem Bogen in der Nähe der 205. Straße. Die beiden Lokomotiven und der erste Wagen blieben auf den Schienen und fuhren noch 480 m weiter, während die Wagen am Zugende umstürzten und noch einige Meter weiterrutschten. Damals glaubte man, daß der Lokführer seine Geschwindigkeit aufgrund des weitaus sanfteren Fahrverhaltens der E-Lok unterschätzt hatte. Auch gab es Debatten über den Zustand der Gleise, doch Tests ergaben, daß die Überhöhung von 110 mm, die für das Geschwindigkeitslimit von 95 km/h vorgesehen war, auch bei 120 km/h ausreichend war. Die Schwellen hatten sich jedoch bei den höheren Geschwindigkeiten im Schotter bewegt, die Gleise hatten also nicht mehr die normale Festigkeit.

Nachdem allein im Jahre 1906 321 Menschen bei Eisenbahnunfällen ums Leben gekommen waren, gelangten die Behörden in den Vereinigten Staaten zu der Auffassung, daß eine systematischere Untersuchung solcher Zwischenfälle notwendig wäre. Sie umfaßte genaueste Berechnungen der Zugkräfte, die eine Elektro- oder eine Dampflok entwickelte. Die offiziellen Schlußfolgerungen lauteten, daß auf Strecken, auf denen Elektroloks in Doppeltraktion verkehrten, mehr Schienennägel wünschenswert wären und daß die Verantwortlichkeiten von Konstruktions- und Betriebsabteilungen »klar und deutlich« formuliert werden müßten.

Shaw, S. 296. RG 326, 525 (1970)

28. März 1907

Colton, Kalifornien, USA
(Southern Pacific)
22 Tote

Eine falsch gestellte Weiche war Ursache für eine Entgleisung.

11. Mai 1907

Surf, Kalifornien, USA
(Southern Pacific)
33 Tote

Der zweite Teil eines in nördliche Richtung fahrenden Zuges entgleiste in einer Weiche. Während die Lokomotive die Weiche sicher passierte, stellte sich diese genau unter dem Tender, was wahrscheinlich darauf zurückzuführen war, daß irgendein Fahrzeugteil auf dem Gleis entlangglitt. Die Lok wurde daraufhin aus dem Gleis geworfen, und auch die ersten fünf Wagen entgleisten. Mit Hilfe der automatischen Signalgebung konnte der Defekt »geortet«" und die Weiche blockiert werden, so daß die beiden letzten Wagen sie sicher passierten. Ob die sich umstellende Weiche jedoch die eigentliche Ursache für das Unglück war, konnte nicht eindeutig nachgewiesen werden.
Shaw, S. 319

20. Juli 1907

Salem, Michigan, USA
(Pere Marquette)
30 Tote

Die Mißdeutung einer unleserlichen Zuganweisung verursachte einen Frontalzusammenstoß zwischen einem Güterzug und einem Sonderzug mit elf Wagen, in dem Eisenbahner auf ihrem jährlichen Betriebsausflug von Ionia nach Detroit unterwegs waren. Das Lokpersonal des Güterzuges las sich die Zuganweisung nicht – wie es die Vorschrift besagt – gegenseitig vor, und es bezog die für Plymouth vorgesehene Zeit auf Salem. Der Zusammenstoß ereignete sich in einem tiefen Einschnitt zwischen den beiden Bahnhöfen. Die Lok des Güterzuges wurde durch den Aufprall um 180 Grad gedreht und kam Seite an Seite mit der anderen Lok zum Stillstand.
Shaw, S. 124

4. August 1907

Pont-de-Cé Frankreich
(État)
27 Tote, 15 Verletzte

Einer der Bögen einer Brücke über die Loire stürzte ein, als ein von Angers nach Poitiers fahrender Zug über sie hinwegfuhr. Die Lokomotive, der Tender und zwei Wagen stürzten in den Fluß. Die Bergungsarbeiten wuden durch die ortsansässigen Fischer und zwei Infanterieeinheiten aus Angers unterstützt.

15. September 1907

Canaan, New Hampshire, USA
(Boston & Maine)
26 Tote

In den frühen Morgenstunden verursachte ein Fehler in einer Zuganweisung einen Frontalzusammenstoß zwischen einem Güter- und einem Personenzug. Obwohl die Zugnummern immer in Worten wiederholt wurden, schrieb entweder der Dispatcher oder der Telefonist 34 anstatt 30 auf. Dieser Nachtzug Nr. 34 fuhr 20 min später als der Zug Nr. 30, aber das Lokpersonal des Güterzuges verstand die Information so, daß Zug Nr. 30 eine halbe Stunde später fahren sollte als er tatsächlich fuhr. Deshalb fuhr er in Richtung West Canaan weiter und kollidierte mit Zug Nr. 30. Der Tender sowie der vorn befindliche Gepäckwagen des Personenzuges schoben sich in den dahinterliegenden Raucherwagen, wobei 26 Menschen getötet wurden.

Shaw, S. 157

19. September 1907

Encarnãcion, Mexiko

(63) Tote, 43 Verletzte

Ein Schnellzug und ein Güterzug stießen auf einer Gefällstrecke mit so großer Wucht frontal zusammen, daß beide Lokomotiven und mehrere Wagen des Schnellzuges zerstört wurden. Der Güterzug war über ein Nebengleis, auf dem er eigentlich auf den Schnellzug hätte warten müssen, hinausgefahren. Sein Personal machte sich daraufhin aus dem Staub. Später jedoch wurde der Lokführer verhaftet, als er in sein Heimatland, die USA, einreisen wollte. Es hieß, er habe zugegeben, für das Unglück verantwortlich gewesen zu sein.

25. November 1907

Zwischen Hospitalet und Cambrile, Spanien

Mehr als 20 Tote

Der »Valencia-Expreß« entgleiste bei der Annäherung an eine Flußbrücke zwischen den Bahnhöfen Hospitalet und Cambrile und stürzte in den Fluß. Von den geschätzten 70 bis 90 Menschen, die sich in dem Zug befanden, blieben nur zwei der Überlebenden unverletzt.

25. Dezember 1907

Indien

(North Western State)

22 Tote

Zwei Personenzüge stießen zusammen, nachdem der Fahrdienstleiter sowohl dem Postzug als auch dem Gegenzug freie Fahrt signalisiert hatte.

RG 8 632 (1908), 11 5 (1909)

20. April 1908

Braybrook Junction, Victoria, Australien

(Victoria State)

44 Tote, 140 Verletzte

Spät in der Nacht kollidierten zwei nach Melbourne fahrende Züge im Bahnhof von Braybrook Junction. Der erste kam aus Ballarat und wollte den Bahnhof gerade verlassen, als der aus Bendigo kommende Zug auf dessen Zugende auffuhr, wobei die fünf letzten Wagen des ausfahrenden Zuges total zerstört wurden. Die Lokführer des von zwei Lokomotiven gezogenen Zuges aus Bendigo sagten aus, daß die Bremsen versagt hätten, obwohl sie sowohl beim vorhergehenden planmäßigen Halt ohne Probleme funktioniert hätten als auch beim Betätigen der Signalleine durch zwei Reisende, die in Macedon aussteigen wollten. Im Verlauf der sich über einen langen Zeitraum erstreckenden Untersuchungen zur Unglücksursache stellte man viele Unregelmäßigkeiten in der Betriebsabwicklung in Braybrook fest. Sowohl der Fahrdienstleiter als auch die beiden Lokführer des Bendigo-Zuges kamen vor Gericht.

25. April 1908

Gargantua Siding, Mexiko

28 Tote

An dem Zusammenstoß war ein Zug mit Pilgern beteiligt, die sich auf der Rückkehr von der heiligen Stätte in Guadeloupe befanden.

Mai 1908

Moradabad, Indien

(120) Tote, mehr als 50 Verletzte

Infolge des Ausfalls des Zugmeldesystems auf der eingleisigen Strecke zwischen Ghaziabad und Dasba stießen zwei Personenzüge in einem Bogen mit einer Geschwindigkeit von 65 km/h zusammen, wobei alle sechs Wagen Totalschaden erlitten. Aus den Beleuchtungsanlagen ausströmendes Gas entzündete sich, und das Feuer griff auf die Kohlevorräte der Lokomotiven über. Die genaue Anzahl der Todesopfer konnte nicht exakt ermittelt werden.

RG 8 574 (1908)

21. Mai 1908

Contich, Belgien
(Belgische Staatsbahn)

40 Tote, mehr als 100 Verletzte

Einige Kilometer nach seiner Abfahrt wurde ein Schnellzug von Antwerpen nach Brüssel in ein Überholungsgleis geleitet, was laut Fahrplan nicht vorgesehen war. Dort stieß er mit einem stehenden Zug, der nach Turnhout unterwegs war, zusammen. Die beiden 3. Klasse-Wagen älteren Baujahrs am Ende dieses Zuges wurden stark beschädigt. In ihnen kamen auch die meisten Menschen, hauptsächlich Arbeiter, Soldaten und Pilger ums Leben.

Zwischen dem 19. Mai und dem 14. Juni 1908 verloren bei Zugunglücken in Belgien 56 Menschen ihr Leben, und mehr als 300 erlitten Verletzungen. Folglich herrschte unter der Bevölkerung große Unruhe. Der Unfall von Contich wurde eingehend untersucht, und die Ermittlungsergebnisse wurden veröffentlicht.

Im Stellwerk fanden Reparaturarbeiten statt, wobei die Stellhebel aus dem Rahmen entfernt werden mußten, und zwar jeweils einer für ca. zwei bis drei Stunden. Am 21. Mai war der Hebel zur Verriegelung der betreffenden Weiche entfernt worden. An der Strecke postierte man deshalb einen Bahnangestellten, der an dem Ende des unterbrochenen Drahtzuges zog, sobald der Stellwerkswärter ihm dazu Anweisung erteilte. Nachdem der Nahverkehrszug eingefahren war, wurde die Weiche jedoch in Grundstellung zurückgestellt. Obwohl der Weichenhebel wie auch der Hebel zur Verriegelung umgelegt waren, gab der Stellwerkswärter dem Mann an der Strecke die Anweisung, dem Schnellzug Fahrt frei zu signalisieren.

RG 8 545 (1908), 9 361 (1908)

25. September 1908

Young's Point, Montana, USA
(Northern Pacific)

23 Tote

Der Zusammenstoß ereignete sich auf einem eingleisigen Streckenabschnitt, da das Lokpersonal die Vorschrift, einen übergeordneten, in Gegenrichtung fahrenden Zug zuerst passieren zu lassen, nicht beachtet hatte.

14. Oktober 1908

Metz, Michigan, USA

35 Tote

Schwere Waldbrände in den Staaten Michigan und Wisconsin hatten das Dorf Metz eingeschlossen, und es wurde ein Hilfszug zur Evakuierung der Bewohner geschickt. Nachdem er die Menschen und ihr Hab und Gut aufgenommen hatte, versuchte er, in nördliche Richtung zu fahren, kam jedoch wegen des Feuers nicht weiter. Er versuchte es nun in der entgegengesetzten Richtung und gelangte bis an eine Behelfsbrücke über einen Abwasserkanal, die aber durch die Flammen bereits in Mitleidenschaft gezogen war. Der Zug kippte um und stürzte in den Kanal. Die meisten Todesopfer waren Frauen und Kinder.

1908

Indien

Der Bericht der Indischen Eisenbahngesellschaft für das Jahr 1908 enthielt auch zwei Unglücke, über die sonst nirgendwo geschrieben war. Auf der Oudh & Rohilkhand State Railway wurden 79 Menschen getötet und 119 verletzt, als zwei Personenzüge in einen eingleisigen Streckenabschnitt eingelassen wurden. Der andere Unfall, bei dem 26 Menschenleben zu beklagen waren, geschah, als ein Schnell- und ein Güterzug auf der Bombay, Baroda & Central India Railway zusammenstießen. Der Schnellzug hatte ein Gefahrensignal überfahren, aber auch einige Vorschriften waren vom Zugpersonal nicht beachtet worden.

Im Jahr 1908 gab es in Indien 77 Personenzugunfälle, von denen 46 als schwer einzustufen sind und bei denen insgesamt 131 Menschen ihr Leben verloren.

RG 11 5 (1908)

15. Januar 1909

Dotsero, Colorado, USA
(Denver & Rio Grande)

20 Tote

Auf dem eingleisigen Abschnitt östlich des Glenwood Canyon kam es zu einem Frontalzusammenstoß, weil das Zugpersonal die vorgesehene Zugfolge nicht eingehalten hatte.

24. Februar 1909

Riobamba, Ecuador

25 Tote, 40 Verletzte

Aufgrund einer Gleisverwerfung sprang ein in nördliche Richtung fahrender Zug aus den Gleisen und stürzte über eine 30 m tiefe Klippe.

1909 (erstes Quartal)

USA

20 Tote, 28 Verletzte

Im Bericht der Interstate Commerce Commission für den Zeitraum von Januar bis März wurde ein Unfall erwähnt, bei dem ein westlich fahrender Personenzug nicht, wie vorgeschrieben, in einem bestimmten Kreuzungsgleis hielt. Statt dessen durchfuhr er es zehn Minuten zu früh und stieß mit einem ostwärts fahrenden Güterzug zusammen.

RG 11 298 (1909)

21. April 1909

Cardiff, Wales
(Rhymney)

3 Tote

Der Kessel der Lok Nr. 97 (Achsfolge C1') explodierte in der Halle auf dem Gelände der

Eisenbahngesellschaft, nachdem sie der Lokführer dorthin zurückgebracht hatte. Er sagte, daß er die Dampfstrahlpumpen nicht in Gang setzen konnte. Bei dieser Explosion, die in großen Teilen der Stadt zu hören war, wurden der Kessel und die Feuerbüchse mehr als 50 m weggeschleudert. Die damaligen Berichte waren uneinheitlich, und selbst die Erklärungen der Untersuchungskommission zum Unfallhergang waren nicht einleuchtend. Dabei hatte der für die Kessel zuständige Inspektor des Board of Trade sehr schnell herausgefunden, daß die Sicherheitsventile falsch montiert und somit gar nicht funktionstüchtig waren.

Hewison, S. 115. RG 10 556 (1909)

28. November 1909

Sapperton, British Columbia, Kanada
(Great Northern)
22 Tote

Das Unglück ereignete sich aufgrund einer Unterspülung des Bahndammes.

13. Dezember 1909

New York State
(New York Central and Lake Shore)
sehr viele Todesopfer

Der Schlafwagenzug »Twentieth Century Limited« von Chicago nach New York fuhr mit einer Geschwindigkeit von knapp 100 km/h auf einen stehenden Personenzug der Lake Shore-Gesellschaft auf. Ursache war ein Fehler eines Stellwerkwärters.

RG 11 820 (1909)

1910–1914

21. Januar 1910

Sudbury, Ontario, Kanada (Minneapolis, St. Paul & Sault Ste. Marie)

37 Tote

Der »Soo-Express« nach Minneapolis, der in der Nacht zuvor aus Montreal abgefahren war, sprang 77 km westlich von Sudbury kurz vor einer Brücke über den Spanish River aus den Schienen. Ein 1. Klasse-Wagen und der Speisewagen tauchten 9 m tief in das eisige Wasser ein, während ein 2. Klasse-Wagen auf das Widerlager der Brücke stieß und dabei 20 seiner Insassen in den Tod riß.

Der verletzte Schaffner bewies großen Heldenmut, als er mit einer Axt ein Loch in die Seitenwand des Speisewagens schlug und somit sieben Menschen den Weg nach draußen freimachte. Für seinen Einsatz erhielt er später die Albert-Medaille.

1. März 1910

Wellington, Washington, USA (Great Northern)

51 Tote

Bei strengem Winterwetter saßen zwei elektrische Züge seit dem 25. Februar in Schneeverwehungen am Westportal des Cascade-Tunnels fest. Bis die Strecke wieder freigelegt werden konnte, dienten die Reisezugwagen den Fahrgästen als Unterkunft. Kurz vor Tagesanbruch am 1. März aber verschüttete eine Lawine beide Züge. Besorgt darüber, daß eben ein solches Unglück passieren könnte, hatten einige Reisende noch zwei Tage zuvor nachgefragt, ob nicht wenigstens einer der Züge in den Tunnel hineingeschoben werden könnte. Der Verantwortliche jedoch antwortete, daß keine Lawinengefahr bestünde.

21. März 1910

Green Mountain, Iowa, USA (Chicago Great Western)

55 Tote

Ein Zug entgleiste auf einem Streckenabschnitt, dessen Oberbau so schlecht war, daß er dem Zusammenwirken von Masse und Geschwindigkeit nicht standhalten konnte.

Shaw, S. 204.

30. März 1910

Mülheim (Ruhr), Deutschland

20 Tote, 41 Schwerverletzte

Der »Lloyd-Express« von Hamburg nach Genua überfuhr ein Signal und stieß mit einem nach Metz fahrenden Truppentransportzug zusammen. Der »Lloyd-Express«, einer der bekanntesten Luxuszüge in Deutschland, fuhr regelmäßig als Anschlußzug zu den Schiffsabfahrten des Norddeutschen Lloyds.

RG 12 436 (1910)

18. Juni 1910

Villepreux-les-Clayes, Frankreich (ehemalige Westsektion der État)

Mehr als 18 Tote, 90 Verletzte

Aufgrund eines Lokschadens mußte ein Nahverkehrszug aus Paris ungefähr 45 min lang außerhalb des Bahnhofs halten. Der folgende Schnellzug nach Granville hatte ein Signal übersehen und fuhr mit einer Geschwindigkeit von ca. 95 km/h auf den stehenden Zug auf. Durch den Aufprall wurden der Speisewagen und drei weitere Wagen des Schnellzuges sowie der Gepäckwagen und auch drei Reisezugwagen des Nahverkehrszuges zerstört. Es brach Feuer aus, aber als die Feuerwehr eintraf, fand sie keine Wasserzapfstelle. Auf einem an der Unglücksstelle aufgenommenen Foto war kaum mehr als aufgetürmte Räder und Drehgestelle zu sehen. Der Lokführer der Schnellzuges, der unverletzt blieb, machte sich aus dem Staub, wurde aber von einer Gruppe Bauern verfolgt und konnte später verhaftet werden. Es hieß, daß der Lokführer des Nahverkehrszuges »vorübergehend in einen Zustand geistiger Verwirrung fiel«, während sich der Fahrdienstleiter in seinem Büro eingeschlossen hatte, »nachdem er abwechselnd geflucht und um Gnade gebeten hatte. Die schreckliche Szene hatte ihn kurzzeitig um den Verstand gebracht.« Die Liste der Todesopfer fiel glücklicherweise dadurch kürzer aus, daß viele Reisende des Nahverkehrszuges vorher ausgestiegen waren, um sich die Zeit ein wenig zu vertreiben.

Der französische Bauminister sagte, daß die »Ouest«-Eisenbahn, auf deren Strecke sich der Unfall ereignete, in einem sehr schlechten baulichen Zustand an die Regierung übergeben worden war. Die Railway Gazette jedoch kommentierte, daß die Gesellschaft vom Minister ständig hingehalten worden sei, als es darum ging, seine Zustimmung z.B. für Erneuerungsarbeiten zu erhalten.

RG 12 704 (1910)

23. Juni 1910

Manzanillo Line, Mexiko

37 Tote, 50 Verletzte

Ein Truppentransportzug verunglückte, als sich die vier letzten Wagen lösten und ein starkes Gefälle zurückrollten.

4. Juli 1910

Middletown, Ohio, USA (Zug der New York Central auf einer Strecke der Cincinnati, Hamilton & Dayton)

20 Tote

Am frühen Nachmittag ereignete sich am Unabhängigkeitstag 40 km südlich von Dayton ein Frontalzusammenstoß. Der westwärts fahrende »Twentieth Century Limited« wurde wegen eines Zugunglücks bei Sharon, Pennsylvania, auf einen Streckenabschnitt der CH&D-Eisenbahngesellschaft

umgeleitet. Dabei stieß er mit einem in östlicher Richtung fahrenden Güterzug zusammen. Einem der Zugpersonale war die entsprechenden Zuganweisung nicht mitgeteilt worden.

14. August 1910

Saujon, Frankreich
(Paris-Orléans)

43 Tote, 50 Verletzte

Auf der Strecke Paris-Royan stieß ein Sonderzug aus Bordeaux ca. 40 km vor Saintes mit einem Güterzug zusammen. Die meisten Opfer waren junge Mädchen.

21. September 1910

Fort Wayne & Wabash Valley, Indiana, USA

34 Tote

Dies war zu jener Zeit der schwerste Unfall, der sich auf den gut ausgebauten elektrifizierten Strecken Nordamerikas ereignete. Weitab von den bebauten Gebieten hatten diese Züge ihre eigenen Sicherheitsbestimmungen, wenn sie mit hoher Geschwindigkeit durch das endlose Land fuhren. Das Unglück geschah, als ein in südliche Richtung fahrender Sonderzug mit Arbeitern die erste und auch die zweite ihm zugewiesene Kreuzungsstelle passierte und dann mit einem in Gegenrichtung fahrenden Zug zusammenstieß.

Shaw, S. 376.

4. Oktober 1910

Staunton, Illinois, USA
(Illinois Traction)

36 Tote

Knapp zwei Wochen nach dem vorherigen Unglück ereignete sich ein zweites, bei dem noch mehr Todesopfer zu beklagen waren. Daran beteiligt war ein aus zwei Teilen bestehender, südwärts fahrender Zug, in dessen zweitem Zugteil Ausflügler saßen, die an der Parade in St Louis teilnehmen wollten. Ein Nahverkehrszug der Gegenrichtung sollte ihn in Staunton kreuzen. Obwohl dessen Lokführer wußte, daß der entgegenkommende Zug in zwei Teilen fuhr, setzte er den Nahverkehrszug in Bewegung, nachdem der erste Teil passiert hatte. Der Schaffner signalisierte ihm erfolglos, daß er anhalten möge, konnte den Zusammenstoß aber nicht verhindern.

Shaw, S. 376.

24. Dezember 1910

Am Heiligabend des Jahres 1910 ereigneten sich sechs Eisenbahnunfälle in England, Amerika und Frankreich und ein weiterer am darauffolgenden Tag ebenfalls in Frankreich. Solch eine Serie ist sehr ungewöhnlich, und vielleicht war ihr Zustandekommen auch darauf zurückzuführen, daß die Menschen in Gedanken bereits bei dem bevorstehenden Fest waren, anstatt ihre Aufmerksamkeit auf die Einhaltung von Sicherheitsvorkehrungen zu richten.

Hawes Junction, England
(Midland)

12 Tote, 21 Verletzte

Das erste der beiden Unglücke, die sich in England zugetragen haben, geschah in Hawes Junction (jetzt Garsdale), als der

Stellwerkswärter die beiden Kleinlokomotiven irrtümlicherweise vor einem stadtauswärts fahrenden Schnellzug losschickte. Beim Zusammenstoß brach Feuer aus.

Bolsover, England

Drei Kinder wurden getötet und drei weitere verletzt, als sie auf einem Bahnübergang von einem Zug erfaßt wurden.

Upper Sandusky, Ohio, USA
(Pennsylvania)

Bei einem Zusammenstoß kamen acht Menschen ums Leben.

Montereau, Frankreich
(Paris, Lyon & Méditerranée)
1 Toter, 7 Verletzte

Der Schlafwagenwärter kam ums Leben und mehrere Fahrgäste wurden verletzt, als der Schnellzug Paris-Modane mit einem Güterzug zusammenstieß.

Marmande, Frankreich
(Midi)

20 Menschen erlitten Verletzungen.

Arbanats, in der Nähe von Bordeaux, Frankreich
(Midi)

Ein Personenzug fuhr auf den Toulouse-Schnellzug auf, der wegen des Unfalls bei Marmande einige Kilometer weiter halten mußte. Der Lokführer hatte ein Signal überfahren.

25. Dezember 1910

in der Nähe von Châteaudun, Frankreich
(Paris-Orléans)
6 Tote

Ein Schnellzug stieß auf einem Bahnübergang mit einer Pferdekutsche zusammen, wobei sechs Menschen den Tod fanden.

Diese Unfälle waren nur ein Bruchteil von denen, die sich zu jener Zeit in Frankreich ereigneten. Mitte Februar 1911 berichtete die Railway Gazette, daß es in den beiden Monaten zuvor 30 Unglücke gab, und mitunter erschienen Artikel unter folgender Überschrift: »Der wöchentliche Eisenbahnunfall in Frankreich«. Der schlimmste – er passierte in Courville in der Nähe von Chartres – forderte 12 Menschenleben. Umfangreiche Maßnahmen mußten getroffen werden, um dieser kritischen Situation Herr zu werden. So wurden viele Züge ganz aus dem Fahrplan gestrichen oder aber Geschwindigkeitsbeschränkungen eingerichtet, damit der Oberbau rekonstruiert werden konnte. Dabei mußte z.B. auch dafür gesorgt werden, daß die Signale, die die neuen Pacific-Lokomotiven gaben, deutlich zu erkennen waren. Ein Ingenieur, der im Auftrag des Bauministeriums Untersuchungen dazu anstellte, empfahl, Veränderungen in der Höhe der Signalmasten vorzunehmen und automatische Knallkapseln vorzusehen. Außerdem beeinträchtigte der Dampf der Lokomotiven die Sicht des Lokpersonals.

RG 13 542 (1910), 14 47 219 (1911)

22. April 1911

Blaauwkrantz Bridge, Cape Province, Südafrika

(Kowie)

30 Tote

Der Teil des gemischten Zuges von Port Alfred nach Grahamstown, in dem sich die Fahrgäste befanden, entgleiste bei der Annäherung an eine Brücke, was wahrscheinlich auf einen Schaden an einem der Güterwagen zurückzuführen war. Der Zug fuhr zwar über die Brücke hinweg, aber ein Dienst- und vier Reisezugwagen stürzten 75 m tief in eine Schlucht. Die Untersuchung ergab, daß der schlechte Zustand des Oberbaus wie auch der Wagen für die Entgleisung verantwortlich war. Daraufhin wurde eine sofortige Inspektion der Strecke angeordnet, die dann jährlich vorzunehmen war. Der Manager der Eisenbahngesellschaft wurde wegen fahrlässiger Tötung für schuldig befunden.

25. August 1911

Manchester, New York State, USA

(Lehigh Valley)

28 Tote

Ein von zwei Lokomotiven gezogener Zug, bestehend aus 14 hölzernen Wagen, war unterwegs, um eine Gruppe von Gewerkschaftsveteranen und deren Familien von einem Treffen in Rochester nach Hause zurückzubringen. Als er sich einer Brücke über den Canandaigua River näherte, entgleisten einige der Wagen aufgrund eines Schienenbruchs. Die Loks und die ersten fünf Wagen blieben auf dem Gleis, aber ein Drehgestell des sechsten Wagens sprang heraus, woraufhin auch der Rest des Zuges entgleiste. Obwohl das über die Brücke führende Gleis durch Schutzschienen gesichert war, stürzte der siebente Wagen 12 m tief in den Fluß. Die meisten Todesopfer wurden in diesem Wagen geborgen. Man fand heraus, daß die Schiene mit einem Herstellungsfehler behaftet war, so daß sie in nicht weniger als 17 Teile zersprang.

Reed, S. 97. Shaw, S. 202.

23. September 1911

Montreuil-Bellay, Frankreich

22 Tote, 27 Verletzte

Das Unglück wurde durch Schäden verursacht, die ein Hochwasser an einer Brücke über den Fluß Thouet, ca. 13 km von Saumur entfernt, angerichtet hatte. Ein Brückenpfeiler stürzte ein und riß dabei die beiden Lokomotiven und die drei ersten Wagen mit in den Fluß. Einige der Fahrgäste, die – um sich zu retten – auf die Dächer der Wagen geklettert waren, ertranken.

Erneut rückten die hohen Unfallzahlen bei der französischen Staatsbahn in den Mittelpunkt des nationalen Interesses. Ein Senator erklärte, daß es in den vorangegangenen sechs Monaten zu 37 Unfällen gekommen war, bei denen Tote oder Verletzte zu beklagen waren. Er fügte hinzu, daß selbst die Reisezeiten länger waren als noch im Jahre 1856. Darauf erwiderte der Bauminister, daß man gerade dabei sei, die Eisenbahnadministration neu zu organisieren und daß der Oberbau so instandgesetzt werden würde, daß ab dem 1. Juli 1912 auf allen Strecken Pacifics eingesetzt werden könnten.

18. März 1912

San Antonio, Texas, USA

(Southern Pacific)

28 Tote, 40 Verletzte

Während eines Testlaufes wurde eine Lokomotive der Achsfolge 1C durch eine Kesselexplosion zerstört (sie war kurz zuvor im Ausbesserungswerk von San Antonio überholt worden). Dabei wurden auch die Gebäude in der Umgebung schwer beschädigt. Ein 7 t schweres Kesselteil wurde 360 m weit geschleudert, während ein kleineres von 400 kg die Wand eines ca. 1,5 km entfent liegenden Hauses beschädigte. Der Kommentar des Inspektors der Interstate Commerce Commission lautete: »Ich kann mich an keinen Fall erinnern, bei dem die Zerstörung so total und der Verlust an Menschenleben so entsetzlich war.«"

Die Untersuchungskommission stellte später drei unterschiedliche Theorien auf. In dem Werk gab es zu jener Zeit Probleme zwischen Arbeitern und Vorgesetzten, und ein Armeeoffizier war der Meinung, daß das Unglück durch Zünden eines hochexplosiven Sprengstoffs verursacht worden war. Der Inspektor der ICC vertrat die Ansicht, daß die Unglücksursache ein zu hoher Druck war, obwohl der Kessel zwei Tage zuvor hydraulisch getestet worden war und geschätzt wurde, daß er einem Druck von 66 bar standhalten würde. Die Hersteller der Dampfstrahlpumpen sagten, daß diese bei einem Druck von über 16 bar nicht arbeiten würden, aber in dem Moment, als die Explosion stattfand, waren sie in Betrieb. Bilder von dem Unglück zeigen, daß die Feuerbüchse in mehrere Teile gerissen worden und stark verzogen war, was darauf hindeutete, daß ein zu geringer Wasserstand im Kessel die wahrscheinlichste Ursache für die Explosion war.

Reed, S. 163, 164, 166-168. RG 17 29, 203 (1912)

4. Juli 1912

In der Nähe von Corning, New York State, USA,
(Lackawanna & Western)

39 Tote, 86 Verletzte

Ein von zwei Lokomotiven gezogener Sonderzug, der am Unabhängigkeitstag zu den Niagara-Fällen unterwegs war, mußte aufgrund eines schadhaften Güterzuges halten. Die Vorspannlok des Personenzuges wurde abgekoppelt, um dem Güterzug zu Hilfe zu kommen. Der Zug war durch automatische Blocksignale gesichert, und ein Bremser lief zusätzlich ca. 800 m zurück, ohne jedoch Knallkapseln auszulegen. Ein nachfolgender Schnellzug fuhr bei leichtem Nebel mit einer Geschwindigkeit von ca. 100 km/h auf den Sonderzug auf. Einige Fahrgäste dieses Zuges waren zum Glück vorher ausgestiegen. Der stählerne Wagen am Zugende wurde in den davor befindlichen hölzernen Schlafwagen namens »Esthonia« geschoben und verwüstete ihn.

Reed, S. 73, 79. Shaw, S. 240. RG 17 50 (1912)

5. Juli 1912

Ligonier, Pennsylvania, USA
(Ligonier Valley)

22 Tote

Dieser Zusammenstoß ereignete sich auf einer der vielen Kurzstrecken, wie sie für den nordamerikanischen Eisenbahnbetrieb so charakteristisch sind. Das Eisenbahnnetz der Ligonier Valley bestand aus einer knapp 18 km langen »Hauptstrecke« mit mehreren kurzen Nebenstrecken, die von den Kohlegruben in Westmoreland City genutzt wurden. Aber die Gesellschaft betrieb auch einen lebhaften Personenverkehr.

Ein Sonderzug sollte Fahrgäste von Ligonier zu einem örtlichen Rummelplatz, ca. 2,5 km entfernt, bringen. Da es dort keine Wendemöglichkeit gab, schob die Lokomotive den Zug bei der Rückfahrt. Eine Zuganweisung, nach der der Sonderzug erst einen Kohlezug passieren lassen sollte, wurde entweder gar nicht herausgegeben oder aber nicht befolgt. Beim Zusammenstoß wurde der Zug von den beiden Lokomotiven des Güterzuges regelrecht zusammengedrückt, wobei auch drei Mitglieder des Lokpersonals ihr Leben verloren. Im Verlaufe des 35 Jahre währenden Betriebes dieser Strecke hatte es zuvor niemals Unfälle mit Personenschaden gegeben.

Shaw, S. 136. RG 17 50 (1912)

Während der drei letzten Monate des Jahres 1912 wurde über nicht weniger als 3994 Zusammenstöße auf den Strecken der Vereinigten Staaten berichtet. Insgesamt kamen dabei 227 Menschen ums Leben und 4010 trugen Verletzungen davon.

RG 19 161 (1913)

30. April 1913

Boregaun, Indien
(East Indian)

Mehr als 40 Tote

Ein Nahverkehrszug von Nagpur nach Bhuswal fuhr mit einer Geschwindigkeit von ungefähr 50 km/h auf einen Güterzug, der aufgrund eines Haltsignals angehalten hatte. Alle vorderen sechs Wagen wurden zerstört, und sämtliche Fahrgäste, die sich in ihnen befanden, kamen entweder ums Leben oder wurden verletzt.

11. Mai 1913

Drama, Bulgarien

150 Tote, 200 Verletzte

Eine Kupplung an einem aus 30 Wagen bestehenden bulgarischen Militärzug ging entzwei, und so rollten 25 Wagen in Richtung Buk, wo sie mit 28 anderen Wagen, die ebenfalls mit Soldaten besetzt waren, zusammenstießen.

RG 18 620 (1913)

23. Mai 1913

Zwischen Poroi und Andjista, Bulgarien

Anzahl der Todesopfer nicht bekannt

Bei einem Zusammenstoß wurden zwei Lokomotiven zerstört, woraufhin der für das Desaster verantwortliche Fahrdienstleiter auf Befehl des Inspektors der Bulgarischen Eisenbahn erschossen wurde.

RG 18 682 (1913)

2. September 1913

Wallingford, Connecticut, USA
(New York, New Haven & Hartford)

26 Tote

Während des starken Rückreiseverkehrs nach New York kam plötzlich dichter Nebel auf. Fünf Züge fuhren in kurzen Abständen hintereinander auf der zweigleisigen Hauptstrecke, die mit automatischen Blocksignalen ausgerüstet war. Diese Signale sollten jedoch durch die seinerzeit modernen Formsignale ersetzt werden. Als erster fuhr ein Nahverkehrszug, der in Wallingford kurz hielt, so daß auch die beiden Zugteile des nachfolgenden »Bar-Harbor-Express« anhalten mußten. Der zweite Teil war am Schluß ordnungsgemäß durch einen Bremser gesichert, aber als er wieder anfuhr, vergaß man, ihn aufzunehmen. Also hielt der Zug zum zweiten Mal, um den Bremser aufspringen zu lassen. In dem Moment, als dieser in Richtung seines Zuges lief, hörte er, wie sich der erste Teil des »White-Mountain-Express« mit einer für die Witterungsverhältnisse viel zu hohen Geschwindigkeit näherte. Er rannte ihm entgegen, konnte ihn aber nicht mehr zum Halten bringen. Die Lokomotive schlitzte die beiden hinteren Pullman-Wagen auf und bohrte sich zur Hälfte durch den davor befindlichen Wagen. Das Zugpersonal des Kleinwagens, der auf dem Parallelgleis fuhr, beobachtete das Unglück. Der Kleinwagen diente dann als Krankenfahrzeug.

Der Unfall rief große Besorgnis in der Öffentlichkeit hervor. Der US-Kongreß stellte für die Untersuchung der Unglücksursachen durch die ICC 25.000 Dollar zur Verfügung. Nach einer Voruntersuchung hieß es, daß der Lokführer des Unglückszuges in der Woche zuvor 159 (!) Stunden lang im Dienst gewesen sei, wobei er lediglich 9 Stunden Pause hatte. Dies kam deshalb zustande, weil nicht genügend ausgebildete Lokführer zur Verfügung standen. Die Railway Gazette äußerte sich kritisch darüber, wie die US-Behörden dieses Problem lösen wollten. Der Vorschlag nämlich, das Block Signal & Train Control Board wieder ins Leben zu rufen, würde nur vier Prozent der vermeidbaren Unfälle betreffen.

Shaw, S. 243. RG 19 319, 420 (1913)

Mitte September 1913

Villeneuve-Loubet, Frankreich

20 Tote, 40 Verletzte

Ein dreiteiliger elektrischer Triebwagen entgleiste auf einem Viadukt im Süden Frankreichs. Die Kupplung brach, und der vordere Wagen stürzte 12 m tief in die Schlucht. Nur das Antriebsteil blieb auf den Schienen. Die Entgleisung wurde auf die »fehlerhafte Arbeitsweise der Magnetbremse aufgrund eines Sturms« zurückgeführt.

RG 19 349 (1913)

4. November 1913

Mélun, Frankreich
(Paris, Lyon & Méditerranée)

39 Tote

In Mélun gab es ein Überholungsgleis, das von den in südliche Richtung fahrenden Zügen genutzt wurde. Als der Postzug aus Paris um 20.40 Uhr mit einer Geschwindigkeit von ca. 80 km/h in dieses Gleis einfuhr, stieß ein in nördlicher Richtung fahrender Schnellzug aus Marseille mit ihm zusammen. An den vorderen Wagen entstand erheblicher Schaden und in den Trümmern brach Feuer aus, wodurch die Rettungsarbeiten eine Zeitlang unmöglich gemacht wurden. Unter den Todesopfern befanden sich 15 Postangestellte, und der Schauplatz des Unglücks war übersät mit Briefen und Päckchen. Der Lokführer des Postzuges war an zwei Signalen vorbeigefahren, als er gerade in seiner Lok nach dem rechten sah. Der Bauminister ersuchte die Eisenbahngesellschaft dringlich, eine automatische Zugsicherung zu installieren und die Gasbeleuchtung in den Wagen durch elektrisches Licht zu ersetzen.

In der Presse wurden viele Anregungen und Vorschläge zur Vermeidung derartiger Unfälle publik gemacht. Einer war zum Beispiel, daß ein vorausfahrender Lokführer in einem speziellen Führerhaus an der Frontseite der Lokomotive fahren sollte um die Zeiten zu notieren, an denen die verschiedenen Signale passiert wurden.

RG 19 517, 545, 552, 572 (1913)

6. Dezember 1913

Costesti, Rumänien

100 Tote

Es wurde berichtet, daß die Todesopfer infolge eines Zusammenstoßes zu beklagen waren.

Shaw, Index

2. April 1914

In der Nähe von Tanjong-Prioh, Niederländisch-Indien

20 Tote, 50 Verletzte

Der Frühzug kollidierte mit einem Büffel und sprang auf einer Brücke aus den Schienen. Daraufhin stürzte die Brücke ein, und die Lokomotive und die fünf ersten Wagen stürzten in den Fluß. Die Todesopfer waren allesamt Einheimische, die Fahrgäste in den hinteren Wagen – es waren Europäer – blieben unverletzt. Unklarheit herrschte über den genauen Ort des Unglücks. So gab es im Jahre 1924 zwei Orte im Eisenbahnnetz auf Sumatra, die die Namen Tandjoeng und Tandjoeng-Balai trugen, wohingegen auf einer aktuellen Landkarte Tandjung Pernik in der Nähe von Batavia auf der Insel Java liegt.

RG 20 500 (1914)

5. August 1914

Tipton Ford, Montana, USA (Zug der Missouri & North Arkansas auf Streckenabschnitt der Kansas City Southern)

47 Tote, 25 Verletzte

Dies war der erste schwere Unfall in den Vereinigten Staaten , an dem ein dieselelektrischer Triebwagen, auch »Doodlebug« (Ameisenlöwe) genannt, beteiligt war. Das 21 m lange Fahrzeug, das der Missouri & North Arkansas-Eisenbahngesellschaft gehörte, wog 42 t. Voll besetzt verließ es Joplin um 17.30 Uhr in Richtung Harrison, einige Fahrgäste mußten sogar stehen. Die Eisenbahngesellschaft besaß das »Nutzungsrecht« für die Strecken der Kansas City Southern und bevor der Triebwagen losfuhr, erhielt er die Instruktion, in Tipton Ford zu warten, um einen planmäßigen, südwärts fahrenden Zug mit sieben Wagen passieren zu lassen. Er mißachtete jedoch die Anweisung und stieß mit dem Reisezug bei ca. 110 km/h zusammen. Der Triebwagen wurde stark deformiert, die Trümmer gingen in Flammen auf.

Interessant ist, daß Shaw den 42 t schweren Triebwagen als »leicht« bezeichnet und sagt, daß er dadurch bei Zusammenstößen weit weniger Widerstand bietet als ein herkömmlicher Zug, der durch die Dampflokomotive, den Tender und den vorn befindlichen Gepäckwagen geschützt ist.

Die ersten Dieseltriebwagen erwiesen sich als ziemlich robust, zumindest im Falle eines Zusammenstoßes. So kollidierten z.B. Anfang des Jahres 1912 zwei 21 m lange Triebwagen in einem engen Gleisbogen bei einer Geschwindigkeit zwischen 120 und 130 km/h. Es gab keine Todesopfer, und keiner der beiden Triebwagen entgleiste. Danach sah es so aus, als ob die Vorderteile als »Knautschzone« bei Automobiltests in den neunziger Jahren gedient hätten!

Shaw, S. 138. RG 16 91 (1912)

15. September 1914

Lebanon, Missouri, USA (St Louis & San Francisco »Frisco«)

27 Tote

Das Unglück war auf die Unterspülung eines Teils der Eisenbahnstrecke infolge eines Hochwassers zurückzuführen.

Dezember 1914

Kalisz, Polen

(400) Tote, (500) Verletzte

Ein vollbesetzter Truppentransportzug aus Preußen stieß mit einem Zug, der mit verwundeten Offizieren von der russischen Front zurückkehrte, zusammen. Das Unglück ereignete sich aufgrund einer falschen Weichenstellung. Mehr als 20 Wagen wurden zertrümmert. Der Weichenwärter, der Fahrdienstleiter und weitere Beamte wurden verhaftet und der Sabotage beschuldigt.

RG 22 21 (1915)

1915–1919

22. Mai 1915

Quintinshill, Schottland
(Caledonian)

227 Tote, 246 Verletzte

Bei diesem Zugunglück kamen mehr Menschen ums Leben als je zuvor bei einem Zugunglück in Großbritannien. Die beiden Schnellzüge von Euston nach Schottland hatten Verspätung. Kurz nach 6 Uhr fuhr ein Lokalzug von Carlisle ab, und zwar vor dem ersten der beiden Nachtzüge. Er sollte an der Blockstelle Quintinshill halten. Dort war sowohl ein Nord-Süd- als auch ein Süd-Nord-Überholungsgleis vorhanden, aber in letzterem stand bereits ein in nördliche Richtung fahrender Güterzug. Aus diesem Grunde wurde der Nahverkehrszug angehalten und auf das durchgehende Hauptgleis der Nord-Süd-Richtung geleitet.

Zwei Stellwerkswärter hatten hinsichtlich ihres Schichtwechsels die inoffizielle Vereinbarung getroffen, daß derjenige, der die Tagschicht übernahm , von Gretna Junction auf dem Nahverkehrszug mitfuhr. Um zu verhindern, daß diese Unregelmäßigkeit aufgedeckt wird, wurden die Zugmeldungen nach 6 Uhr auf einem extra Blatt Papier vermerkt und nicht im Zugmeldebuch eingetragen. Nachdem der Nahverkehrszug eingetroffen war, wurde ein in Richtung London fahrender Kohlenleerzug nach Quintinshill losgeschickt, und da er in Carlisle nicht einfahren konnte, wurde der Wärter angewiesen, den Zug auf das Nord-Süd-Überholungsgleis zu leiten. Kurz bevor der verspätete Ablöser zum Schichtwechsel eintraf, ließ er den ersten der beiden Schnellzüge passieren. Während einer kurzen Unterhaltung zwischen den beiden Wärtern traf die Nachricht ein, daß sich ein Truppensonderzug auf dem Weg von Larbert nach Liverpool befand.

Der Kollege, der die Tagschicht übernahm, begann dann, die Zettelnotizen ins Zugmeldebuch zu übertragen. Währenddessen saß der Kollege, dessen Dienst gerade beendet war, im hinteren Teil des Stellwerks und las Zeitung. Ebenfalls im Stellwerk befanden sich die Bremser der auf den Überholungsgleisen stehenden Güterzüge, als der Heizer des Nahverkehrszuges kam und gemäß Vorschrift 55 über die Ankunft seines Zuges Bericht erstattete. Er nahm den entsprechenden Eintrag im Zugmeldebuch vor. Danach ging er zu seiner knapp 60 m entfernt stehenden Lokomotive zurück. Er überprüfte jedoch nicht, ob die entsprechenden Stellhebel mit Hilfssperren versehen waren, die verhindern sollten, daß diese aus Versehen bewegt wurden. Aus unbekannten Gründen gab einer der Wärter dem in nördliche Richtung fahrenden Güterzug das Signal »Zug hat Streckenabschnitt verlassen«, ohne das Sperrsignal für die Gegenrichtung zu geben, wie er es eigentlich hätte tun müssen, da auf dem Hauptgleis der Nord-Süd-Richtung der Nahverkehrszug stand. Dann wurden die Signale für den aus London kommenden Schnellzug sowie den Truppensonderzug, der in entgegengesetzte Richtung fuhr, freigegeben.

Letzterer stieß heftig mit dem Nahverkehrszug zusammen. Durch die Wucht des Aufpralls wurde der schwerbeladene Zug, der 15 Wagen umfaßte und ca. 200 m lang war, auf 60 m zusammengedrückt. Bevor irgend jemand überhaupt etwas unternehmen konnte, raste der von zwei Lokomotiven gezogene Schnellzug in die Wracks. Es brach Feuer aus, das fast 24 Stunden lang loderte. Ihm fielen viele Soldaten zum Opfer. Beide Wärter wurden wegen fahrlässiger Tötung angeklagt und erhielten Gefängnisstrafen.

Hamilton, S. 62, S. 92/93. Nock, S.107, S. 160/161. Rolt, S. 207, S. 132/133. Schneider, S. 160, S. 98. RG 22 544, 558, 584, 633, 657 (1915), 23 286, 307, 310, 495 (1915) , RM 139 (April 1993).

19. Oktober 1915

St Cyr Defavières
(Paris, Lyon & Méditerranée)

Zahlreiche Todesopfer

Auf der Strecke zwischen Roanne und Lyon entgleisten mehrere Wagen eines Zuges und stürzten von einer Brücke in eine tiefe Schlucht.

RG 23 415 (1915)

30. Januar 1916

Zwischen Köln und Duisburg, Deutschland

Offiziell nur 2 Tote

Ein Schnellzug stieß mit einem vollbesetzten Lazarettzug zusammen. Dabei schob sich die Lokomotive des Schnellzuges auf die Wagen des anderen Zuges auf. Der offiziellen Todeszahl widersprachen Augenzeugen, die in Amsterdam ankamen.

RG 24 175 (1916), 25 442 (1916)

29. März 1916

Amherst, Ohio, USA
(New York Central)

26 Tote

Die beiden Teile eines Nachtzuges von Chicago nach Pittsburgh stießen zusammen, nachdem der erste Zugteil an einem Signal gebremst hatte. Das Signal war auf Haltstellung zurückgegangen, da es der Wärter versäumt hatte, den Hebel vollständig zurückzulegen. Als die Lok bei Annäherung an das Signal pfiff, wurde es erneut gezogen, aber der Zug konnte nicht schnell genug an Fahrt gewinnen und der zweite Zugteil fuhr mit einer Geschwindigkeit von ca. 80 km/h auf. Einige Wrackteile wurden auf das Nachbargleis geschleudert, auf dem 30 s später der »Twentieth Century Limited«", der ebenfalls eine Geschwindigkeit von ca. 80 km/h hatte, in die Trümmer fuhr. Zum Glück kam kein Fahrgast dieses Zuges ums Leben. Obwohl es nebelig war, gab der Lokführer des zweiten Zugteils aus Chicago an, daß sein Signal eindeutig Fahrt frei angezeigt hätte. Sein Heizer hatte bei diesen schlechten Sichtverhältnissen allerdings völlig die Orientierung verloren. Der Bahninspektor schlußfolgerte, daß die Signale dem zweiten Zugteil nicht Fahrt frei gezeigt hätten und verwies auf die Tatsache, daß der betreffende Lokführer innerhalb von 16 Jahren bereits fünfmal wegen des Überfahrens von Signalen zur Verantwortung gezogen worden war.

Shaw, S. 450. RG 25 337 (1916)

12. August 1916

Brookdale, Pennsylvania, USA
(Southern Cambria)
26 Tote

Ein Zug war auf der Strecke außer Kontrolle geraten und verursachte einen Zusammenstoß.

1. Dezember 1916

Herczechalen, Ungarn
66 Tote, 150 Verletzte

Ein Schnellzug von Wien nach Budapest, in dem sich sehr viele Fahrgäste, hauptsächlich Soldaten, befanden, die an der Beisetzung von Kaiser Franz Joseph I. teilgenommen hatten, stieß mit einem Nahverkehrszug zusammen. Einer von beiden hatte ein Signal überfahren, möglicherweise deshalb, weil das minderwertige Öl, das für die Signallampen verwendet wurde, nur ein schwaches Licht erzeugte.

RG 25 641 (1916)

19. Dezember 1916

In jener Nacht ereigneten sich in England drei Zugunglücke, die alle dadurch zustande kamen, daß die Lokführer die Signale nicht beachteten. Bei zweien dieser Unfälle waren drei Züge beteiligt, die Euston in Richtung Norden im Abstand von jeweils drei Stunden verlassen hatten. In Wigan kollidierte der 23.15 Uhr-Zug aus Euston mit einem Zug, der um 22.00 Uhr aus London abgefahren war, und in Kirtlebridge, gleich hinter der schottischen Grenze, fuhr der aus der Stadt kommende Postzug in einen Güterzug. Bei allen drei Unfällen waren Menschenleben zu beklagen.

RG 26 316 (1917)

7. Januar 1917

Ciurea, Rumänien
374 Tote, 756 Verletzte

Ein überfüllter Zug mit annähernd 2000 Menschen stieß mit einem Zug, der aus dem Militärhauptquartier kam, in der Nähe von Ciurea, ca. 13 km von Jassy entfernt, zusammen und entgleiste daraufhin. Unter den Todesopfern, deren Zahl offiziell bekanntgegeben wurde, befand sich auch der französische Attaché.

RG 26 121 (1917)

17. Januar 1917

Massy Plaiseau, Frankreich
10 Tote, 30 Verletzte

Von einem britischen Truppentransportzug mit 40 Wagen, vollbesetzt mit Soldaten, die aus dem Urlaub zurückkamen, löste sich einige Kilometer südlich von Paris ein Teil. Auf einer abschüssigen Strecke holte der abgetrennte Zugteil wieder auf und fuhr in die davor fahrenden Wagen, von denen zwei ineinandergeschoben wurden. Die Verletzten wurden in Versailles ins Krankenhaus gebracht, und die französische Seite lobte die Besonnenheit und Disziplin der Truppen.

Weil der Zugteil, der sich gelöst hatte, nicht sofort von einer automatischen Bremse zum Halten gebracht werden konnte, schlußfolgerte man, daß es sich dabei um die berühmten »Hommes 36-40, Chevaux 8«-Wagen handelte, die zu jener Zeit häufig für Truppentransporte in Frankreich eingesetzt wurden.

RG 26 91 (1917)

19. Januar 1917

Sagor, Salonika, Slowenien

40 Tote

Auf der Strecke zwischen Laibach und Agram wurde ein Postzug von einem Erdrutsch erfaßt. Ein Teil des Zuges wurde verschüttet, während der andere in die Save stürzte.

19. Januar 1917

Trifail, Österreich

40 Tote

Ein Postzug von Triest nach Wien wurde von einem herabfallenden Felsen in der Nähe von Trifail in zwei Teile zerlegt. Der Zug, der zu seiner Hilfe geschickt wurde, fuhr in die Trümmer, wodurch sich die Anzahl der Todesopfer noch erhöhte.

RG 26 118 (1917)

27. Februar 1917

Mount Union, Pennsylvania, USA

20 Tote

Obwohl die Strecke mit modernen Signalanlagen ausgerüstet war, fuhr ein Güterzug mit hohem Tempo auf einen steckengebliebenen Personenzug auf, dessen Besatzung es versäumt hatte, den Zug zu sichern. Obwohl der Pullman-Wagen »Bellwood« eine Ganzstahlkonstruktion besaß, wurde er von dem nachfolgenden »Bruceville« völlig zusammengedrückt, wobei alle Insassen getötet wurden. Bei der anschließenden Untersuchung stellte sich heraus, daß der Lokführer nach fünfzehneinhalbstündigem Dienst lediglich fünf Stunden geschlafen hatte. Seit dem 30. Juli 1913 hatte es bei der Pennsylvanian Railroad vier schwere Auffahrunfälle gegeben, die alle durch die Nichtbeachtung von Signalen verursacht wurden.

Reed, S. 80. RG 27 160, 256 (1917), 28 285 (1918)

23. Juli 1917

Indien

20 Tote

Ein Personenzug kam aufgrund eines Schienenbruches zum Halten, und es wurde ein Bote geschickt, der Hilfe holen sollte. Während dieser unterwegs war, stellte es sich heraus, daß der Schaden reparabel war und der Zug setzte seine Fahrt fort. Er fuhr jedoch so unvorsichtig, daß er mit dem aus der anderen Richtung kommenden Zug, auf dem sich die Reparaturmannschaft befand, zusammenstieß.

Im Zeitraum vom 1.April 1917 bis 31. März 1918 kamen auf der Indischen Eisenbahn 54 Menschen ums Leben. Man betrachtete dies als schlechtes Jahr, obwohl insgesamt 430 Millionen mit der Bahn gereist waren. Im gleichen Zeitraum verloren nicht weniger als 1350 Menschen, die unbefugt die Gleisanlagen betreten hatten, ihr Leben.

RG 30 743 (1919)

7. August 1917

Arguata Scrivia, Italien

34 Tote, (100) Verletzte

Der Schnellzug von Genua nach Mailand entgleiste auf dem Bahnhof Arguate Scrivia, wobei drei Wagen umstürzten.

13. August 1917

Zwischen Moskau und Pedrograd, Russland

60 Tote, 150 Verletzte

Auf der Strecke von Moskau nach Pedrograd stießen ein Personen- und ein Gepäckzug zusammen.

28. September 1917

Kellyville, Oklahoma, USA
(St Louis & San Francisco - (Frisco))

23 Tote

Der Frontalzusammenstoß passierte, weil das Zugpersonal eine Zuganweisung nicht befolgte.

2. November 1917

Kaukasus, Sowjetunion

25 Tote

Ein Frontalzusammenstoß ereignete sich zwischen einem Schnell- und einem Militärzug, bei dem die meisten Todesopfer Soldaten waren.

RG 27 522 (1917)

12. Dezember 1917

Modane, Frankreich
(Paris, Lyon & Méditerranée)

543 Tote

Bis zu diesem Zugunglück hatte es weltweit noch keines gegeben, bei dem die offiziell bestätigte Anzahl von Toten so hoch war. Sowohl seine Ursache als auch seine Schwere hingen mit dem Krieg zusammen, wenngleich es nicht durch Feindeinwirkung zustande kam. Deshalb ist dieses Unglück in dieser Chronologie aufgenommen worden.

Zwei italienische Züge beförderten insgesamt mehr als 1000 französische Soldaten, die in den Weihnachtsurlaub fuhren, von der italienischen Front über die Mont-Cenis-Route. Nachdem sie durch den Tunnel Frankreich erreicht hatten, wurden die Soldaten in einem Zug mit 19 Wagen untergebracht, da Lokomotiven wegen des Krieges knapp waren. Der Zug wurde mit einer Lok der Achsfolge 2'C bespannt. Anfangs weigerte sich der Lokführer, sich mit dieser Maschine auf die 3,3 %-Gefällestrecke zu begeben, da maximal 144 t erlaubt waren, der Zug aber 526 t wog, also mehr als dreimal soviel. Zudem waren nur die ersten drei Wagen mit Druckluftbremsen ausgerüstet, während die Bremsen der anderen von Hand betätigt werden mußten.

Die Offiziere setzten den Lokführer unter Druck, indem sie ihm mit dem Kriegsgericht drohten, falls er sich weigere zu fahren. Daraufhin setzte er den Zug langsam in Bewegung. Obwohl die Handbremsen angezogen wurden und der Zug auf diese Weise das erste Gefälle mit einer Geschwindigkeit von knapp 10 km/h hinuntergelangte, begann er bald darauf, außer Kontrolle zu geraten. Seine Geschwindigkeit nahm zu, und die hölzernen Fußböden der Wagen fingen durch die Funken, die von den rotglühenden Radreifen und Bremsklötzen herrührten, Feuer. Außerhalb von La Praz, wo die Strecke den Fluß Arc in einer S-Kurve kreuzte, löste sich die Lokomotive vom Zug, nachdem ihr Laufradsatz entgleist war. Der erste Wagen entgleiste daraufhin ebenfalls und prallte gegen eine hohe Stützmauer. Die anderen Wagen fuhren in die Trümmer. Sodann brach Feuer aus. Es wurde berichtet , daß die Militärs einige freiwillige Helfer zurückgehalten hätten, weil unter den Dingen, die die Soldaten illegal als Souvenirs mit nach Hause nahmen, auch Handgranaten und andere scharfe Munition waren. In La Praz beobachtete der Wärter, wie die außer Kontrolle geratene Lokomotive vorbeiraste; er nahm Kontakt mit dem nächsten Bahnhof St Michel de Maurienne auf. Er wollte verhindern, daß ein Lazarettzug losfuhr, der vielleicht mit den Wrackteilen des Truppentransportzuges kollidiert wäre. Der Lokführer des Truppentransportzuges wurde inhaftiert, aber später von einem Kriegsgericht für nicht schuldig befunden. Die Informationen über diesen Unfall wurden durch die Zensur der Militärs zurückgehalten. So gelangten die Einzelheiten darüber erst durch Schneider und Masé in den »Railway Accidents of Great Britain and Europe« im Jahre 1970 an die Öffentlichkeit.

Shaw, S. 410. Schneider, S. 223

Dezember 1917

Shepherdsville, Kentucky, USA

(Louisville & Nashville)

67 Tote, 50 Verletzte

Ein Zusammenstoß ereignete sich zwischen einem Reise- und einem Nahverkehrszug.

RG 27 720 (1917)

8. Januar 1918

Zwischen Kaiserslautern und Homburg, Deutschland

Mehr als 30 Tote, über 100 Verletzte

Zwei Züge stießen zusammen, darunter ein Zug für Fronturlauber.

RG 28 112 (1918)

16. Januar 1918

Kirn, Deutschland

25 Tote, 25 Verletzte

Ein Staudamm brach infolge schwerer Regenfälle, und die sich in die Nahe ergießenden Wassermassen unterspülten einen Teil eines Eisenbahndammes. Daraufhin stürzten die Lokomotive, ein Güterwagen und drei Reisezugwagen eines Urlauberzuges ins Wasser. Es dauerte lange, bis die Leichen geborgen werden konnten, zehn fand man erst etliche Tage später.

RG 28 112 (1918)

16. Januar 1918

Bohmte, Deutschland

33 Tote, 110 Verletzte

Der Zusammenstoß geschah bei einem Schneesturm auf dem Bahnhof Bohmte bei Osnabrück. Bei den Toten handelte es sich ausnahmslos um Soldaten.

18. Januar 1918

Argeningken, Deutschland

23 Tote, 50 Verletzte

Ein Militärurlauberzug stieß in der Nähe von Argeningken, südlich von Tilsit, mit einem Personenzug zusammen. Das war der vierte schwere Unfall bei deutschen Eisenbahngesellschaften innerhalb eines Monats.

7. Februar 1918

Zwischen Jesupol und Wodniki, Ukraine, Sowjetunion

Anzahl der Toten und Verletzten unbekannt

Um Mitternacht fing ein überfüllter Zug von Stanislaw nach Lemberg Feuer und kam auf einer Brücke über den Fluß Dnjestr zum Halten. Viele Fahrgäste, die aus den brennenden Wagen sprangen, ertranken.

22. Juni 1918

Ivanhoe, Indiana, USA
(Michigan Central)

59 – 68 Tote, 115 Verletzte

Der zweite Teil des Hagenbeck-Wallace-Zirkuszuges, der unterwegs nach Hammond, Indiana, war, mußte aufgrund einer heißgelaufenen Achse halten. Obwohl er durch automatische Blocksignale gesichert war, lief der Bremser zurück, um das hintere Ende des Zuges zusätzlich zu sichern. Diesem Zug folgte ein leerer Truppentransportzug, der aus 24 stählernen Pullman-Wagen bestand. Dessen Lokführer döste kurz vor sich hin, denn er war bereits fast 24 Stunden lang im Dienst und hatte zudem eine schwere Mahlzeit sowie ein Nierenmedikament eingenommen. Der Heizer war gerade erst eingestellt worden und deshalb auf dieser Strecke noch nicht oft gefahren. Lokführer und Heizer übersahen die Warn- und Haltsignale und auch die heftig hin und her bewegte Laterne des Bremsers. Als der Zug an ihm vorbeifuhr, warf dieser schließlich ein angezündetes Licht in das Führerhaus. Die schweren Pullman-Wagen fuhren auf den haltenden Zug auf und es brach Feuer aus. Unter den Todesopfern befanden sich viele Artisten. Der Lokführer und der Heizer wurden wegen fahrlässiger Tötung vor Gericht gestellt, jedoch freigesprochen.

Shaw, S. 245. RG 29 58 (1918)

(29. Juni 1918)

Zwischen Mircesti und Roman, Rumänien

45 Tote

Das Datum, an dem sich der Zusammenstoß zwischen einem Schnell- und einem Güterzug ereignete, mag nicht ganz richtig sein, da der Pressebericht keine Einzelheiten enthielt.

9. Juli 1918

Nashville, Tennessee, USA
(Nashville, Chattanooga & St Louis)

101 Tote

Auf dieser Strecke gab es zwischen den Bahnhöfen Nashville und Shops einen zweigleisigen Streckenabschnitt von 4 km Länge, auf dem der Schnellzug von Memphis nach Atlanta fahrplanmäßig dem Nahverkehrszug Nr. 4 begegnete. Der Fahrplan sah ferner vor, daß – wenn sich die Züge nicht wie vorgesehen begegneten – der Nahverkehrszug in Shops warten mußte, bis der Schnellzug vorbei war, es sei denn, er hatte eine anderslautende Zuganweisung erhalten. Aus unbekannten Gründen fuhr er an diesem Tag weiter bis auf den eingleisigen Streckenabschnitt und stieß mit dem Schnellzug bei einer Relativgeschwindigkeit von fast 160 km/h zusammen. Beide Lokomotiven wurden völlig zerstört, das Personal fand den Tod. Die meisten Todesopfer gab es im zweiten und im dritten Wagen des Nahverkehrszuges, die ineinandergeschoben wurden. Die endgültige Anzahl der Toten wurde von der Interstate Commerce Commission mit 101 angegeben, einschließlich der 14 Eisenbahner, aber es tauchten in Presseberichten auch widersprüchliche Zahlen auf.

Das war das schwerste Zugunglück in den Vereinigten Staaten, doch seine Ursache wurde nie eindeutig geklärt. Eine Theorie besagte, daß der Lokführer des Nahverkehrszuges eine Rangierlok und einige Wagen auf dem zweigleisigen Abschnitt fälschlicherweise für den Schnellzug gehalten hatte. Doch es gab möglicherweise noch andere Gründe. Vordem war es Vorschrift gewesen, daß der Lokführer am Ende eines zweigleisigen Abschnitts anzuhalten hatte, um das Zugmeldebuch einzusehen. Diese Bestimmung war jedoch nicht mehr gültig.

Shaw, S. 126

16. Juli 1918

Theillay, Frankreich
(Paris-Orléans)
22 Tote, 76 Verletzte

Das Unglück ereignete sich infolge einer Entgleisung in der Nähe von Vierzon.

31. Juli 1918

Zwischen Schneidemühl und Landsberg, Deutschland
30 Tote

An dem Unfall waren zwei Züge beteiligt. Die »Vossische Zeitung« berichtete, daß viele Menschen versucht hatten, die Toten auszurauben. Sie wurden erst von ihrem Tun abgehalten, als Soldaten und Polizei eingriffen und mehrere Eisenbahnbeamte festnahmen. In »The Times« erschien darüber ein Bericht unter der Überschrift »Preußische Leichenschänder«, wobei diese Vorgänge als »charakteristische Merkmale deutscher Kultur« dargestellt wurden – ein typisches Beispiel für Kriegspropaganda.

(Ende August) 1918

In der Nähe von Uggowitz, Österreich
20 Tote, 80 Verletzte

Auf der Strecke von Villach nach Pemtaffl kollidierten zwei Züge, in denen sich Soldaten auf ihrem Weg in den Urlaub befanden. Im Pressebericht wurde ausdrücklich erwähnt, daß unter den Todesopfern auch einige Offiziere waren.

RG 29 246 (1918)

11. September 1918

In der Nähe von Schneidenmühl, Deutschland
35 Tote, 17 Verletzte

Ein Sonderzug mit Kindern stieß mit einem Güterzug zusammen. Bis auf zwei Eisenbahner waren alle Todesopfer junge Fahrgäste.

13. September 1918

Weesp, Niederlande
(Hollandsche IJzeren Spoorwegmaatschappij)
41 Tote, 42 Schwerverletzte

Ein Schnellzug mit 11 Reisezugwagen entgleiste, als der 7 m hohe Bahndamm bei der Annäherung des Zuges an die Brücke über den Merwede-Kanal ins Rutschen geriet. In den Wochen zuvor hatte es stark geregnet, so daß die Erschütterungen des Zuges ein Abrutschen des Sandes des Bahndammes bewirkten. Wie sich später herausstellte, war der Damm zu steil, außerdem hatte eine Lehmschicht das Abfließen des Wassers verhindert. Die hölzernen Wagen , die den Damm hinunterstürzten, nachdem die entgleiste Lokomotive an die Stahlträger der Brücke geraten war, wurden schwer beschädigt. Im Zug befand sich zum Glück ein Arzt, der den Verletzten unverzüglich Hilfe leistete und auch eine Infanterieeinheit, die gerade Übungen absolvierte, war innerhalb von 10 min am Unglücksort und unterstützte die Rettungsarbeiten. Auf dem Kanal fahrende Schiffe wurden eingesetzt, um die Verletzten ins Krankenhaus zu bringen. Die Verantwortung für diese Katastrophe hatte das Bahnunternehmen zu tragen. Es mußte an die Fahrgäste eine Entschädigung in Höhe von 1,4 Millionen Gulden zahlen.

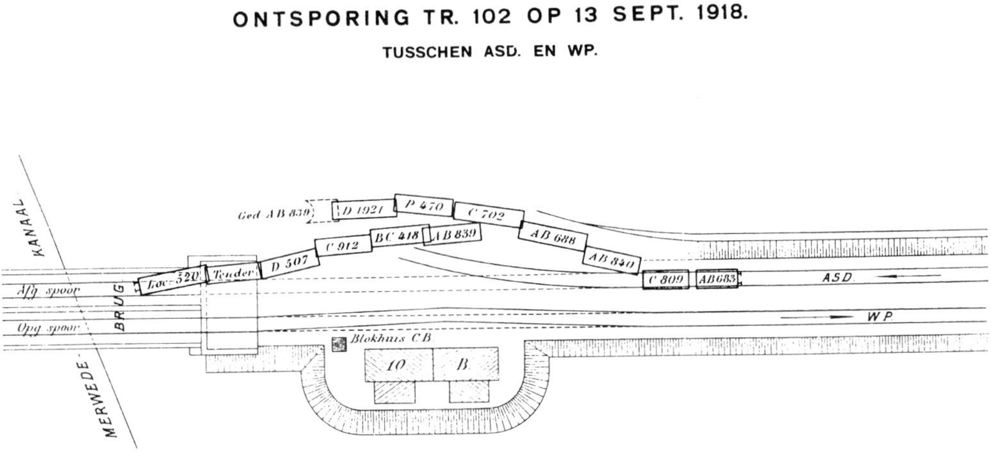

Weesp, 13. September 1918
Schematische Darstellung der Lage der Lokomotive und der Wagen nach der Entgleisung in Weesp, Niederlande. (Boomsma-Sammlung)

Der Ingenieur aus Delft, der die Unglücksursache untersuchte, gründete 1934 an der dortigen Technical High School ein Labor für die Erforschung der Bodenmechanik . Dieses Labor gehört jetzt zur Universität und wird noch heute von den Niederländischen Staatsbahnen zu Rate gezogen, wenn neue Strecken gebaut werden.

19. September 1918

Pacy-Tunnel, in der Nähe von Tonnerre, Frankreich

(Paris, Lyon & Méditerranée)

(30) Tote, (100) Verletzte

Drei Wagen wurden ineinandergeschoben, als zwei Züge im Tunnel zusammenstießen. Am Ende des einen Zuges hatten sich bei der Abfahrt drei Wagen gelöst.

RG 29 347 (1918)

22. September 1918

Zwischen Leipzig und Berlin, Deutschland

30 Tote, 59 Verletzte, (davon 30 Schwerverletzte)

Ein Zug aus Leipzig fuhr auf einen anderen Zug auf und schob dabei die letzten vier Wagen ineinander.

RG 29 347 (1918)

12. Oktober 1918

Selerra, Spanien

67 Tote, 25 Schwerverletzte

Zwei Personenzüge kollidierten, weil die Weichen falsch gestellt waren.

RG 29 423 (1918)

1. November 1918

In der Nähe von Norrköpping, Schweden

(300) Tote

Ein Zug vom Malmö nach Stockholm entgleiste, und die Lokomotive sowie einige Wagen stürzten einen Bahndamm hinunter, nachdem es mehrere Tage heftig geregnet hatte. Sieben der zehn Wagen wurden zerstört und fingen Feuer, das durch das aus den Vorratsbehältern ausströmende Gas verursacht wurde. Unter den zahlreichen Fahrgästen befanden sich 50 Kinder, die vom Lande zurück nach Stockholm unterwegs waren.

RG 29 371, 395 (1918)

1. November 1918

New York City, USA
(Brooklyn Rapid Transit)

97 Tote

Während eines Streiks von Mitgliedern der Brotherhood of Locomotive Engineers & Firemen , die um Anerkennung durch die Eisenbahngesellschaft kämpften, fuhren Mitarbeiter aus anderen Bereichen die Züge. Ein Abendzug in Richtung Brighton Beach verspätete sich, weil er an einem Knotenpunkt fehlgeleitet worden war. Der Lokführer versuchte daraufhin, die verlorengegangene Zeit wieder aufzuholen. Die Strecke war ihm jedoch unbekannt und trotz zweier Warnsignale fuhr er in einer Kurve, in der die Geschwindigkeit auf 10 km/h begrenzt war, viel zu schnell. Der zweite und alle nachfolgenden Wagen entgleisten und prallten gegen die Tunneleinfahrt. Der dritte Wagen, in dem 60 Tote geborgen wurden, wurde buchstäblich zu Kleinholz zertrümmert. Lokführer, Schaffner und Wärter wurden wegen fahrlässiger Tötung angeklagt. Der Bürgermeister, der Mitglied der streikenden Gewerkschaft war, setzte durch, daß auch mehrere höhere Beamte der Eisenbahngesellschaft ähnliche Anklagen erhielten. Aus Gründen einer allgemeinen Voreingenommenheit mußten die Gerichtsverfahren außerhalb der Stadt stattfinden. Alle Verfahren wurden schließlich eingestellt, der letzte Angeklagte wurde im April 1920 freigesprochen.

Shaw, S. 388, RG 29 538 (1918)

6. November 1918

Zwischen Steinbruch und Rakos, Ungarn

60 Tote, 180 Verletzte

Ein Truppentransportzug entgleiste in der Nähe von Budapest aufgrund eines Achsbruchs.

7. Dezember 1918

Lothiers, Frankreich
(Paris-Orléans)

68 Tote, 151 Verletzte

Ein Urlauberzug stieß im Bahnhof mit einem anderen Zug zusammen.

12. Januar 1919

South Byron, New York, USA
(New York Central)

22 Tote

Ein Auffahrunfall ereignete sich, nachdem der Lokführer eines Zuges ein haltzeigendes Signal überfahren hatte. Ein ähnliches Unglück, das am 9. Juni 1920 passierte und 14 Todesopfer forderte, veranlaßte die staatlichen Ordnungsbehörden, die Einführung der automatischen Zugsteuerung zu erörtern.

RG 33 390 (1920)

22. Januar 1919

Mauvages, Frankreich
(Est)

20 Tote, 40 Verletzte

Der Zusammenstoß passierte zwischen Neufchâteau und Toul.

(16. Februar 1919)

Kambove, Belgisch-Kongo

(27 Tote)

Ein Zug stand die Nacht über im Bahnhof, als einer seiner Wagen, der mehrere Tonnen Sprengstoff enthielt, explodierte. Die Menschen, die sich zu diesem Zeitpunkt im Zug befanden, wurden getötet.

RG 30 348 (1919)

17. April 1919

Crissé, Sarthe, Frankreich
(ehemalige Westsektion der État)

33 Tote

Bedingt durch den Ausfall seiner Lok mußte ein französischer Urlauberzug halten. Auf ihn fuhr ein anderer Zug, der in Richtung Brest unterwegs war und in dem sich zurückkehrende Soldaten der Vereinigten Staaten befanden. Der Wärter war zurückgelaufen und hatte Knallkapseln ausgelegt, aber der zweite Zug fuhr auf der abschüssigen Strecke so schnell, daß er nicht mehr anhalten konnte.

19. Juni 1919

Zwischen Firozabad und Makkhanpur, Indien
(East India)

(100 - 300) Tote

Der stadtauswärts fahrende Güterzug Nr. 127 verließ Firozabad mit dem irrtümlichen Signal für einen eingleisigen Streckenabschnitt.Er stieß mit dem in Richtung Kalkutta fahrenden Personenzug Nr. 7 frontal zusammen. Dabei kamen 15 Fahrgäste und das Lokpersonal ums Leben, annähernd 40 Menschen erlitten Verletzungen. Infolge des Zusammenstoßes brach Feuer aus, wodurch sechs der zehn Reisezugwagen zerstört wurden. In den Flammen fanden zwischen 100 und 300 Menschen den Tod.

18 Monate später ereignete sich in Abermule in Wales auf der Cambrian Railways ein Zusammenstoß, dessen Ursachen sehr viele Ähnlichkeiten mit dem in Indien aufwiesen.

RG 32 62 (1920)

29. Juni 1919

In der Nähe von Rohtak, Punjab, Indien

35 Tote, 46 Verletzte

Ein Postzug aus Delhi stieß mit einem Güterzug zusammen. Zwei der Todesopfer waren indische Eisenbahner.

RG 31 132 (1919)

5. Oktober 1919

Mexiko

60 Tote

Ein Zug aus Laredo in Texas, USA, entgleiste auf seinem Weg nach Mexico City.

RG 31 470 (1919)

25. Oktober 1919

Kranowitz, Deutschland

25 Tote

Ein Zusammenstoß zwischen einem Personen- und einem Güterzug ereignete sich im Bahnhof von Kranowitz. Die Wrackteile fingen Feuer. Die meisten Todesopfer sollen Schmuggler gewesen sein, die Spirituosen über die Grenze bringen wollten, die sie entweder in speziell geformten Büchsen an ihren Körpern oder in Brotlaiben versteckt hatten. Es hieß, daß sie versucht haben, sich der Beweismittel zu entledigen, indem sie den Alkohol auf den Fußboden schütteten, wodurch sich die Flammen noch stärker ausbreiteten.

RG 31 573 (1919)

1. November 1919

Vigerslev, Sjaelland, Dänemark
(DSB)

40 Tote

Zwischen Kopenhagen und Roskilde stießen nachts zwei Personenzüge außerhalb des Vigerslever Bahnhofs zusammen. Ein in die Hauptstadt fahrender Zug hielt an, weil ein kleiner Junge herausgefallen war. Der Zug fuhr ungefähr 500 m zurück, um ihn wieder aufzunehmen, wurde jedoch nach hinten weder durch Knallkapseln noch durch Handlampen gesichert. Währenddessen stellte der Wärter den Fahrweg für einen Sonderzug her, in dem sich zahlreiche Feuerwehrmänner befanden, die zur Bekämpfung eines Großbrandes im Bezirk Roskilde unterwegs waren. Dieser Zug wurde von dem stadtauswärts führenden, für Güterzüge vorgesehenen Gleis auf das ebenfalls stadtauswärts führende Hauptgleis geleitet. Er hielt sodann neben dem Personenzug. Dabei überstrahlte das grelle Licht seines Spitzensignals die Schlußlichter des Personenzuges. Die an sich unzulässige Zugbewegung war möglich geworden, weil die Fahrstraße des Personenzuges vorschriftswidrig aufgelöst worden war. Somit konnte dem nachfolgenden, aus Richtung Roskilde stadtwärts fahrenden Schnellzug das Signal Fahrt frei gegeben werden, ohne daß der Wärter in Vigerslev konsultiert wurde. Gezogen von einer Lokomotive vom Typ »Atlantic«, fuhr der Schnellzug auf den haltenden Personenzug auf und schob fünf der Wagen den Damm hinunter.

RG 32 119 (1920)

3. November 1919

Pont-sur-Yonne, Frankreich
(Paris, Lyon & Méditerranée)

26 Tote, (42 - 60) Verletzte

Kurz vor 23.00 Uhr mußte der »Simplon-Express« in Pont-sur-Yonne außerplanmäßig halten. Während er stand, fuhr der nachfolgende »Paris-Genf-Expreß« auf ihn auf. Dieser hatte ein Signal überfahren, möglicherweise deshalb, weil der Abdampf der Lokomotive dem Lokführer die Sicht nahm. An beiden Zügen entstand erheblicher Sachschaden, wobei die Berichte jedoch unterschiedliche Zahlen an Todesopfern angaben. So bezifferte z.B. die PLM die Todeszahl mit 18.

RG 31 613 (1919)

Nach einem Bericht in »The Times« einige Wochen zuvor gab es in Frankreich während der ersten drei Monate des Jahres 1919 insgesamt 31 Zugunglücke mit 115 Todesopfern und 363 Schwerverletzten. Selbst in diesem Land, das zu den Siegerstaaten des Ersten Weltkrieges gehörte, hatte die Sicherheit bei der Eisenbahn unter den Kriegsfolgen gelitten.

Am 4. September 1919 kamen 15 Menschen ums Leben und 40 wurden verletzt, als der Frühschnellzug vom Gare d'Orsay nach Toulouse verunglückte. Zwischen Castennau d'Estretefonds und St Jory war er aufgrund minderwertiger Kohle zum Halten gekommen, und der nachfolgende Zug Bordeaux - Cette fuhr auf.

Wenige Tage nach dem Unglück von Pont-sur-Yonne stand ein Zug aus Juvisy nach Paris eine Weile auf der Strecke, und da einige Fahrgäste um ihre Sicherheit besorgt waren, stiegen sie aus. Sie wurden von einem anderen Zug erfaßt, wobei vier getötet wurden und einer Verletzungen erlitt.

RG 31 336 (1919)

20. Dezember 1919

Zwischen Onawa und Benson, Maine, USA
(Canadian Pacific)

23 Tote, 35 Verletzte

Zwischen dem Hafen von St. John an der Westküste der Bay of Fundy und Montreal verläuft die Strecke der Canadian Pacific Railway durch den Bundesstaat Maine der Vereinigten Staaten.

Am frühen Morgen kollidierte ein in östlicher Richtung fahrender Güterzug mit dem vierten Teil des Zuges Nr. 39 von St. John, New Brunswick, nach Westkanada und beschädigte die Lokomotive und zwei der vorderen Wagen schwer. Der in westliche Richtung fahrende Zug beförderte Fahrgäste, die am Tag zuvor mit der »Empress of France« der RMS an Land gegangen waren. Unter ihnen waren Einwanderer und Soldaten. Die ersten Teile des Zuges hatten dem Güterzug, der für die rund 145 km von Megantic zwölf Stunden gebraucht hatte, große Verspätung eingebracht. Das Zugpersonal jedoch wollte unbedingt Brownville Junction, ca. 43 km weiter östlich, erreichen, da es andernfalls die Grenze von 16 Stunden Dienst überschritten hätte. In Morkill wurde der Zug angehalten, um den dritten Teil des Zuges Nr. 39 passieren zu lassen. An dieser Stelle erhielt das Zugpersonal die Kopie einer neuen Zuganweisung , die Instruktionen bezüglich des vierten Teils dieses Zuges enthielt. Dieser nämlich fuhr acht Stunden später als der Hauptzug. Das Zugpersonal aber mißverstand die Anweisung und dachte, daß sie sich auf den dritten Zugteil beziehen würde. Sie setzte den Güterzug ostwärts in Bewegung, noch bevor der letzte Teil Morkill passiert hatte.

Shaw, S. 129. RG 32 25 (1920)

1920–1924

12. April 1920

New York, USA
(New York Elevated
(Sixth Avenue Line))

1 Toter, 12 Verletzte

Während der morgendlichen Hauptverkehrszeit stieß ein Schnellzug an einer Weiche mit einem leeren Zug zusammen. Dabei stürzte ein Wagen auf die Straße darunter. Bei der Hochbahngesellschaft gab es eine Besonderheit. Ihre Züge verkehrten auf Sicht, also ohne Signale. Damit ein entgleister Wagen möglichst nicht auf die Straße stürzte, waren die Gleise mit Schutzschienen aus Kanthölzern mit den Abmessungen 150 x 200 mm versehen, die sich bei den im allgemeinen geringen Geschwindigkeiten als außerordentlich wirkungsvoll erwiesen.

RG 32 573, 600, 709 (1920)

24. April 1920

Mewa Newada, Indien
(Oudh & Rohilkhand)

45 Tote, 55 Verletzte

Der Güterzug Nr. 159 mußte ca. eine Stunde am Einfahrsignal von Mewa Newada halten. Kurz nachdem das Signal Fahrt frei zeigte, setzte er sich in Bewegung. In diesem Moment fuhr der »Allahabad-Delra-Dun-Express« mit einer Geschwindigkeit von ca. 60 km/h auf ihn auf. Dieser Zug hatte ebenfalls Fahrt frei erhalten. Die Druckgasflaschen in den Wagen des Expreßzuges entzündeten sich, so daß Feuer ausbrach.

RG 32 680, 710, 911 (1920)

17. Mai 1920

Jakhwada, Indien

23 Tote, 27 Verletzte

Ein aus Bombay kommender Personenzug stieß mit einem Güterwagen zusammen. Die Todesopfer waren allesamt »Reisende der 3. Klasse«.

RG 32 812 (1910)

20. Mai 1920

Neon Daroston, Spanien

40 Tote

Ein Frontalzusammenstoß ereignete sich zwischen einem Personen- und einem Güterzug. Dabei wurden die vorderen Teile beider Züge völlig zerstört und die restlichen Zugteile entgleisten.

RG 32 811 (1920)

16. Juli 1920

Zwischen Barcelona und Tortosa, Spanien

20 Tote

Ein Schnellzug stieß mit einem Güterzug zusammen.

RG 33 142 (1920)

7. Oktober 1920

Arkonam, Indien (Madras-Bangalore)

13 Tote, 15 Verletzte

Der »Madras-Bangalore-Postzug« entgleiste, da verärgerte Gleisbauer ein Stück Schiene aus dem Gleis entfernt hatten. Daraufhin wurden 60 Kulis unter dem Verdacht der Mittäterschaft verhaftet.

RG 33 525, 558 (1920)

8. Oktober 1920

Venedig, Italien

25 Tote, 20 Verletzte

Kurz nach Mitternacht mußte der Venedig-Mailand-Express auf der Brücke, die Venedig mit Mestre auf dem Festland verbindet, anhalten. Auf ihn fuhr ein Schnellzug aus Triest auf. Die Signale waren nicht auf Halt zurückgestellt worden.

RG 33 525 (1920)

9. Oktober 1920

Houilles, Paris, Frankreich (Ouest)

47 Tote

Bei einem Güterzug von Mantes nach Paris gab es eine Zugtrennung, und der Lokführer brachte den vorderen Teil im Vorortbahnhof von Houilles zum Halten. Auf der Gefällestrecke raste der zweite Zugteil in die stehenden Wagen, wobei die Trümmer das andere Streckengleis blockierten. Ein stadtauswärts fahrender Vorortzug konnte nicht mehr rechtzeitig halten und fuhr in die Trümmer. Die meisten Wagen und das Stellwerk wurden zerstört.

Der französische Bauminister versprach daraufhin, in allen französischen Güterwagen selbsttätige Bremssysteme installieren zu lassen. Dies entsprach dem Vertrag von Versailles, der besagte, daß alle europäischen Eisenbahngesellschaften diese Maßnahme so bald wie möglich einführen sollten.

Oktober 1920

Pogranitschnawa, Sowjetunion

(100) Tote

Der Postzug von Wladiwostok nach Charbin entgleiste, wobei es 100 Tote gegeben haben soll.

RG 33 590 (1920)

27. Oktober 1920

Lufany, Rumänien

(50) Tote, (mehr als 200) Verletzte

Der »Daily Express« berichtete, daß in Siebenbürgen zwei Personenzüge zusammenstießen, was auf einen »Fehler eines ungelernten Eisenbahners« zurückzuführen war.

RG 33 627 (1920)

14. Dezember 1920

Bommidi, Indien
(South India)

30 Tote, 35 Verletzte

Bei dem Zusammenstoß zwischen einem Post- und einem Güterzug kamen 30 Inder ums Leben.

RG 33 836 (1920)

Januar 1921

In der Nähe von Luga, Sowjetunion

68 Tote

Ein Güterzug mit Personenbeförderung aus Nowgorod, ca. 190 km südlich von Petrograd, transportierte unter anderem Benzin, das gegen Getreide eingetauscht werden sollte. Während der Zug mit hoher Geschwindigkeit fuhr, explodierte die Fracht, und die Wagen fingen Feuer.

RG 34 79 (1921)

27. Februar 1921

Porter, Indiana, USA
(Michigan Central and New York Central)

37 Tote

Nordamerikanische Eisenbahnen sind dadurch gekennzeichnet, daß es niveaugleiche Kreuzungen zwischen den Strecken verschiedener Gesellschaften gibt. In Porter z.B. gab es eine solche Kreuzung zwischen der Michigan Central (MC) und der New York Central (NYC), übrigens in einem Winkel von ca. 45 Grad. Beide Strecken waren mehrgleisig. Die Kreuzung war durch Signale mit Gleissperren umfassend gesichert. Am Unfalltag löste der »Interstate Express« der NYC bei Dunkelheit den Streckenkontakt aus, der eine Alarmglocke im Stellwerk steuert, und die Fahrstraße wurde daraufhin für ihn freigegeben. Der sich aus der anderen Richtung nähernde »Canadian« der MC erhielt das Vorsignal Fahrt frei. Er verringerte jedoch seine Geschwindigkeit nicht auf die an der Kreuzung zulässigen 65 km/h. Der Lokführer glaubte, daß das Einfahrtsignal Fahrt frei zeigte und beschleunigte. Die Lok fuhr auf die Gleissperre ca. 90 m vor der Kreuzung auf, gleiste jedoch wie durch ein Wunder wieder auf. Dann riß sie von ihrem Zug ab und kam 120 m außerhalb der Kreuzung endgültig zum Stehen. Die entgleisten Wagen blieben auch stehen, aber einer von ihnen direkt auf der Kreuzung. Unmittelbar darauf fuhr der NYC-Expreß auf diesen Wagen auf. Er wurde ca. 20 m weit weggeschleudert. 35 Fahrgäste des MC-Zuges kamen ums Leben, und auch das Lokpersonal des NYC-Zuges wurde getötet.

Shaw, S. 107

25. Juni 1921

Beaucourt Hamel, Frankreich
(Nord)

25 Tote, 60 Verletzte

Der Gepäckwagen am Schluß eines Schnellzuges von Lille nach Paris entgleiste bei einer Geschwindigkeit von 95 km/h, als der Zug über eine kleine Betonbrücke über den Fluß Ancre fuhr. Dabei entgleisten auch die drei Reisezugwagen vor dem Gepäckwagen. Der Zug fuhr mit den entgleisten Wagen weiter, bis die Kupplung vor dem ersten entgleisten Wagen riß. Die entgleisten Wagen stürzten daraufhin eine Böschung hinunter.

Die Untersuchung ergab, daß der Gepäckwagen nicht am Schluß des Zuges hätte laufen dürfen. Zudem hatte ein geringfüger Defekt am Gleis zu dem Unglück beigetragen. Auch hatte sich das Gleis aufgrund der Hitze möglicherweise verworfen.

25. Juni 1921

Amroha, Indien (Oudh & Rohilkhand)

42 Tote

Auf der Nebenstrecke Delhi - Moradabad unterbrachen Wassermassen das Gleis auf eine Länge von 135 m. Die Lok und die beiden vorderen 3. Klasse-Wagen eines Personenzuges stürzten in das Loch und verschwanden im Wasser.

25. Juli 1921

Zwischen Tawwi und Peinzalok, Birma

104 Tote, 48 Verletzte

Der Rangun-Mandalay-Postzug kollidierte nachts ca. 160 km von Rangun entfernt mit einem Güterzug. Beide Lokomotiven und vier Drehgestellwagen des Postzuges stürzten um.

RG 35 270, 304 (1921)

27. August 1921

In der Nähe von Rom, Italien

29 Tote, mehr als 100 Verletzte

Ein Personenzug, der Gäste aus Ladispoli, einem Ausflugsort in der Nähe von Civita Vecchia, nach Rom zurückbrachte, stieß mit einer rangierenden Lokomotive zusammen.

10. September 1921

Les Eschets (Ain), Frankreich (Paris, Lyon & Méditerranée)

38 Tote

Während des Ersten Weltkrieges war das eine Gleis zwischen Bourg-en-Bresse und Lyon abgebaut und an anderer Stelle eingebaut worden. An den dazwischenliegenden Bahnhöfen wurden Kreuzungsgleise belassen, in die die Züge mit einer Geschwindigkeit von höchstens 20 km/h einfahren durften. Nach dem Krieg war zunächst kein Stahl vorhanden, um das fehlende Gleis wieder einzubauen (Die dazu erforderliche Genehmigung wurde bereits Ende August 1921 erteilt). Noch bevor die Arbeiten begannen, ereignete sich ein schweres Unglück mit einem vollbesetzen Schnellzug von Strasbourg nach Lyon,der Soldaten aus dem soeben befreiten Elsaß-Lothringen und dem Rheinland in den Urlaub brachte. Der Zug fuhr in Les Eschets zu schnell in das Kreuzungsgleis ein, worauf drei seiner hölzernen Wagen entgleisten und zerstört wurden.

5. Oktober 1921

Batignolles-Tunnel, Bahnhof St Lazare, Paris, Frankreich (ehemalige Westsektion der État)

28 Tote

Der 900 m lange Batignolles-Tunnel, der sich außerhalb des Bahnhofs St Lazare in Paris befindet, war lange Zeit ein Engpaß. Pläne, ihn abzutragen, verzögerten sich infolge des Krieges. Am Abend des 5. Oktober 1921 mußte der 17.48- Uhr-Zug nach Versailles im Tunnel halten. Aufgrund eines Fehlers im Streckenblock fuhr der 17.52-Uhr-Zug nach Issy-les-Molineaux auf ihn auf. Es brach Feuer aus und man nahm an, daß die Anzahl der Todesopfer noch höher war, da einige Leichen möglicherweise den Flammen zum Opfer fielen.

Dieser Zusammenstoß ließ die Mängel im damaligen Sicherheitswesen der Französischen Eisenbahn zutagetreten, denn bis dahin hatte es in jenem Jahr 43 Unfälle gegeben, bei denen 140 Menschen getötet und nicht weniger als 542 verletzt wurden. Daraufhin wurde eine Reihe von Maßnahmen zur Erhöhung der Sicherheit in Angriff genommen. Die Eisenbahngesellschaften wurden angewiesen, die Gasbeleuchtung abzuschaffen, und im ganzen Land wurde an der Einführung eines automatischen Signalsystems gearbeitet. In Paris beschleunigte man die Arbeiten zur Abtragung des Batignolles-Tunnels, dessen letzter Stein im September 1926 entfernt wurde.

Die beiden Wärter, die für den Zusammenstoß verantwortlich gewesen waren, erhielten Gefängnisstrafen von sechs und vier Monaten.

RG 35 554, 581, 677 (1921), 45 355 (1926)

19. November 1921

Indien

64 Tote

Die Belüftung eines Zellenwagens war durch Farbe verstopft, so daß 64 Häftlinge erstickten.

RG 36 237 (1922)

5. Dezember 1921

Woodmont, Pennsylvania, USA
(Philadelphia & Reading)

27 Tote

Zwei Nahverkehrszüge stießen frontal zusammen, nachdem einer von ihnen ein Signal nicht beachtet hatte. Ein in den Trümmern ausgebrochenes Feuer erhöhte die Anzahl der Opfer.

27. Juni 1922

Berlin, Deutschland
(Berliner S-Bahn)

29 Tote, 60 Verletzte

Nach den Beerdigungsfeierlichkeiten für Rathenau vor dem Reichstagsgebäude im Zentrum Berlins verkehrten außergewöhnlich viele Züge im Netz der S-Bahn. Auf den Trittbrettern eines der Züge, unterwegs in den Norden der Stadt, standen die Reisenden dichtgedrängt. Als die Bahn einen entgegenkommenden Zug kreuzte, wurden zahlreiche Passagiere durch eine nicht geschlossene Tür des Gegenzuges, die in das Lichtraumprofil der S-Bahn ragte, von den Trittbrettern geschleudert. Sie fielen auf die Gleise und wurden von den beiden Zügen überfahren.

RG 36 1052 (1922)

11. Juli 1922

Paredes, in der Nähe von Palencia, Spanien

32 Tote, 19 Schwerverletzte

Der »Asturias-Postzug« stieß auf dem Bahnhof Paredes frontal mit einem Schnellzug aus Galizien zusammen. Dabei kamen nicht nur beide Lokführer ums Leben, sondern auch viele 1. Klasse-Reisende des Postzuges. Die Wagen wurden stark zusammengedrückt, und die letzte Leiche konnte erst 17 Stunden nach dem Unfall geborgen werden.

RG 37 108 (1922)

1. August 1922

In der Nähe von Mielan, Frankreich

(Midi)

40 Tote

Zwei Züge mit Pilgern, die von Moulins nach Lourdes unterwegs waren, kollidierten bei Mielan. Der erste Zug blieb in einer starken Steigung in den Gers-Bergen stehen, rollte rückwärts und stieß dabei mit dem zweiten Zug zusammen. Der Lokführer des außer Kontrolle geratenen Zuges hatte sich in Agen über die Luftpumpe beschwert, deren Arbeitsweise sich dann noch verschlechterte. Aufgrund fehlender Luft konnte der Sandstreuer der Lok während der Bergfahrt nicht arbeiten, so daß der Zug zum Stehen kam. Allerdings funktionierte auch die Bremse nicht ordnungsgemäß, da der Zug normalerweise auf der Gefällestrecke sicher hätte stehen müssen.

RG 37 179, 245 (1922)

5. August 1922

Sulphur Springs, Missouri, USA

(Missouri Pacific)

34 Tote, 175 Verletzte

Ein Vorortzug von Hoxie nach St Louis, der vollbesetzt war mit Menschen, die am Samstag abend in die Großstadt fahren wollten, hatte ungefähr zwei Stunden Verspätung. Das Zugpersonal wußte zwar, daß ein Schnellzug folgen würde, erhielt jedoch in Riverside den mündlichen Auftrag, bis Wickers weiterzufahren (etwa 11 km), um dort zu rangieren. Da die Strecke mit automatischen Blocksignalen ausgerüstet war, war es nicht notwendig, noch einmal eine entsprechende Zuganweisung auszugeben. Kurz nachdem der Vorortzug an einem Wasserkran rund 6 km außerhalb von Riverside angehalten hatte, fuhr der Schnellzug mit einer Geschwindigkeit von ca. 60 km/h auf ihn auf. Die beiden letzten Wagen des stehenden Zuges wurden zerstört und die Trümmer in einen kleinen Fluß geschleudert. Auch die beiden nächsten Wagen wurden stark beschädigt. 32 Fahrgäste des Vorortzuges wurden getötet und ein Mensch, der die Gleise unerlaubterweise überqueren wollte, kam ebenfalls ums Leben. Im Schnellzug gab es nur einen Toten, nämlich den Lokführer. Daher war es nicht mehr möglich, im nachhinein festzustellen, warum er zwei Haltesignale und ein Warnsignal bei vollem Tempo überfahren und den Vorortzug auf eine Entfernung von ca. 270 m nicht gesehen hatte.

Shaw, S. 247

13. Dezember 1922

Humbel, Texas,USA

(Southern Pacific)

22 Tote

Ein Personenzug kollidierte mit einer Kleinlokomokotive , die auf der Hauptstrecke liegengeblieben war.

14. Januar 1923

Anuradhapura, Ceylon

39 Tote

Der »Jaffa-Postzug« verunglückte, nachdem ein Gleis während eines schweren Sturms unterspült worden war. Die Lokomotive samt Tender und ein Reisezugwagen entgleisten bei der Annäherung an eine Brücke und versanken in den reißenden Fluten. Man schickte einen Sonderzug mit etlichen höheren Eisenbahnbeamten, die das Verschwinden des Zuges untersuchen soll-

Ein stadtwärts fahrender Breitspur-Viehtransportzug aus Carmarthen hielt am 5. November 1868 auf dem Streckenabschnitt, der noch im »Intervall-System« betrieben wurde. Die Lokomotive vom Typ Rob Roy des ebenfalls stadtwärts fahrenden Postzuges aus New Milford fuhr auf ihn auf. Dabei kamen 36 Tiere ums Leben, deren Kadaver an der Strecke abgelegt wurden. In den Berichten, die jedoch voneinander abwichen, hieß es, daß auch drei bis acht Menschen im letzten Wagen ums Leben kamen, von denen einige möglicherweise Viehhändler waren. (GWR Museum, Swindon)

Am 4. Oktober 1894 überfuhr bei dichtem Nebel in Castle Hills, nördlich von Northallerton, der von zwei Lokomotiven gezogene »Edinburgh-King's Cross-Express« die Signale und raste in einen Kohlezug. Das einzige Todesopfer war der Lokführer der Vorspann-Lokomotive, zwei Fahrgäste erlitten schwere, 17 weitere leichte Verletzungen. (National Railway Museum)

Der »Flying Welshman« entgleiste auf gerader, ebener Strecke zwischen Llanelly und Loughor am 3. Oktober 1904, wobei drei Todesopfer und 18 Schwerverletzte zu beklagen waren. Der 10.35-Uhr-Zug aus Milford Haven hatte wegen seiner schweren Last (neun Wagen) in Llanelly angehalten, um zur Unterstützung der »Bulldog-Montreal«-Zuglok der Achsfolge 2'B eine Vorspannlok der Achsfolge C zu erhalten. Zuerst entgleiste die Vorspannlok, aber die Ursache dafür wurde nie exakt ermittelt. Der Untersuchungsbeamte allerdings hielt es nicht für klug, daß eine solche Lok für Geschwindigkeiten von über 80 km/h eingesetzt wurde. Man erkennt deutlich die starken Beschädigungen an den vorderen hölzernen Wagen. (GWR Museum, Swindon)

So sah es nach dem Unglück auf der North Eastern Railway in der Nähe von Darlington am 24. Oktober 1905 aus, an dem zwei C-Lokomotiven sehr unterschiedlicher Typen beteiligt waren. Die Lok mit dem »langen Kessel«, die etwas weiter links liegt, trägt die Nummer 1219. Das Nummernschild der anderen Lok ist mit Erde bedeckt. Diese Illustration stammt von einer handelsüblichen Postkarte, abgestempelt am 21. Juli 1906.
(Sammlung des Autors)

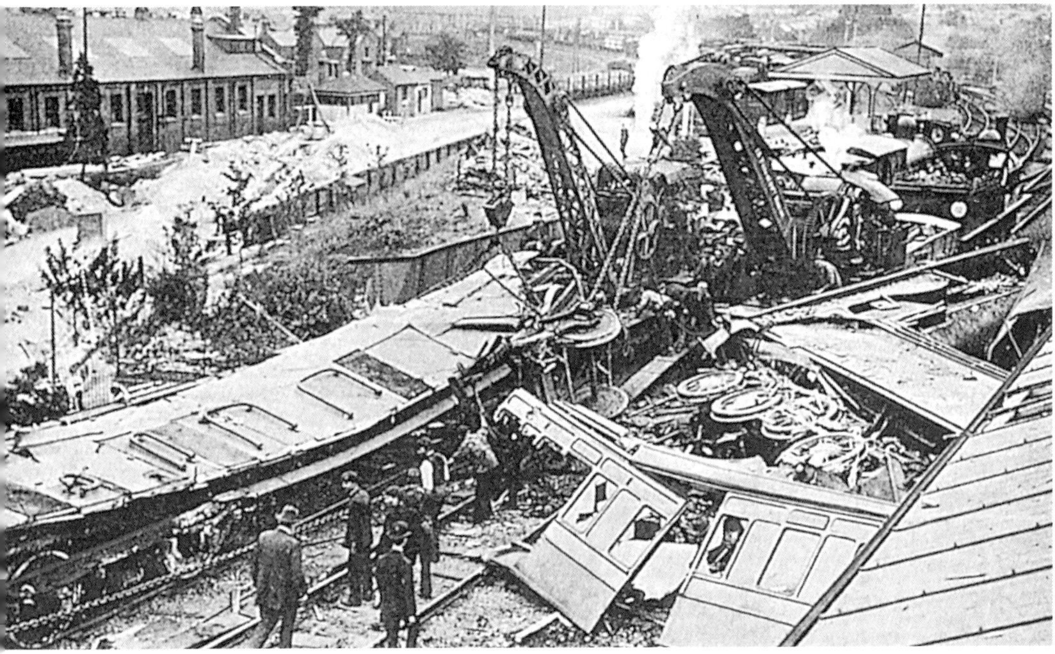

Der Unfall am 1. Juli 1906 in Salisbury mit Blick in Richtung Waterloo. (Sammlung des Autors)

Aufräumungsarbeiten nach dem Unglück von Salisbury, mit Blick in Richtung London. (Sammlung des Autors)

Das Vorderteil der Lokomotive des Schiffszuges von Salisbury sowie der Lok des auffahrenden Milchzuges. (Sammlung des Autors)

Ein weiteres schweres Eisenbahnunglück, das ebenfalls zur Zeit König Eduards XII. geschah, passierte am 19. September 1906. Der stadtauswärts fahrende East Coast Mail hielt in Grantham nicht an und entgleiste bei hoher Geschwindigkeit auf der Ausfahrweiche, die auf die Nebenstrecke nach Nottingham wies. Unter den 14 Todesopfern befanden sich auch der Lokführer und der Heizer. Der Grund, warum der Zug nicht in Grantham gehalten hatte, wurde nie herausgefunden. Die Inschrift auf dem Untergestell im Vordergrund wurde vermutlich für Fotografen angebracht. (National Railway Museum)

Bei der Entgleisung in Shrewsbury am 15. Oktober 1907 hatte der Lokführer aus unerklärlichen Gründen an einer Stelle, an der eine Geschwindigkeitsbeschränkung gilt, das Tempo nicht verringert. Die »Stephenson«, Achsfolge 2'C, war mit unverminderter Geschwindigkeit das starke Gefälle von Hadnall nach Shrewsbury hinuntergefahren. Zudem befand sich unmittelbar hinter der Einfahrt ein enger Gleisbogen. 18 Menschen verloren ihr Leben, darunter das auf dem Führerstand mitfahrende Zugpersonal und drei Angehörige der Post. Der offizielle Bericht besagte, daß der Lokführer eingenickt sein könnte, was den lautstarken Protest anderer Lokführer auslöste. (Stephenson Lokomotive Society)

Als die Wagen aus Holz bestanden, war die Zahl der Toten und Verletzten häufig sehr hoch. Die obere Abbildung ist ein typisches Beispiel dafür, als zwei elektrische Züge am 26. Oktober 1907 in West Hampstead kollidierten. Bei dichtem Nebel fuhr der Zug links auf den anderen, der am Bahnsteig stand, auf.

Um derartige Folgen zu vermeiden, versah Robinson einige Wagen der Great Central an den Enden mit Wellblechteilen, die verhindern sollten, daß bei einem Zusammenstoß das Untergestell des einen Zuges über das des anderen geschoben wird. Diese Maßnahme wurde jedoch nicht überall übernommen. Allerdings wurde etwa zur gleichen Zeit eine andere Neuerung eingeführt, die dem Ineinanderschieben weitaus besser entgegenwirkte: die Buckeye-Kupplung. Bei dem Zusammenstoß in Doncaster am 9. August 1947 zeigte sich ihre Wirkung. Die untere Abbildung zeigt, wie die Kupplung zwischen zwei Wagen standhielt, obwohl beide auf die Seite gedreht wurden. Interessanterweise wurden in den 90er Jahren die elektrischen Vorortzüge vom Typ »Networker« mit einer modernen Ausführung der Robinsonschen Vorrichtung ausgerüstet. Dabei hat man die Wellbleche in den leichtgewichtigen Abdeckungen ihrer Puffer angebracht.

(Beides aus dem National Railway Museum)

Zwei Szenen der Zugentgleisung am 13. September 1918 in der Nähe von Weesp in den Niederlanden. Der Bahndamm gab plötzlich nach, als der Zug darüberfuhr, und viele Trümmerteile stürzten die 6 m hohe Böschung hinunter. In der Abbildung ist die umgestürzte Lokomotive zu sehen, die die Brückenkonstruktion in Mitleidenschaft zog. (Sammlung Boomsma)

ten (der Unfall ereignete sich am Rande des Dschungels, weitab von jeglichen Kommunikations- oder Kontaktmöglichkeiten).

RG 38 102 (1923)

26. Januar 1923

Zwischen Madawachchi und Anuradhapura, Ceylon

Anzahl der Todesopfer unbekannt

Ein zweites Eisenbahnunglück innerhalb von zwei Wochen ereignete sich, als ein Postzug aus Talaimannar aufgrund einer Unterspülung entgleiste.

RG 38 258 (1923)

18. Februar 1923

Frankreich (Est)

27 Tote

Ein Zug von Paris nach Strasbourg stieß mit einem anderen zusammen.

2. Juli 1923

Vinty-Leanca, Rumänien

63 Tote, mehr als 100 Verletzte

Infolge eines Fehlers eines Rangierers fuhr der »Bukarest-Jassy-Postzug« in ein Nebengleis, wo er mit einem stehenden Güterzug zusammenstieß. Drei Reisezugwagen wurden ineinandergeschoben. Das Unglück passierte zwischen Buzau und Ploiesti.

RG 39 144 (1923)

31. Juli 1923

Kreiensen, Deutschland

47 Tote

Zu dem Schnellzug von Hamburg nach München verkehrte ein Vorzug. Wegen eines Lokschadens mußte dieser in Kreiensen, zwischen Hildesheim und Göttingen, halten. Während er auf eine neue Lok wartete, fuhr der nachfolgende Hauptzug auf ihn auf. Die drei letzten Wagen des Vorzuges wurden ineinandergeschoben und die Trümmer türmten sich zu einem Haufen auf, der so hoch war wie das Bahnhofsdach, das schließlich Feuer fing. Der Lokführer des zweiten Zuges hatte das Einfahrvorsignal in Kreiensen nicht gesehen, weil angeblich »etwas in sein Auge geflogen war«.

1.September 1923

Honshu, Japan

130 Tote, 91 Verletzte

Große Teile von Honshu, der Hauptinsel Japans, wurden kurz vor der Mittagszeit von einem starken Erdbeben verwüstet, wobei Tausende ihr Leben verloren. Sie kamen entweder durch die Druckwelle oder durch die ausbrechenden Feuer um, die große Teile von Tokio zerstörten. Erste Berichte besagten, daß mehrere Züge entgleisten und daß dabei viele Menschen den Tod fanden. Es hieß, daß der Einsturz des Tunnels in Sasako 600 Menschenleben forderte und daß 300 ertranken, als ein Personenzug in der Nähe von Atai ins Meer stürzte. Glücklicherweise war die Zahl der Todesopfer in Zügen, die direkt vom Erdbeben betroffen waren, weitaus geringer. Durch das Beben kamen sechs Personenzüge und ebenso viele Güterzüge zu Schaden, in letzteren war nur ein Opfer zu beklagen, wohingegen 129 der in den Personenzügen reisenden Fahrgäste ihr Leben verloren. Ferner starben 73 Eisenbahnangestellte und mehr als 10.000 Menschen wurden obdachlos. Beträchtlicher Schaden wurde auch den Anlagen und den Fahrzeugen zugefügt. So waren nach dem Erdbeben 33 Lokomotiven, 486 Reisezugwagen, 1249 Güterwagen und 31 elektrische Triebwagen nicht mehr einsatzfähig.

RG 39 319, 659 (1923), 40 102 (1924)

8. September 1923

Omsk, Sowjetunion

82 Tote, 150 Verletzte

Ein Schnellzug entgleiste.

RG 39 350 (1923)

27. September 1923

Lockett, Wyoming, USA
(Chicago, Burlington & Quincy)

31 Tote, 3 Verletzte

Die Eisenbahnlinie überquert das Flüßchen Cole auf einer 33 m langen Jochbrücke, bevor es in den North Platte River mündet. Normalerweise war der Wasserspiegel sehr niedrig, denn die jährliche Niederschlagsmenge in diesem Gebiet betrug durchschnittlich nur 300 mm. Im Jahre 1923 allerdings fielen allein im September rund 120 mm, von denen ungefähr 75 mm an den beiden Tagen vor dem Unglück fielen. Man wußte, daß Gefahr für die Jochbrücke bestand, und obwohl sie noch eine Stunde zuvor inspiziert worden war, stürzte sie ein, als ein Zug über sie hinwegfuhr. Die Lokomotive und die ersten fünf Wagen wurden regelrecht weggespült. Man fand sie später wieder, nahezu vollständig mit Sand bedeckt, der wahrscheinlich von einer quer durch das Flüßchen verlaufenden Sandbank herrührte. Man vermutete, daß diese plötzlich nachgegeben hatte und der Scheitel der entstehenden Wasserwelle die Jochbrücke in dem Moment überflutete, als der Zug sie erreichte.

Reed, S. 98. Shaw, S. 305

14. März 1924

Bareilly, Indien
(Oudh & Rohilkhand)

Mehr als 18 Tote

Ein Wirbelsturm fegte einen Zug von einer Brücke und fünf seiner 3. Klasse-Wagen stürzten in den Fluß. Zu dem Zeitpunkt, als der Bericht darüber verfaßt wurde, waren 18 Leichen geborgen worden. Man befürchtete, daß weitere in den beiden Wagen eingeschlossen waren, die noch auf dem Grunde des Flusses lagen.

Im Jahre 1924 waren bis Ende März auf den Eisenbahnen Indiens 2.818 Menschen getötet worden. Davon hatten 2.029 die Bahngleise unbefugt überqueren wollen, ferner waren es 372 Fahrgäste und 417 Eisenbahner. Angesichts der zunehmenden Unfälle auf den Indischen Eisenbahnen begannen einige Gesellschaften, »Safety First«-Kampagnen zu starten.

RG 41 719 (1924)

24. April 1924

Bellinzona, Schweiz

21 Tote

In den frühen Morgenstunden stieß im Bahnhof Bellinzona der »Basel-Mailand-Express« mit einem in entgegengesetzte Richtung fahrenden Zug zusammen. Beide Züge wurden von zwei Lokomotiven gezogen. Unglücklicherweise befand sich in dem in nördlicher Richtung fahrenden Zug ein alter Wagen deutscher Bauart, der noch Gasbeleuchtung hatte. Dieser fing sofort Feuer, und alle Reisenden darin kamen ums Leben. Das Feuer griff auch auf einen benachbarten italienischen Wagen über, jedoch konnten die meisten seiner Insassen gerettet werden.

Der Unfall wurde von dem Expreßzug verursacht, der ein Signal überfahren hatte. Zu allem Überfluß waren die Weichen an einem Bahnhofskopf falsch gestellt gewesen, da vor dem Expreßzug ein Güterzug erwartet wurde, der in den Güterbahnhof fahren sollte. Dadurch wurde der in nördliche Richtung fahrende Zug auf das falsche Gleis geleitet, wo er mit dem Expreßzug zusammenstieß.

Das Feuer in dem Wagen mit Gasbeleuchtung veranlaßte die Schweizer Behörden, mit Wirkung vom August jenes Jahres alle derartigen Wagen, die mit einem solchen System ausgerüstet waren, auf Schweizer Bahnen zu verbieten.

2. Mai 1924

Zwischen Odessa und Moskau, Sowjetunion

Zahl der Todesopfer unbekannt

Der »Lenin-Express« entgleiste auf seiner ersten Fahrt nach Moskau. Vier Wagen stürzten um und die übrigen wurden zerstört, als sie eine Böschung hinunterstürzten. Viele Fahrgäste wurden getötet oder erlitten Verletzungen. In der russischen Presse wurde das Unglück mit keinem Wort erwähnt. Man vermutete Sabotage als Unglücksursache.

RG 40 794 (1924)

19. August 1924

Paporah Bridge, Französisch-Äquatorialafrika

29 Tote

Bei Hochwasser stürzte eine Brücke ein, als ein Zug darüber hinwegfuhr.

29. August 1924

Montgomery, Indien (North Western State)

107 Tote, 104 Verletzte

Zwei Personenzüge stießen in Montgomery zusammen, 96 km von Lahore entfernt. Daraufhin wurde der Assistent des Fahrdienstleiters eines benachbarten Bahnhofs wegen verbrecherischer Fahrlässigkeit inhaftiert.

1925–1929

13. Januar 1925

Herne, Deutschland (DRG)

32 Tote, 57 Verletzte

Ein Nahverkehrszug mit Arbeitern, die auf dem Weg ins Ruhrgebiet waren, hatte etwas Verspätung, und noch während er im Bahnhof Herne auf das Abfahrsignal wartete, fuhr der »Berlin-Köln-Express«, der 5 min vor Plan war, auf ihn auf. Die meisten Toten gab es in den vier Wagen 4. Klasse am Ende des Nahverkehrszuges. Von den Fahrgästen im Expreßzug wurde niemand verletzt. Dieser hatte Dortmund, 20 km entfernt, bei klarem Wetter verlassen und war plötzlich in eine Nebelbank geraten. Dadurch verlor der Lokführer die Orientierung und erst als er die Bahnsteige sah, erkannte er, daß er Herne erreicht hatte.

Zu fast derselben Zeit ereignete sich ein ähnliches Unglück in Hattingen, einem anderen, nicht sehr weit entfernten Bahnhof im Ruhrgebiet. Dort kamen lediglich drei Menschen ums Leben und 12 wurden verletzt.

RG 42 91 (1925)

9. April 1925

Las Planas, Barcelona, Spanien

25 Tote, 46 Schwerverletzte

Der Zusammenstoß ereignete sich auf der elektrifizierten Strecke, die landeinwärts nach Tarrasa führt, und zwar am Eingang des letzten Tunnels in Sierra, wo es einen sehr engen Bogen gibt. Die entgleisten Wagen prallten gegen die Tunnelwände.

RG 42 544 (1925)

1. Mai 1925

Zwischen Swaroschin und Preußisch Stargard, Polen

26 Tote, 12 Schwerletzte

Ein Schnellzug von Königsberg nach Berlin verunglückte in den frühen Morgenstunden im polnischen Korridor zwischen Ostpreußen und dem restlichen Deutschland. Zahlreiche Züge befuhren täglich diese Strecke, und sie wurden von polnischem Zugpersonal bei stets verschlossenen Türen kontrolliert. Der Schnellzug entgleiste in einem engen Bogen, die Lok und die ersten sechs Wagen stürzten eine 7,5 m hohe Böschung hinunter. Die meisten Todesopfer gab es in dem 1.-Klasse-Wagen an der Zugspitze, der von den dahinter fahrenden zusammengedrückt wurde. Das polnische Lokpersonal konnte rechtzeitig abspringen und davonlaufen. Die Reisenden in den unbeschädigten Wagen waren jedoch zwei Stunden lang eingesperrt, da diese verschlossen waren.

Nach dem Unglück brach ein politischer Disput zwischen Polen und Deutschland aus. Die deutschen Ingenieure in Danzig behaupteten, daß der Zug deshalb entgleiste, weil der Boden nach schweren Regenfällen nachgegeben hatte, denn die Strecke sei von den Polen nicht in einem einwandfreien Zustand gehalten worden. Die Polen waren dagegen der Auffassung, daß das Unglück durch Sabotage verursacht wurde, möglicherweise von Deutschen, die die Polen in Mißkredit bringen wollten, und sie setzten eine Belohnung von 50.000 Zloty für die Ergreifung der Schuldigen aus. Die Angelegenheit wurde schließlich der Kommission übergeben, die sich mit Streitigkeiten zwischen beiden Ländern befaßte, und ihr Urteil war salomonisch. Die Entgleisung sei nicht auf eine Absenkung des Bodens zurückzuführen und es wäre an den Polen, den Vorwurf der Sabotage zu beweisen.

RG 43 659 (1925)

16. Juni 1925

Hackettstown, New Jersey, USA
(Lackawanna)
45 Tote

Schwere Regenfälle hatten beträchtliche Mengen an Schutt und Geröll entlang einem Feldweg und schließlich auf einen Bahnübergang gespült. Dies war die Ursache dafür, daß ein Sonderzug aus Chicago entgleiste, der unterwegs zu den Piers in Holboken war. Dort wollten die Fahrgäste – eine Gruppe von Deutsch-Amerikanern – den Dampfer »Republic« erreichen, der sie auf Besuch in ihr Heimatland bringen sollte. Der Laufradsatz der Lokomotive entgleiste, wobei allerdings kein weiterer Schaden entstand. Ca. 50 m weiter befand sich ein Nebengleis, und an dessen Weiche drückte der entgleiste Laufradsatz die Lok und vier Wagen aus dem Gleis, so daß sie eine 3,5 m hohe Böschung hinunterrutschten. Das Lokpersonal sowie viele Fahrgäste erlitten durch das aus dem Kessel strömende heiße Wasser tödliche Verbrennungen.

Shaw, S. 313. RG 44 777 (1926)

27. Oktober 1925

Victoria, Mississippi, USA
(St Louis & San Francisco ("Frisco"))
21 Tote

Der Zug entgleiste aufgrund eines Schienenbruchs. (Aus nicht bekannten Gründen gibt Shaw in seinem Index an, daß sich das Unglück an demselben Tag des Monats Oktober, jedoch im Jahre 1905, ereignete.)

14. März 1926

Varill River, Costa Rica
(United Fruit Company)
238 Tote, 93 Verletzte

Im Auftrag eines Altenheimes war ein Sonderzug von Cartago nach San José gechartert worden. Dieser Zug war überfüllt, und beim Überqueren eines Flusses entgleisten drei Wagen. Sie stürzten eine Böschung hinab, wobei einer von ihnen 15 m tief im Wasser versank.

24. Mai 1926

München-Ost, Deutschland

33 Tote, (100 Verletzte)

Ein im Bahnhof stehender Sonderzug wurde von einem anderen Zug gerammt, der nicht rechtzeitig zum Halten kam. Dabei wurden die beiden letzten Wagen des stehenden Zuges ineinandergeschoben, und es war außerordentlich schwierig, die in den Trümmern Eingeschlossenen zu bergen. Einige der Leichen konnten nicht identifiziert werden. Zehn Monate später wurde der Lokführer des einfahrenden Zuges für schuldig befunden, das Unglück aufgrund von Unaufmerksamkeit herbeigeführt zu haben. Er erhielt eine Gefängnisstrafe von fünf Monaten.

9. Juni 1926

Salt River, Südafrika (SAR)

17 Tote, 40 - 50 Verletzte

Rund 3 km außerhalb von Kapstadt entgleiste der hintere Teil eines Zuges und zwei seiner Wagen stießen an Brückenaufbauten. Damals wurde berichtet, daß es eine Zugtrennung gab und der Zug infolgedessen entgleiste. Viele Jahre lang war diese Auffassung vorherrschend. Bei einer Zugtrennung – so die seinerzeitige Meinung – besteht für den hinteren Teil die Gefahr des Entgleisens, und zwar deshalb, weil er nicht mehr angekuppelt ist. Aus technischer Sicht kann der Sachverhalt jedoch ganz anders liegen, denn oftmals entgleiste der Zug, und erst daraufhin riß die Kupplung zwischen beiden Zugteilen.

In diesem Fall fand man schließlich heraus, daß sich eine Schraubverbindung zwischen der Schutzschiene und der Fahrschiene verkeilt hatte, wodurch vier der acht Wagen des Zuges entgleisten. Es hätte zwar sein können, daß die Zugtrennung tatsächlich zuerst eingetreten war, aber sie hatte mit der nachfolgenden Entgleisung sicher nichts zu tun.

RG 44 772 (1926), 45 105 (1926)

3. Juli 1926

Achères, Frankreich (Est)

20 Tote, 98 Verletzte

Am Ambassadeurs-Knotenpunkt im Wald von Achˇres mißachtete der Lokführer der Pacific Nr. 231-603 des Zuges um 19.50 Uhr von Le Havre nach Paris eine Geschwindigkeitsbeschränkung von 30 km/h, die bei der Einfahrt in ein Nebengleis galt. Diese Maßnahme war notwendig, damit einige dringende Reparaturen am Hauptgleis ausgeführt werden konnten. Der Zug näherte sich der betreffenden Stelle mit etwa 100 km/h. Die Lokomotive und die ersten Wagen entgleisten und wurden schwer beschädigt. Unter den Todesopfern befand sich auch der Lokführer.

RG 45 37, 53 (1926)

19. August 1926

Zwischen Leiferde und Meinersen, Deutschland (DRG)

21 Tote

Der Schnellzug von Berlin nach Köln entgleiste in den frühen Morgenstunden ca. 40 km östlich von Hannover bei einer Geschwindigkeit von ungefähr 80 km/h. Die Lokomotive stürzte die Böschung hinab und landete auf ihrer rechten Seite. Auch die sieben folgenden Wagen rasten den Hang hinunter. Ein Schlafwagen und der dahinter befindliche 3.-Klasse-Wagen schoben sich ineinander. Der Unfall passierte auf einem langen, geraden Abschnitt einer der wichtigsten Hauptstrecken des Landes, die sich in einem sehr guten Zustand befand. So kam man schnell zu dem Schluß, daß die Ursache für die Entgleisung Sabotage gewesen sein mußte. Eine Schiene war gelockert worden, die Befestigungsmittel fand man im Schotter und die Laschenschrauben auf den Schwellen. Eine Belohnung in Höhe von 25.000 DM wurde für Informationen ausgesetzt, die zur Verhaftung der Schuldigen führten. Anfang September hatte die Polizei in Berlin zwei junge Männer verhaftet, die geplant hatten, den Zug entgleisen zu lassen und dann den Postwagen auszurauben. Betroffen von der Schwere des Unglücks waren sie jedoch davongelaufen. Die beiden Verantwortlichen wurden am 4. November zum Tode verurteilt, während ein dritter Mann wegen Anstiftung und Beihilfe eine zweijährige Gefängnisstrafe erhielt.

RG 45 266,363,402,404,598, (1926)

Einige Tage nach diesem Unfall stellte die Polizei zwei Männer, die gerade dabei waren, auf die Gleise in der Nähe von Halle (Saale) ein Hindernis zu legen und schoß auf sie. Die Männer schossen zurück, bevor sie in den nahegelegenen Wald flüchteten.

RG 45 408 (1926)

Im Jahr 1926 gab es bei der Deutschen Reichsbahngesellschaft 2947 Unfälle, bei denen 174 Fahrgäste und 318 Eisenbahner zu Tode kamen. Unter den Unfällen waren 470 Zugentgleisungen, bei denen 66 Reisende ihr Leben verloren und 834 Verletzungen erlitten.

RG 46 128 (1927)

1. September 1926

Zwischen Anetlla und Ampolla, Spanien

25 Tote, 50 Verletzte

Der »Barcelona-Valencia-Postzug« entgleiste, als er in einen durch heftige Regenfälle verursachten Erdrutsch fuhr. Ein 3.-Klasse-Wagen wurde zusammengedrückt.

RG 45 292 (1926)

5. September 1926

Waco, Colorado, USA
(Denver & Rio Grande Western)

23 Tote, mehr als 50 Schwerverletzte

Der »Scenic Limited-Express« entgleiste in einem Bogen infolge überhöhter Geschwindigkeit. Die Lokomotive und sechs der 14 Wagen stürzten in den Fluß Arkansas.

RG 45 316 (1926)

13. September 1926

Murrulla, New South Wales, Australien
(New South Wales State)

27 Tote, 46 Verletzte

Ein ungewöhnlicher Zusammenstoß, der sich zwischen Murrunundi und Wingen auf der Nord-West-Strecke ereignete, wurde das schlimmste Zugunglück, das sich bis zu dieser Zeit in New South Wales ereignet hatte. Kurz vor Mitternacht rangierte ein Güterzug, um das Gleis für den Postzug von Maree nach Sydney freizumachen. Dabei lösten sich fünf mit Wolle beladene Wagen und rasten mit hoher Geschwindigkeit ein Gefälle hinunter, direkt auf den Schnellzug zu, der die Steigung mit einer Geschwindigkeit von ca. 50 km/h hinauffuhr. Beim Aufprall auf die Lokomotive überschlugen sich die Wagen und landeten auf dem Dach des zweiten Wagens des Schnellzuges, in dem es die meisten Todesopfer gab. Die Wolle fing Feuer, doch zum Glück konnte das Übergreifen der Flammen auf die anderen Reisezugwagen verhindert werden. Später übergab der Untersuchungsrichter den Lokführer und den Zugführer des Güterzuges dem Gericht.

RG 45 354,779 (1926)

23. September 1926

Zwischen Akinakano und Umitashi, Japan

28 Tote, 40 Verletzte

Um 3.30 Uhr entgleiste der »Tokio-Shimoneseki-Express« in der Nähe von Hiroshima, nachdem das Gleisbett infolge schwerer Regenfälle nachgegeben hatte. Vier Wagen wurden schwer beschädigt.

8. Dezember 1926

Machungho, Mandschurei
(South Manchunian)

25 Tote, 54 Schwerverletzte

Zwischen einem Personen- und einem Güterzug ereignete sich ein Zusammenstoß.

RG 45 709 (1926)

11. Dezember 1926

In der Nähe von Tiehlong, Mandschurei
(South Manchunian)

25 Tote, 54 Schwerverletzte

Drei Tage später passierte ein weiterer Zusammenstoß, der ähnlich wie der am 8. Dezember verlief.

RG 45 772 (1926)

23. Dezember 1926

Rockmart, Georgia, USA
(Southern)

20 Tote

Bei strömendem Regen stießen zwei Personenzüge frontal zusammen, weil das Lokpersonal eins Zuges die Zuganweisung falsch interpretiert hatte.

RG 45 802 (1926)

7. Juli 1927

In der Nähe von Alpacatal, Argentinien
(Buenos Aires & Pacific)

28 Tote

Ein von zwei Lokomotiven gezogener Sonderzug brachte Kadetten von Mendoza in die Hauptstadt. Er kollidierte mit einem Personenzug, 24 km von der Provinzgrenze zwischen Mendoza und San Luis entfernt. Fast alle Todesopfer waren in dem Sonderzug zu beklagen. Unter ihnen befanden sich auch drei Lokführer und ein Bahninspektor.

RG 47 249 (1927)

27. Juli 1927

Heidelberg, Cape Province, Südafrika

29 Tote, 54 Verletzte

In Mapleton war kurz vor diesem Unfall ein Kreuzungsgleis eingeweiht worden. Dem Lokführer eines von Roodekop in südliche Richtung fahrenden Güterzuges stand das Zugpersonal nur von Glenroy bis Mapleton zur Verfügung. Anstatt jedoch hier anzuhalten, um den in nördliche Richtung fahrenden Personenzug von Durban nach Johannesburg passieren zu lassen, fuhr er weiter und stieß mit diesem zusammen. Das Unglück ereignete sich am Abend. Infolge der großen Kälte und des strömenden Regens erfroren einige Verletzte, noch bevor man sie ins Krankenhaus bringen konnte.

RG 47 334 (1927)

25. August 1927

Montamert, Frankreich

16 – 20 Tote

Bei einem heftigen Schneesturm strömten viele Touristen, die sich im Gebiet um Mer de

Glace aufhielten, der Zahnradbahn zu, um nach Chamonix, ca. 5 km talabwärts, zurückzukehren. Kurz nach dem Verlassen des Gipfelpunktes befuhr die Bahn einen ziemlich ebenen Gleisabschnitt, bevor dann die steile Abfahrt begann. In der täglichen Praxis beschleunigte der Lokführer zunächst und legte dann den Rückwärtsgang ein, so daß der Zug auf der Zahnstange abgebremst wurde. Der Lokführer des dritten Zuges hielt am ersten Streckenabschnitt an, um einige Fremdenführer aufzunehmen, vergaß jedoch, daß noch der Vorwärtsgang eingelegt war. Als er wieder anfuhr, erreichte die Geschwindigkeit rasch 10 km/h, bei der die Bremsen automatisch anzogen. Ihre Wirkung setzte ruckartig ein, und dabei fiel der Schaffner des ersten Wagens, der gerade noch dabei war, die Türen zu schließen, heraus. (Er hätte die Türen schließen müssen, bevor sich der Zug in Bewegung setzte.) Der Lokführer war durcheinander und beschleunigte weiter. Dabei sprang der erste Wagen aus den Schienen und riß die Lokomotive wie auch einen Teil der Zahnstange mit sich. Das passierte auf einem großen Viadukt in der Nähe des Montamert-Hotels, von dem dieser Teil des Zuges 13 m tief in eine Schlucht stürzte. Der Schaffner des zweiten Wagens konnte gerade noch die Bremse anziehen. Dessen Fahrgäste unterstützten die Fremdenführer bei den Rettungsarbeiten.

RG 47 392 (1927)

22. Januar 1928

Zwischen Hayagat und Kishanpur, Indien

Mehr als 30 Tote

Eine Lokomotive trennte sich von ihren Wagen, prallte jedoch mit großer Kraft wieder mit ihnen zusammen. Die beiden ersten Wagen entgleisten und stürzten eine Böschung hinunter.

RG 48 393 (1928)

28. Januar 1928

Kyauktaga, Birma

54 Tote, mehr als 30 Verletzte

Der Postzug, der von Mandalay nach Rangun unterwegs war, entgleiste auf einer Brücke zwischen Yindsikkon und Kyauktaga. Dabei stürzten die Lokomotive und vier Wagen 50 m tief in den Fluß. Der Eisenbahnbeamte, der den Unfallort inspizierte, stellte fest, daß der Unfall durch Manipulation an den Schienen absichtlich herbeigeführt worden war (es waren vier Schienenlaschen entfernt worden). Man vermutete, daß Banditen einen Güterzug, der vor dem Postzug fuhr, entgleisen lassen und ihn dann ausrauben wollten. Der Güterzug sprang jedoch aufgrund seiner zu geringen Geschwindigkeit nicht aus den Schienen. Im Mai wurde schließlich ein Inder wegen Zerstörung eines Zuges zum Tode verurteilt, aber das Urteil wurde später von der Parlamentsversammlung aufgehoben.

RG 48 152, 393 (1928)

12. März 1928

In der Nähe von Kalatura, Ceylon

25 Tote, 41 Verletzte

Ein Schnellzug von Galle nach Colombo stieß mit einem planmäßigen Personenzug knapp 45 km südlich von Colombo zusammen. Der Lokführer dieses Zuges wurde für den Unfall verantwortlich gemacht, obwohl auch die Nachlässigkeit des Zugführers dazu beigetragen hatte. Ebenso wurde befunden, daß auch der Leiter des Bahnhofs Kalatura »seiner Verantwortung nicht voll und ganz gerecht geworden war«.

RG 48 384 (1928), 49 173,229 (1928)

10. Juni 1928

Siegelsdorf, Deutschland (DRG)

22 Tote

Kurz nach 2.00 Uhr morgens entgleiste der Schnellzug München – Frankfurt. Die Lokomotive stürzte eine Böschung hinunter und überschlug sich, und der erste sowie drei weitere Wagen folgten nach. Ursache war die mangelhafte Instandsetzung des Oberbaus.

RG 48 828 (1928)

27. Juni 1928

Darlington, England (London & North Eastern)

25 Tote, 48 Verletzte

Spät in der Nacht überfuhr ein Heizer mit Reglerberechtigung, der einen Stückgutzug rangierte, im Bank-Top-Bahnhof Darlington ein haltzeigendes Signal. Ein Sonderzug von Scarborough nach Newcastle stieß mit einer Geschwindigkeit von ungefähr 72 km/h auf dem Hauptgleis außerhalb des Bahnhofs mit dieser Rangierabteilung zusammen. Der Lokführer des Sonderzuges konnte, als er die Rangierabteilung sah, seine Geschwindigkeit nicht mehr verringern. Die meisten Todesopfer waren Frauen, von denen 14 von der Mother's Union in einer der Bergbaugemeinden von Durham kamen.

Der Heizer mit Reglerberechtigung hatte noch nie zuvor in Darlington rangiert und kannte sich dort nicht aus. Er hatte lediglich einmal einen durchgehenden Zug nach York gefahren, war aber auf dieser Strecke schon oft als Heizer eingesetzt gewesen. Der Rangierer hatte gesehen, wie das haltzeigende Signal überfahren wurde und versucht, die Aufmerksamkeit des Heizers auf sich zu lenken, indem er die Bremse im dritten Wagen anzog. Zunächst hatte er jedoch Angst, sie zu kräftig anzuziehen, so daß dadurch der Zug auseinandergerissen werden könnte.

Hamilton, S. 90. Rolt, S. 241. RG 49 5, 30, 31, 92, 128 (1928), 50 5, 26 (1929)

8. Juli 1928

Belur, Indien

25 Tote, mehr als 60 Schwerverletzte

Der Zug entgleiste 11 km vor Kalkutta entfernt, da einige Schienenlaschen entfernt worden waren. Die Lokomotive stürzte die Böschung hinunter und blieb im Schlamm stecken. Der Schaffner lief 3 km zurück, um zu telefonieren, während sich die Fahrgäste zu Hilfstrupps formierten. Später wurde in der Lokalpresse behauptet, daß die Eisenbahnangestellten einige Verletzte umgebracht und die Leichen beiseite geschafft hätten, um der Zahlung einer Entschädigung aus dem Wege zu gehen.

Das war eine sehr schlimme Zeit, in der auf indischen Eisenbahnen viel sabotiert wurde.Das Unglück von Belur war der achte Anschlag innerhalb von zehn Monaten, einschließlich des Anschlags in Kyauktaga in Birma. Am 12. Juli entgleiste der »Kalkutta-Gaya-Postzug«, nachdem eine Schiene entfernt und die andere aus der Spur gebracht worden war. Man glaubte, daß es die Täter eigentlich auf den »Punjab-Postzug« abgesehen hatten; der jedoch hatte die beschädigte Stelle zwei Stunden zuvor passiert. Am 4. und 5. Oktober gab es noch zwei Attentate, von denen eines rechtzeitig bemerkt wurde. Am 25. Oktober schließlich entkam der Sonderzug, in dem sich der Gouverneur von Bombay befand, knapp einem Anschlag. Eine andere Zugentgleisung ereignete sich am 13. Dezember. Für Informationen, die zur Ergreifung und Verurteilung der Täter führten, wurde eine Belohnung in Höhe von 10.000 Rupien ausgesetzt, die später auf 30.000 Rupien erhöht wurde.

RG 49 229, 260 (1928)

Etwas später wurde auf einen Güterzug, in dem sich der Lohnauszahler und sein Gehilfe befanden, zwischen Hindubagh und Kila Saifulla der North West Railways ein Attentat verübt, ausgeführt von einer »Bande von Stammesplünderern«. Sie erschossen den Lohnauszahler und verwundeten seinen Gehilfen. Der Lokführer fuhr den Zug ungefähr 1,5 km zurück, aber weil die Banditen ihn noch immer verfolgten, fuhr er die gesamte Strecke bis nach Hindubagh.

RG 49 447 (1929)

10. September 1928

Saitz, Tschechoslowakei

21 Tote

Der »Paris-Bukarest-Express« fuhr in der Nähe von Breclav (Lundenburg) auf einen Güterzug auf. 29 Verletzte wurden ins Krankenhaus nach Brno (Brünn) gebracht.

RG 49 340 (1928)

26. Oktober 1928

Resca, Rumänien

34 Tote

Der Schnellzug nach Bukarest wurde auf ein Gleis geleitet, auf dem bereits der »Simplon Orient Express« stand. Dabei kam es zu einem folgenschweren Zusammenstoß. Zwei seiner Wagen wurden ineinander geschoben, und fast alle Reisenden darin kamen ums Leben. Es wurde behauptet, daß das Zugpersonal nur wenig getan hätte, um Hilfe zu leisten. So mußte zum Beispiel ein Fahrgast mit den benachbarten Bahnhöfen telegrafieren, daß Unterstützung benötigt werde. Im Ergebnis der Untersuchung wurde, der Weichenwärter des Bahnhofs entlassen und der Dienstvorsteher für zwei Monate vom Dienst suspendiert. Der Lokführer des Bukarest-Zuges wurde ebenso lange suspendiert und erhielt für ein Jahr keine Beförderung.

RG 49 567 (1928)

Im Laufe des Jahres 1929 ereigneten sich in Rumänien 325 Zusammenstöße. Es entgleisten 1555 Züge, und 1895 Unfälle rangierten unter »Sonstiges«. Nicht weniger als 500 Menschen kamen bei den Unfällen ums Leben.

RG 52 178 (1930)

23. September 1929

Zujewka, Sowjetunion

Mehr als 30 Tote

Ein Personenzug entgleiste zwischen Kursk und Charkow, wobei sechs seiner Wagen zerstört wurden. Das Unglück ereignete sich 80 km von Wjatka entfernt.

RG 51 490 (1929)

1930–1934

7. April 1930

In der Nähe von Oira, Kyushu, Japan

17 Tote, zwei Schwerverletzte

In einer Grube hatte es möglicherweise eine Fehlzündung mit Dynamit gegeben. Im Kohlevorrat der Lokomotive kam der Sprengstoff dann zur Explosion. Die Lok und mehrere Wagen wurden vollständig zerstört, und es kam zu einem Waldbrand, der die ganze Nacht über loderte.

RG 52 576 (1930)

16. April 1930

Domodedowo, in der Nähe von Moskau, Sowjetunion

45 Tote, 23 Schwerverletzte

In einem Wagen wurde denaturierter Spiritus verschüttet und durch ein herunterfallendes Streichholz versehentlich entzündet. Daraufhin fing der Wagen Feuer. Ungefähr zwei Monate lang wurden keine Informationen über dieses Unglück veröffentlicht.

RG 52 934 (1930)

20. Mai 1930

Tschernaja, Sowjetunion
(SZD)

28 Tote, 29 Schwerverletzte

Ein Personen- und ein Güterzug stießen auf der Strecke zwischen Moskau und Kasan zusammen.

RG 52 833 (1930)

29. Juni 1930

In der Nähe von Leningrad, Sowjetunion
(SZD)

22 Tote, 28 Schwerverletzte

Ein Personenzug von Irkutsk nach Leningrad entgleiste aufgrund des Fehlers eines Stellwerkers.

RG 53 42 (1930)

16. Juli 1930

Zwischen Petrova und Viseul Bistra, Rumänien

22 Tote

Ein Zusammenstoß ereignete sich zwischen einem Personen- und einem Güterzug.

RG 53 138 (1930)

27. Dezember 1930

Peking - Mukden, China

80 Tote

Auf einer Nebenstrecke im Südwesten der Mandschurei ließ man einen Zug absichtlich entgleisen. Der Kessel der Lokomotive explodierte, wodurch viele Fahrgäste tödliche Verbrennungen erlitten. Die Banditen, die das Unglück herbeigeführt hatten, raubten den Zug aus und entführten zwanzig Überlebende, um Lösegeld zu erpressen.

(20. April 1931)

China

Mehr als 30 Tote, 20 - 30 Schwerverletzte

Ein Bahndamm, der durch heftige Regenfälle unterspült worden war, brach zusammen, als ein Zug von Humchun nach Kowloon darüber hinwegfuhr. Die Wagen stürzten 9 m tief in eine Schlucht.

RG 54 657 (1931)

29. April 1931

Benha, Ägypten

48 Tote

In einem vollbesetzten Zug, der am Tage des Beiram-Festes von Alexandria nach Kairo unterwegs war, brach Feuer aus. Als sich der Zug dem Bahnhof von Benha näherte, stand der letzte Wagen in Flammen. Sie griffen rasch auf die nächsten beiden 3. Klasse-Wagen über. Der Lokführer bemerkte jedoch von alledem nichts. Viele Reisende kamen beim Sprung aus den Wagen ums Leben oder erlitten Verletzungen. Als der Zug hielt, loderten die Flammen bereits so heftig, daß es den Bahnhofsangestellten nicht mehr möglich war, Hilfe zu leisten. Sie mußten zusehen, wie die Wagen völlig verbrannten. Dabei handelte es sich um alte Reisezugwagen, die nur deshalb eingesetzt worden waren, weil an diesem Feiertag sehr viele Menschen verreisten.

Nachdem zunächst angenommen worden war, daß das Feuer aufgrund eines heißen Achslagers ausgebrochen war, kam man später zu der Ansicht, daß es von einem Reisenden verursacht worden war.

13. September 1931

Biatorbagy, Ungarn (MAV)

25 Tote

Der internationale Expreßzug nach Genua, Paris und Ostende, der am Tage zuvor Budapest in Richtung Wien verlassen hatte, wurde beim Befahren des Viadukts in der Nähe des Bahnhofs Biatorbagy in die Luft gesprengt. Bis auf zwei stürzten alle elf Reisezugwagen sowie die Lokomotive ca. 30 m in die Tiefe. Man stellte schnell fest, daß das Unglück durch eine Explosion verursacht worden war. Auf einem Fetzen Papier, den man in der Nähe fand, stand: »Proletarier, Brüder! Wenn uns der kapitalistische Staat keine Arbeit geben kann, dann geben wir uns selbst welche. Wir haben jede Menge Benzin und Sprengstoff«. Die Eisenbahngesellschaft setzte eine Belohnung für Hinweise aus, die zur Verhaftung der Schuldigen führten. Obwohl der Verdacht zunächst auf einige ortsansässige Arbeiter fiel, ergab sich bald, daß sie nicht für das Unglück verantwortlich waren. Einen Monat später wurde in Österreich ein Mann verhaftet und wegen des Versuchs, zwei Züge verunglücken zu lassen, vor Gericht gestellt. Sein Verhalten während der Verhandlung zeigte, daß er unter einer ernsthaften Geisteskrankheit litt. Er erhielt dennoch eine dreijährige Gefängnisstrafe. Während er in Österreich eingesperrt war, hatten die ungarischen Behörden bereits um seine Auslieferung ersucht und ihn in Abwesenheit zum Tode verurteilt. Im Jahre 1938 wurde das Urteil vom ungarischen Regenten in eine lebenslängliche Freiheitsstrafe umgewandelt.

RG 55 376, 379 (1931)

(Ende September 1931)

Südwestlich von Leningrad, Sowjetunion
(SZD)

viele Todesopfer

Ein Truppentransportzug explodierte bei Militärmanövern, wobei die Lokomotive und zwölf Waggons völlig zerstört wurden.

RG 55 444 (1931)

2. Januar 1932

Kossino, Sowjetunion
(SZD)

68 Tote, 130 Verletzte

Ein zweifacher Zusammenstoß ereignete sich 16 km von Moskau entfernt auf der Strecke nach Kasan. Ein Vorortzug hatte gehalten, und auf ihn fuhr ein Zug aus Moskau mit einer Geschwindigkeit von ca. 60 km/h auf. Danach kollidierte ein Leerzug mit den Trümmern, während ein vierter Zug noch vor dem Unglücksort gestoppt werden konnte. Offiziell wurde verkündet, daß sich das Bahnpersonal grober Verstöße gegen Disziplin und Ordnung schuldig gemacht habe, da zwischen den Zusammenstößen genügend Zeit gewesen wäre, um die Strecke zu sichern. Die elf überlebenden Eisenbahner wurden wegen krimineller Vernachlässigung ihrer Pflichten vor Gericht gestellt.

RG 56 125 (1932)

Im Jahr zuvor waren in der Sowjetunion neue Disziplinarvorschriften erlassen worden, und so konnten die Eisenbahnbehörden in einem Schnellverfahren Strafen bis zu zehn Jahren Gefängnis wegen Verstößen gegen die Disziplin verhängen. Lag Vorsätzlichkeit vor, konnten sogar die Todesstrafe und Konfiszierung sämtlichen Besitzes angeordnet werden.

RG 54 170 (1931)

17. Juli 1932

Leeudoorn Stad, South West Transvaal, Südafrika

5 Tote, 7 Verletzte

Mehr als 300 t Dynamit explodierten in einem Zug in der Nähe von Leeudoorn Stad. Die Explosionen erfaßten die 52 Wagen und rissen den Bahnkörper auf einer Strecke von 225 m auf. Dabei hinterließen sie zwei 12 m tiefe Krater.

RG 57 187 (1932)

14. September 1932

Turenne, Algerien

120 Tote, 150 Verletzte

Auf seiner Fahrt von Sidi-bel-Abbès nach Tiemcen entgleiste ein Truppentransportzug mit zwei Offizieren, 27 Unteroffizieren und 481 französischen Fremdenlegionären. Das Unglück passierte, kurz nachdem der Zug einen Tunnel verlassen hatte und einen

Bogen in einer Höhe von 72 m über einer Schlucht befuhr. Dabei gab der Bahnkörper nach, was auf starke Regenfälle zurückzuführen war. Nur der Wagen des Schaffners blieb auf den Schienen, die Lokomotive und 32 Wagen stürzten in die Schlucht. Ein Schäfer war Zeuge des Unglücks und lief 4 km durch unwegsames Gelände, um in Turenne Alarm auszulösen. Der Generalinspektor der Fremdenlegion leitete persönlich die Rettungsarbeiten von der Eisenbahnstrecke aus, da dies der einzige Weg war, um an den abgeschiedenen Unfallort heranzukommen. Während der Arbeiten in der Nacht wurden Suchlichter eingesetzt. Es gab keine Schwerlastkräne, und die Bedingungen wurden noch durch den heißen Schirokko erschwert.

RG 57 355 (1932)

16. Oktober 1932

Lublino, Sowjetunion (SZD)

36 Tote

Am Rande von Moskau entgleiste der »Schwarzmeer-Express«. Der Fahrdienstleiter von Lublino wurde dafür verantwortlich gemacht und innerhalb eines Monats wegen »Fahrlässigkeit und des Erteilens unklarer Informationen« hingerichtet. Admiral Byng wollte auf diese Weise ein Exempel statuieren und zur gewissenhaften Pflichtausübung mahnen.

17. März 1933

Zwischen Chengchitun und Ssupingkai, Mandschurei

50 Tote, 70 Verletzte

Ein Güterzug fuhr auf einen Personenzug auf, der aufgrund einer Gleisverwerfung gehalten hatte. Damals bestand in der Mandschurei der japanische Marionettenstaat Mandschukuo, und ungefähr zu jener Zeit gab es mehrere Zwischenfälle, in die auch Züge verwickelt waren.

24. Oktober 1933

Zwischen St Elier und Conches-en-Ouche, Frankreich (ehemalige Westsektion der État)

36 Tote, 68 Verletzte

Ein Schnellzug von Cherbourg nach Paris entgleiste bei der Annäherung an eine Brücke über den Fluß Iton mit einer Geschwindigkeit von ca. 100 km/h. Die Lokomotive, der Tender, ein Bremswagen und vier Reisezugwagen stürzten in den Fluß. Die ersten drei Wagen waren aus Holz und wurden stark beschädigt.

RG 59 579, 612 (1933)

23. Dezember 1933

Lagny-Pomponne, Frankreich (Est)

230 Tote, 300 Verletzte

Kurz vor Weihnachten ereignete sich bei dichtem Nebel ein Auffahrunglück, das als das schwerste gilt, das sich zu Friedenszeiten auf französischen Eisenbahnen zugetragen hat. Der Schnellzug Nr. 55 nach Nancy verließ den Gare de l'Est mit zweistündiger Verspätung erst um 19.25 Uhr und wurde wenig später erneut verzögert, bevor er in Pomponne, ca.1,5 km vor Lagny, gestoppt wurde. Als er sich wieder in Bewegung setzte, raste der Schnellzug Paris – Strasbourg (Nr. 25a), der ebenfalls eine Stunde Verspätung hatte, in ihn hinein. Mit einer Geschwindigkeit von ca. 100 km/h bohrte sich die Lok vom Typ »Mountain« durch nahezu den gesamten Nancy-Zug. Praktisch alle Todesopfer waren in diesem Zug zu beklagen. Von fünf seiner Wagen blieben lediglich die Drehgestelle als identifizierbare Teile übrig. In den stählernen Wagen des Strasbourg-Schnellzuges gab es jedoch nicht ein einziges Opfer, was die weitaus höhere Widerstandsfähigkeit dieses Wagentyps unter Beweis stellte. Einige seiner hinteren Wagen blieben auf den Schienen, und mit ihrer Hilfe konnten die Überlebenden später nach Paris zurückgebracht werden.

Dichter Nebel und strenger Frost erschwerten die Rettungsarbeiten erheblich. Die Trümmer zündete man an, damit bessere Sicht herrschte. Der Lokführer und der Heizer des Strasbourg-Zuges wurden verhaftet. Der Lokführer mußte zuvor mehrere Stunden lang zwischen zwei Polizeibeamten neben seiner Lokomotive stehenbleiben und zusehen, wie man die Leichen vorbeitrug und reihenweise auf einem Feld niederlegte. Eisenbahner nannten später die Unglückslokomotive »Schlächterin«.

Dieser Unfall rief in Frankreich unter der Bevölkerung große Unruhe hervor, und in fast allen Nachrichtensendungen wurde darüber ununterbrochen berichtet. Doch erst im Dezember 1934 begann der Prozeß gegen die für schuldig Befundenen, und im Januar 1935 erfolgte der Urteilsspruch. Der Lokführer wurde wegen »Totschlags aufgrund mangelnder Vorsicht« angeklagt; er wurde jedoch freigesprochen. Auch die Anklagen gegen einige Beamte der Eisenbahngesellschaft wurden fallengelassen. Die »Railway Gazette« bemerkte dazu folgendes: »Es kann die Wahrscheinlichkeit nicht ausgeschlossen werden, daß der Strasbourg-Zug, der zugegebenermaßen mit hoher Geschwindigkeit bei schlechten Witterungsbedingungen fuhr, mindestens an einem Haltsignal sowie an zwei Vorsignalen vorbeigefahren ist, ohne daß der Lokführer dies bemerkt hat.« Zweifel kamen auf an der Funktionstüchtigkeit der automatischen Signale und daran, ob das automatische Warnsystem möglicherweise durch den Frost beeinträchtigt worden war. Die französischen Ausrüstungen, die nach dem Ersten Weltkrieg vielerorts eingebaut wurden, beruhten auf einem Kontakt zwischen Metallbürsten an der Lokomotive und dem Kontakt zwischen den Schienen. Über diesen Kontakt kam das Warnsignal an. Es war aber nicht sehr zuverlässig. Die von der Eisenbahngesellschaft angestellte Untersuchung ergab, daß die technischen Einrichtungen funktioniert hatten, daß aber der Lokführer ca. 40 s lang unaufmerksam gewesen sein muß.

Schneider, S. 74, S. 116. RG 59 953, 972, (1933), 60 5,7,20,24,65, 93, 253, 491, 565, 707, 1039, (1934), 61 939, (1934), 62 58,184,216 (1935)

8. Januar 1934

Kyoto, Japan

(70) Tote, 60 - 70 Verletzte

Eine riesige Menschenmenge drängte sich im Bahnhof, um einer Gruppe von Marinerekruten, die Kyoto in Richtung Kure verlassen wollten, zu verabschieden. Einige wurden über die Bahnsteigkante gedrängt und von anderen, die über sie fielen, zerdrückt.

RG 60 256 (1934)

18. Februar 1934

Populonia, Italien

34 Tote

Ein Dieseltriebwagen stieß mit einer Geschwindigkeit von 120 km/h mit einem dampfgetriebenen Sonderzug auf der eingleisigen Strecke zwischen Capglia und Piombino rund 5 km von Populonia entfernt zusammen. Es brach Feuer aus, und 34 der 48 Reisenden des Triebwagens kamen ums Leben.

RG 60 311 (1934)

4. März 1934

In der Nähe von Moskau, Sowjetunion
(SZD)

19 Tote, 52 Verletzte

Zwei Wagen eines Zuges, der in einem Bahnhof 8 km von Moskau entfernt stand, wurden schwer beschädigt, als ein einfahrender Zug auf ihn auffuhr. Daraufhin wurden der Lokführer und der Heizer dieses Zuges zum Tode verurteilt, und drei weitere Mitglieder des Zugpersonals erhielten Gefängnisstrafen.

RG 60 507 (1934)

12. März 1934

Tawatui, Sowjetunion
(SZD)

33 Tote, 68 Verletzte

Ein Nahverkehrszug im Ural überfuhr ein Signal und kollidierte mit einem Güterzug, der im Bahnhof rangierte.

RG 60 559 (1934)

16. März 1934

San Salvador

Mehr als 250 Tote, (1000) Verletzte

In einem Zug explodierten 7 t Dynamit. Die Flammen griffen auf ein Treibstofflager über. Hunderte von Häusern in der Nähe wurden zerstört.

RG 59 559 (1934)

1935–1939

6. Januar 1935

Porbelo, Sowjetunion
(SZD)

23 Tote, 56 Schwerverletzte

Durch große Kälte gab es in der Nähe von Porbelo einige Schienenbrüche. Die Schäden wurden jedoch rechtzeitig erkannt, um einen Schnellzug von Leningrad nach Tiflis zum Halten zu bringen. Als er stand, fuhr ein Schnellzug von Leningrad nach Moskau auf ihn auf. Der Zug hatte ein haltzeigendes Signal überfahren. Mehrere Wagen in beiden Zügen wurden ineinandergeschoben, und die Trümmer fingen Feuer.

Es gab Vermutungen, daß die Kälte die Funktionstüchtigkeit der Signale beeinträchtigt hatte, sie wurden später aber widerrufen. Der Fahrdienstleiter und sechs weitere Bahnangestellte wurden später der verbrecherischen Fahrlässigkeit für schuldig befunden und erhielten Gefängnisstrafen zwischen drei und zehn Jahren.

RG 62 64, 216 (1935)

Einige Monate später gab der Kommissar für Eisenbahnen in der UdSSR bekannt, daß es in den vorangegangenen Jahren 62.000 Zugunglücke gegeben hatte, bei denen Hunderte von Menschen ihr Leben verloren hatten. Nicht weniger als 7000 Lokomotiven waren auf diese Weise außer Betrieb gesetzt worden.

RG 62 623 (1935)

16. Oktober 1935

Rio de Janeiro, Brasilien
(Central)

20 Tote, mehr als 100 Verletzte

Der Zusammenstoß ereignete sich in einem Vorort von Rio de Janeiro, als ein Schnellzug in einen haltenden Personenzug raste.

24. Dezember 1935

Großheringen, Deutschland
(DRG)

33 Tote, 27 Schwerverletzte

Als ein Personenzug von Erfurt nach Leipzig den Bahnhof Großheringen verließ und das Hauptgleis kreuzte, kollidierte er mit dem von zwei Lokomotiven gezogenen »Berlin-Basel-Express«. Sieben Wagen des Personenzuges wurden ineinandergeschoben und zerstört, und einer der Wagen landete auf einer der Lokomotiven des Expreßzuges. Das Unglück geschah auf einer Brücke über die Saale. Zunächst wurde berichtet, daß ein Wagen in den Fluß gestürzt sei. Es handelte sich dabei jedoch nur um ein großes Wrackteil, aber aus dem Fluß wurden mehrere Leichen geborgen. Sieben Menschen wurden als vermißt gemeldet. Daher kann die Anzahl der Todesopfer durchaus größer gewesen sein als berichtet wurde. Auch ein Güterwagen hing über der Brücke. Die Ganzstahlkonstruktionen der Wagen des Expreßzuges wurden nicht so schwer beschädigt, auch erlitt keiner der Insassen ernsthafte Verletzungen.

Den Unfall hatte der Lokführer des Expreßzuges verursacht, der ein Signal überfahren hatte.

RG 64 35 (1936)

16. April 1936

Tadakuma, Kyushu, Japan (Sumitomo Mine)

52 Tote, 2 Vermißte, 28 Verletzte

Die Arbeiter dieser Mine wurden mit einer Seilzugbahn auf einer Strecke mit einem 9 %-Gefälle transportiert. Ein Zug mit neun Wagen war auf halber Strecke nach oben angelangt, als das Seil riß, woraufhin er auf die Grubensohle zurückraste. Nur einige wenige konnten noch herausspringen. Dabei war die Bahn mit Sicherheitsbremsen versehen, die zwei Wochen zuvor getestet worden waren.Sie waren jedoch nicht in der Lage, den Zug anzuhalten.

RG 64 1080 (1936)

22. Juni 1936

Karymskoje, Sowjetunion (SZD)

51 Tote, 52 Verletzte

Informationen über diesen Unfall wurden erst Mitte Juli publik, als die sowjetischen Behörden verlauten ließen, daß im sibirischen Tschita 13 Menschen wegen der Herbeiführung eines Unglücks angeklagt wurden. Ein Zug hatte ein Fahrt-frei-Signal zum Verlassen des Bahnhofs erhalten, obwohl die Strecke vor ihm nicht frei war und verursachte auf diese Weise einen Auffahrunfall. Nach dem Prozeß wurde der Fahrdienstleiter zum Tode verurteilt. Acht weitere Bahnangestellte erhielten Gefängnisstrafen zwischen drei und zehn Jahren. Es hieß, daß es bis dahin in jenem Jahr noch 86 andere Unglücksfälle in Karymskoje gegeben hatte.

RG 65 161 (1936)

In den nächsten Jahren hielten die sowjetischen Behörden Informationen über praktisch alle Arten von Unglücken in ihrem Land zurück, so auch über Eisenbahnunfälle, es sei denn, die Umstände waren doch recht ungewöhnlich. Das war zum Beispiel der Fall, wenn Ausländer betroffen waren. Dann war es nicht möglich, diese Informationen zu verschweigen. Die Einzelheiten, die der Kommissar der Eisenbahn enthüllt hatte (siehe Bericht über das Unglück in Porbelo am 6. Januar 1935), verhalfen dem sowjetischen Regime zu jener Zeit nicht gerade zu großer Glaubwürdigkeit. Die Methoden, derer man sich bei den Untersuchungen bediente, hätten sicherlich keine internationale Zustimmung gefunden. So wurde in einem Bericht, der nach einem weiteren Unglück in Sibirien im März 1937 gegeben wurde, gesagt, daß die 72 Eisenbahnangestellten, die für den Unfall verantwortlich gemacht wurden, hingerichtet worden seien. Man erschauert, wenn man sich die Umstände vorzustellen versucht, unter denen eine so große Anzahl von Einzelpersonen tatsächlich die Hand im Spiel hätte haben können. In der Erklärung hieß es weiter, daß sich 3000 Beamte des Sowjetischen Eisenbahnkommissariats wegen anderer Vorwürfe im Arrest befanden. Das läßt darauf schließen, daß eine der vielen »Säuberungswellen« zu jener Zeit die Eisenbahn betroffen hatte.

RG 67 300 (1937)

Die Politik der Geheimhaltung bei Unglücksfällen wurde erst durch Gorbatschow und seine »Glasnost« nach 1985 zu Fall gebracht. Wie im Bericht über das Unglück bei Kamensk-Schachtinski am 7. August 1987 im einzelnen dargestellt wurde, konnte man diesen Prozeß anhand der Untersuchung dieses Desasters tatsächlich nachvollziehen.

1. Oktober 1936

Lemberg, Polen

20 Tote, 150 Verletzte

Ein Personenzug von Berlin nach Piala in Ostpreußen kollidierte im polnischen Korridor mit einem Güterzug.

RG 65 594 (1936)

16. Januar 1937

Sheklung, China
(Kanton - Kowloon, chinesischer Abschnitt)

112 Tote, 40 Verletzte

In den 3.-Klasse-Wagen des »Hongkong-Kanton-Express«, die weder mit einer Notbremse noch einer durchgehenden Bremse ausgerüstet waren, brach Feuer aus. Der Lokführer bemerkte dies jedoch erst viel später. Noch bevor er anhielt, waren schon viele Reisende aus den drei in Flammen stehenden Wagen gesprungen. Es wurde angenommen, daß das Feuer von einem Fahrgast verursacht worden war, der ein Spielzeug aus Zelluloid angezündet hatte.

RG 66 316 (1937)

17. Juli 1937

Bihta, Indien

107 Tote, (65) Verletzte

Der »Punjab-Howrah-Express« entgleiste bei der Einfahrt in den Bahnhof Bihta, ca. 24 km von Patna entfernt. An der Lokomotive und am ersten Wagen entstanden keine größeren Schäden, aber die folgenden vier Wagen wurden ineinandergeschoben. Zunächst vermutete man, daß Sabotage die Unglücksursache war, doch dieser Verdacht wurde rasch ausgeräumt. Daraufhin wurden umfangreiche Untersuchungen und verschiedene Tests zur Prüfung der Stabilität der »Pacific«-Lokomotiven der XB-Klasse vorgenommen. Bei diesen Tests entgleisten etliche Züge bei unterschiedlichen Geschwindigkeiten, und ein kompletter Zug wurde sogar vollständig zerstört (er war mit Sandsäcken beladen worden). Man schlußfolgerte daraus, daß sich der Oberbau in Bihta unter der Lokomotive verformt hatte.

Das war einer der Zugunfälle, die weltweit ein starkes Interesse hervorriefen. Auf die Untersuchungen folgte eine gerichtliche Nachforschung. Es wurde eine Kommission aus anerkannten Eisenbahningenieuren und weiteren Experten Europas eingesetzt, die die Konstruktion dieser Lokomotiven untersuchte. Ihr Bericht wurde zwei Jahre später veröffentlicht, und darin hieß es, daß der Typ XB anfällig war gegenüber schlecht unterhaltenen Gleisen. Die Kommission empfahl, in alle Schnellzuglokomotiven eine Art Fahrtenschreiber einzubauen, um so besser in der Lage zu sein, die strengen Vorschriften einzuhalten.

RG 67 168, 469, 491 (1937), 68 116, 824, 921, 986 (1937), 69 442, 462, 636 (1938), 70 12, (1939)

Der stellvertretende Betriebskontrolleur in Bihta wurde angeklagt, weil er keine vorübergehende Geschwindigkeitsbeschränkung eingerichtet hatte. Er war von einem anderen Lokführer vor dem Unfall darauf hin-

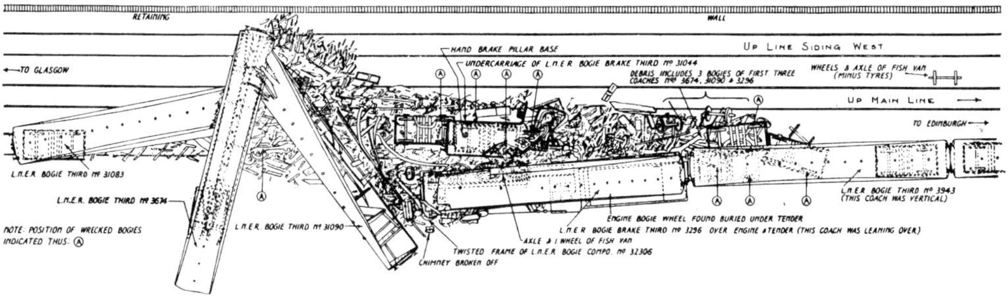

Castlecary, 10. Dezember 1937
Die Pacific »Grand Parade« unter den Trümmern nach dem Zusammenstoß in Castlecary. (Railway Gazette)

gewiesen worden war, daß an dieser Stelle ein starker Ruck aufgetreten sei. Der Angeklagte wurde schuldig gesprochen, ging jedoch in Berufung und kam später frei.

RG 69 623 (1938)

29. Juli 1937

Villeneuve-St Georges, Frankreich
(Paris, Lyon & Méditerranée)
29 Tote

Der Zug Nr. 107, der um 22.35 Uhr Paris in Richtung St Etienne, Vichy und Nimes über Corbeil verließ, entgleiste auf einer Weiche, als er mit einer Geschwindigkeit von 80 km/h darüber hinwegfuhr. In den Trümmern brach Feuer aus, das jedoch rasch gelöscht wurde. Der vierte Wagen, ein hölzerner der 3. Klasse, wurde stark beschädigt. Der Anschlußbahnhof Villeneuve-St Georges befand sich knapp 13 km vom Gare de Lyon in Paris entfernt und war mit elektrischen Signalanlagen ausgerüstet. Der Zug war fälschlicherweise über Melun geleitet worden, da das diensthabende Personal geglaubt hatte, daß er nach dem Zug Nr. 511 fuhr (dieser nämlich verließ Paris 15 min später, um zunächst nach Vallorbe und dann in die Schweiz weiterzufahren). Das Bahnpersonal war schon erstaunt darüber, daß sich die Weichen so schnell umstellen ließen, kurz nachdem das sie schützende Signal auf Halt gestellt worden war. Solche elektrischen Signalsysteme waren normalerweise mit einer Zeitverzögerung versehen, um derartige Reaktionen zu verhindern.

RG 67 242, 250 (1937)

4. Dezember 1937

Valencia, Spanien
20 Tote

Ein aus zehn Wagen bestehender dampfgetriebener Zug der Central-Aragon-Gesellschaft fuhr auf einen zweiteiligen elektrischen Triebwagen außerhalb des Bahnhofs auf.

RG 67 1039 (1937)

10. Dezember 1937

Castlecary, Schottland
(London & North Eastern)
35 Tote, 179 Verletzte

Bei Anbruch der Dunkelheit schneite es stark, was auf der ehemaligen nordbritischen Hauptstrecke zu Behinderungen zwischen Edinburgh und Glasgow führte. Schnee blockierte einige Weichen in Gartshore, und während man dabei war, sie wieder freizulegen, wurden mehrere Züge in Bockabschnitten zuvor angehalten. Der letzte war ein Güterzug, der in Dullatur, westlich von Castlecary, stand. Den haltenden Zügen näherte sich ein Schnellzug von Dundee nach Glasgow, der von einer Lokomotive des Typs Class D 29 der Achsfolge 2B gezogen wurde. Dessen Lokführer überfuhr bei Schneetreiben das Signal in Castlecary. Der Stellwerkswärter hielt zwar ein rotes Licht aus seinem Stellwerk hinaus, glaubte aber, daß es nicht gesehen worden war und gab an Dullatur das Klingelsignal »Zug außer Kontrolle«. Der Lokführer hatte das rote Warnsignal jedoch gesehen und hielt den Zug an, was der Wärter allerdings nicht bemerkte, obwohl das Wiederholungssignal im Stellwerk anzeigte, daß der Zug zum Halten gekommen war. Der Wärter gab daraufhin auch dem folgenden Schnellzug aus Edinburgh, der von der Lokomotive Nr. 2744 »Grand Parade« des Typs Gresley Pacific gezogen wurde, das Fahrt-frei-Signal. Dessen Lokführer war überzeugt, das Vorsignal bei Castlecary in »Fahrt frei erwarten« gesehen zu haben und fuhr mit unvermindertem Tempo weiter. Später gab es Unstimmigkeiten bezüglich der Stellung des Vorsignals und die vom Verkehrsministerium eingesetzte Untersuchungskommission gelangte zu keinem eindeutigen Ergebnis. Die Lokführer beider Schnellzüge hatten das Einfahrsignal im Schneetreiben jedenfalls nicht gesehen.

Die Pacific fuhr mit einer Geschwindigkeit von fast 100 km/h auf den Zug aus Dundee auf. Durch die Wucht des Aufpralls wurde der stehende Zug fast 50 m nach vorn geschoben und die drei letzten Wagen wurden zerstört. Diese Reisezugwagen hatten den damals üblichen hölzernen Rahmen, der auf einem stählernen Unterbau ruhte. Bei dem Unglück zerbrach die Metallkonstruktion des einen Wagens praktisch in zwei Teile.

Überraschenderweise hieß es in dem offiziellen Untersuchungsbericht, daß die Unfallfolgen auch dann erheblich gewesen wären, wenn es sich um Ganzstahl-Wagen gehandelt hätte, da ja die Energie des auffahrenden Zuges auf irgendeine Weise hätte abgeleitet werden müssen. Die Kollision im französischen Lagny-Pomponne am 23. Dezember 1933 hatte jedoch den eindeutigen Beweis dafür geliefert, daß Ganzstahl-Wagen eine höhere »Überlebenschance« hatten. Dies wurde auch in Großbritannien eingehend demonstriert, und zwar von dem Tag an, als die British Railways diesen Konstruktionstyp im Jahre 1951 übernahmen. Bei späteren schweren Zugunglücken fiel die Zahl der Todesopfer dank der höheren Stabilität der Wagen deutlich niedriger aus.

Der Lokführer der »Grand Parade« wurde wegen schuldhaft verursachten Totschlags angeklagt, wurde jedoch formell für »nicht schuldig« befunden, da die Anklage im Verlaufe des Pozesses zurückgezogen wurde. Einige Jahre später war er dann einer der »Top Link«-Lokführer der East Coast Route (auf dieser Strecke fuhren Züge wie der duchgehende »Capitals Limited«).

Hamilton, S. 92/93, 108. Nock, S. 150. Rolt, S. 223

3. Januar 1938

In der Nähe von Shinchow, China

Mehr als 100 Tote und Verletzte

Ein Kanton-Hankow-Zug entgleiste, als der Oberbau plötzlich nachgab.

RG 68 36 (1938)

3. Januar 1938

In der Nähe von Kanton, China

42 Tote

Ein Zug von Kanton nach Wuchuau fuhr in einem von japanischen Bomben beschädigten Tunnel in einen Schutthaufen.

RG 68 36 (1938)

16. Januar 1938

Kowloon-Kanton, China

87 Tote, 30 Verletzte

Im zweiten Wagen eines Schnellzuges brach Feuer aus. Es wurde Brandstiftung vermutet. Das Feuer breitete sich schnell aus. Alle Todesopfer waren im zweiten Wagen zu beklagen, aber auch die beiden benachbarten Wagen brannten aus. Aufgrund dieses Unfalls wurde beschlossen, in den Wagen Notbremshähne vorzusehen und die Drehtüren durch Schiebetüren zu ersetzen.

RG 69 443 (1938)

(29. März) 1938

In der Nähe von Valencia, Spanien

39 Tote

In der Nähe von Valencia stieß ein elektrischer Zug an einem Bahnübergang mit einem Tankfahrzeug zusammen. Kurz danach stand der gesamte Zug in Flammen, was die Rettungsarbeiten erschwerte. Ein Teil der geretteten Fahrgäste erlitt zum Glück nur leichte Verbrennungen.

4. April 1938

Zwischen Plumtree und Tsessebe, Südrhodesien

26 Tote, 22 Verletzte

Ein Schnellzug von Bulawayo nach Johannesburg und Kapstadt stieß in einem Einschnitt nahe der Grenze zwischen Südrhodesien und Betschuanaland frontal mit einem Güterzug zusammen. Einige Reisezugwagen blieben auf den Schienen und die unverletzt Fahrgäste und das Zugpersonal leisteten Erste Hilfe. Die Rettungsarbeiten waren aufgrund der Lage des Unfallortes schwierig. Außerdem befanden sich die Straßen in der Nähe der Unglücksstelle in einem schlechten Zustand.

Die Strecke war für mehr als 48 Stunden gesperrt, da der Einschnitt erst erweitert werden mußte, um die Trümmer bergen zu können.

In der gerichtlichen Untersuchung wurde offenbar, daß die Züge an sich per Telegraf Anweisung erhielten, in Ramaquabane zu kreuzen. Dem Lokführer des Güterzuges jedoch war mitgeteilt worden, daß der Kreuzungspunkt Vakaranga ist. (Der sonst übliche Kreuzungspunkt war Tsessebe, der jedoch aufgrund einer früheren Abfahrtszeit des Güterzuges geändert worden war.) So kam es zu dem Zusammenstoß.

RG 68 732, 977 (1938)

19. Juni 1938

Miles City, Montana, USA (Milwaukee)

47 Tote

Eine Brücke über den Custer Creek stürzte ein, als der in westliche Richtung fahrende »Olympian« kurz nach Mitternacht darüber hinwegfuhr. Die Brücke bestand aus sieben Brückenbögen und überspannte einen Nebenfluß des Yellowstone-River , der normalerweise neun Monate des Jahres trocken war. Es war allerdings bekannt, daß in dieser Gegend auch plötzliche Überschwemmungen vorkamen, und die Brücke war 1913 so gebaut worden, daß sie diesen Wassermassen standhielt. In der betreffenden Nacht wurden aus den Bergen starke Regenfälle gemeldet, und erst zwei Stunden vor dem Unglück war die Brücke noch einmal inspiziert worden. Zu diesem Zeitpunkt betrug der Wasserpegel erst ca. 2 m und lag damit deutlich unter der 5 m-Marke. Dann jedoch gab es einen Wolkenbruch und eine 6 m hohe Flutwelle stürzte den Fluß entlang und

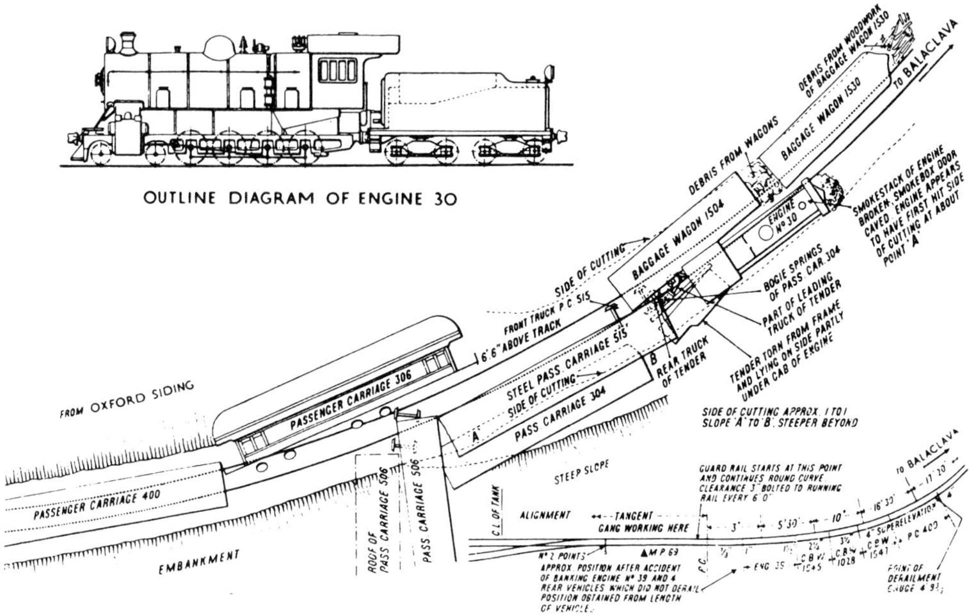

Jamaika, 30. Juli 1938
Schematische Darstellung der Lage der Lokomotive und einiger Wagen nach der Zugentgleisung in der Nähe von Balaclava. Oben: Skizze der betroffenen Lokomotive. (Railway Gazette)

riß einen Brückenpfeiler mit sich. Als der aus elf Wagen bestehende Expreßzug darüber hinwegfuhr, stürzte die Brücke ein. Die Lokomotive und die ersten fünf Wagen erreichten noch die andere Seite, aber zwei Schlafwagen wurden ins Wasser gerissen und versanken. Die letzten vier Wagen entgleisten nicht und konnten später ihre Reise fortsetzen. Einige Leichen wurden aus dem Yellowstone-River, 80 km entfernt, geborgen und es ist nicht ausgeschlossen, daß die Anzahl der Todesopfer noch höher lag als angegeben.

Shaw, S. 306

30. Juli 1938

Balaclava, Jamaika

32 Tote, 71 Verletzte

Ein Personenzug von Kingston nach Montego Bay geriet auf einer Gefällestrecke in Schräglage, als die Lokomotive in einem engen Bogen entgleiste. In dem Bericht hieß es, daß das Lokpersonal die Entgleisung gar nicht bemerkt hatte. Ein Schließen des Reglers hätte in diesem Fall allerdings auch wenig Wirkung gehabt, da sich die Wagen ineinander schoben.

Anfangs wurde vermutet, daß die Entgleisung ein Sabotageakt war, was jedoch rasch widerlegt wurde, da man festgestellt hatte, daß der Zug mit einer Geschwindigkeit von knapp 60 km/h anstatt der zugelassenen 40 km/h fuhr. Man befürchtete, daß eine Gruppe von 40 Mädchen, die der Pfadfinderorganisation angehörten, ebenfalls ums Leben gekommen war. Zum Glück stellte sich später heraus, daß die Mädchen an einem Haltbahnhof zuvor ausgestiegen waren.

Dies war der erste Eisenbahnunfall in Jamaika, bei dem es Tote gegeben hatte.

RG 69 261,623 (1938), 71 110, 111 (1939)

21. August 1938

Vadamadura, Indien

33 Tote, 93 Verletzte

Ein Personenzug entgleiste, nachdem ein Hochwasser die Stabilität einer Brücke stark beeinträchtigt hatte. Der Zug war mit moslemischen Pilgern und einer großen Hochzeitsgesellschaft voll besetzt. Die Lokomotive bohrte sich bis zur Hälfte in den Schlamm, und auch der erste Wagen sowie ein Postwagen versanken darin. An einer Straße in der Nähe war eine Brücke durch einen Abzugskanal ersetzt worden, so daß der Fluß den Eisenbahndamm durchbrach und die Brücke in Mitleidenschaft zog. Die Bewohner eines Dorfes in der Nähe wußten von dem Schaden bereits zwei Stunden vor dem Unglück, taten jedoch nichts, um den Zug vor dieser Gefahr zu warnen!

RG 69 487 (1938), 70 853 (1939)

25. September 1938

Martorell, Spanien

68 Tote, (300) Verletzte

Zwei vollbesetzte Züge stießen bei strömendem Regen 24 km westlich von Barcelona frontal zusammen. Die ersten Untersuchungen ergaben, daß elektrische Störungen die Funktionstüchtigkeit der Signale und Weichen beeinträchtigt hätten. Es wurde jedoch auch vermutet, daß das Personal in Martorell dem Personenzug ein Fahrt-frei-Signal erteilt habe, bevor der andere Zug den eingleisigen Streckenabschnitt verlassen hatte. Die Zahl der Todesopfer stammt aus den ersten Untersuchungsberichten, und es wurde damals befürchtet, daß sie weiter ansteigen könnte.

RG 69 575 (1938)

19. Dezember 1938

Zwischen João Ayres und Sitio, Brasilien
(Central of Brazil)

42 Tote, mehr als 70 Verletzte

Ein Güter- und ein Reisezug stießen frontal zusammen. Von den ersten drei Wagen des Reisezuges blieb nur ein Haufen zersplitterter Wrackteile übrig. In zwei der Wagen hatten Auswanderer gesessen und in einem dritten eine Gruppe Jungen, die der Pfadfinderbewegung angehörten. Der Lokführer des Güterzuges hatte in Joao Ayres seinen Freistreckenschein liegengelassen, und der Lokführer des Reisezuges nahm ihn aus Versehen mit!

RG 70 215 (1939)

24. Dezember 1938

Etulia, Rumänien

93 Tote, 147 Verletzte

Zwei Personenzüge stießen auf einem eingleisigen Abschnitt zusammen. Zwischen den Fahrdienstleitern gab es darüber Mißverständnisse, wo die beiden Züge kreuzen sollten. Bei dem Zusammenstoß, der sich bei heftigem Schneetreiben ereignete, wurden beide Lokomotiven und sieben Wagen zerstört. Wegen des Schneesturms gelangten die Rettungszüge erst mehrere Stunden danach an den Unglücksort. Auch trafen die Nachrichten über das Desaster in Bukarest erst mit großer Verspätung ein. So kamen die ersten vagen Berichte am späten Nachmittag des 1. Weihnachtsfeiertages an, die erste offizielle Meldung aber erst nach weiteren 24 Stunden. Die drei Fahrdienstleiter und ein Bahninspektor wurden entlassen. Der Beamte in Galatz hatte die Kreuzung der Züge in Frecatzei und nicht, wie gewöhnlich, in Etulia vorgesehen, aber sein Kollege in Frecatzei hatte diese Änderung nicht zur

Kenntnis genommen und ließ einen der Züge entsprechend der sonst üblichen Verfügung abfahren.

12. Januar 1939

Hazaribagh, Bihar, Indien (East Indian)

21 Tote, 71 Verletzte

Der »Dehra Dun Express« aus Howrah entgleiste am frühen Morgen, wobei fünf Wagen umstürzten und Feuer fingen. Das Unglück wurde durch »böswillige Beschädigung« der Gleise verursacht. Bereits ein Jahr zuvor hatte es auf dieser Strecke zwei Unfälle gegeben, die auf Sabotage zurückzuführen waren.

Die Saboteure hatten Schienen herausgerissen , aber die Lokomotive überwand die 10 m lange Lücke und entgleiste nicht. Die nachfolgenden Wagen sprangen jedoch aus den Schienen.

Es wurde eine gerichtliche Untersuchung des Unglücks angeordnet und eine Summe in Höhe von 5.000 Rupien für Informationen ausgesetzt, die zur Ergreifung der Verantwortlichen führten. Selbst nachdem diese Summe auf 25.000 Rupien erhöht worden war, konnte niemand vor Gericht gestellt werden.

In den darauffolgenden zwei Monaten ereigneten sich eine Reihe weiterer Sabotageakte, und eine Analyse ergab, daß während der zehn vorangegangenen Jahre 131 Unglücke stattgefunden hatten, bei denen die Züge entweder zerstört wurden oder aber dies zumindest versucht worden war. Lediglich bei 34 Fällen waren Eisenbahnangestellte beteiligt.

RG 70 116, 157, 214, 236, 237, 332, 726 (1939)

11. Februar 1939

San Gervasio, Spanien

53 Tote, (100) Verletzte

Ein vollbesetzter, talabwärts fahrender Arbeiterzug aus Tarrasa kollidierte mit einem haltenden Güterzug in der Nähe des Sarria-Tunnels und fuhr dann auf einen anderen Zug bei San Gervasio auf, nicht weit von Barcelona entfernt. Der unfallverursachende Zug hatte Tarrasa 20 min zu früh verlassen. Bei dem Unglück waren die meisten Todesopfer in dem mittleren Wagen zu beklagen.

RG 70 284 (1939)

13. April 1939

Mexiko

Mehr als 26 Tote

Ein Zusammenstoß zwischen einem Zug aus Guadalajara und einem aus Laredo ereignete sich ca. 290 km westlich von Mexico City. Dabei wurden zwölf Wagen, in denen sich viele amerikanische Touristen befanden, ineinandergeschoben und zerstört. Der Korrespondent von »The Times« bezeichnete dieses Unglück als »schwerstes innerhalb einer Serie von Unfällen, die sich im Verlaufe der vorangegangenen Monate fast wöchentlich zugetragen haben«. Die Eisenbahnen waren zwei Jahre zuvor enteignet und den Angestellten zwölf Monate später übertragen worden. Das Unglück wurde damals offiziell auf die Nachlässigkeit des Personals und die mangelhafte technische Ausrüstung zurückgeführt. Experten hatten errechnet, daß 40 Mio Dollar notwendig gewesen wären, um die Eisenbahnen in einen ordnungsgemäßen Betriebszustand zu versetzen.

17. April 1939

Najdia, Indien
(East Bengal)

35 Tote, 31 Verletzte

Der »Dakka-Postzug« kollidierte im Bahnhof Najdia mit dem »Nordbengalien Express« 105 km von Kalkutta entfernt. Unter den Todesopfern befanden sich auch zwei Mitglieder der Bengalischen Gesetzgebenden Versammlung.

RG 70 672 (1939)

12. August 1939

Carlin, Nevada, USA
(Union Pacific Train auf Streckenabschnitten der Southern Pacific)

24 Tote, 115 Verletzte

Der Expreßzug »City of San Francisco« der Union Pacific Railroad, der von drei dieselelektr. Lokomotiven gezogen wurde, entgleiste bei einer Geschwindigkeit von knapp 100 km/h 25 km westlich von Carlin. Unfallursache war Sabotage – im äußeren Strang eines Gleisbogens war eine Schiene entfernt worden. Einige der entgleisten Wagen kollidierten sodann mit der Stahlkonstruktion einer Unterführung, die sich ca. 50 m von der Stelle entfernt befand, an der die Wagen aus den Schienen gesprungen waren. Die gesamte, ca. 36 m lange Konstruktion wurde zerstört, und mehrere Wagen landeten im Humboldt River, mehr als 9 m unterhalb des Gleisbettes. Den Speisewagen traf die ganze Wucht des Aufpralls. Er wurde zusammen mit den drei Wagen unmittelbar dahinter am schwersten beschädigt. Die erste Lokomotive und die beiden letzten der insgesamt 14 Wagen blieben im Gleis. Von den 24 Todesopfern waren 15 Angestellte des Speisewagens, unter den Verletzten befanden sich 16 weitere Eisenbahnangestellte.

Dieses Unglück war das erste schwere, an dem ein amerikanischer Leichtbau-Stromlinienzug beteiligt war. Nun wollte man natürlich herausfinden, wie gut die aus Aluminiumlegierung bestehenden Wagen einem solchen Aufprall standgehalten hatten. Damals war die Konstruktion der Wagen noch nicht geschweißt, und so rissen die Verkleidungen an einigen Stellen aus den Nieten. Während in dem Bericht des Sicherheitsbüros die Unglücksursache ausführlich diskutiert wurde, war die Wirkung eines Aufpralls auf die Wagen nicht mit der gleichen Gründlichkeit untersucht worden.

Der Stromlinienzug sollte die 3620 km zwischen Chicago und Oakland in 39 3/4 Stunden zurücklegen. Das bedeutete eine Reisegeschwindigkeit von ca. 90 km/h. Obwohl der Zug der Union Pacific gehörte und auf den Strecken dieser Gesellschaft verkehrte, benutzte er auch die Gleise der Chicago & North Western und der Southern Pacific - Eisenbahngesellschaft.

RG 71 264, Diesel Supplement 133, 145, 72 523 (1940)

2. September 1939

Les Aubrais, Frankreich
(SNCF)

35 Tote, 77 Verletzte

Die Todesopfer und die Verletzten waren nach einem Zusammenstoß zu beklagen.

8. Oktober 1939

Berlin-Gesundbrunnen, Deutschland
(DRG)

23 Tote, 31 Verletzte

Im Bahnhof Berlin-Gesundbrunnen fuhr ein Schnellzug auf einen Personenzug auf. Der

Schnellzug hatte die Warnstellung zweier Vorsignale nicht beachtet und das folgende haltzeigende Hauptsignal überfahren.

RG 71 502 (1939)

21. Oktober 1939

Zwischen Santa Lucrecia und Matias Romero, Mexiko

40 Tote

Ein Güterzug von Vera Cruz an die Pazifikküste entgleiste, wobei zwei Kesselwagen Feuer fingen. Die Todesopfer waren Arbeiter und deren Familien, die in den Güterwagen fuhren.

RG 71 566 (1939)

26. Oktober 1939

St. Valentin, Österreich

Mindestens 20 Tote, 30 Schwerverletzte

Das Unglück ereignete sich in der Nähe von Linz. Österreich war im Jahr zuvor von Deutschland annektiert worden.

RG 71 594 (1939)

30. Oktober 1939

Lambrate, Italien (Italienische Staatsbahn)

(20) Tote

Ein Schnellzug aus Venedig kollidierte mit einem elektrischen Zug, der von Mailand nach Rom unterwegs war. Zu jener Zeit hatte Italien noch nicht in das Kriegsgeschehen eingegriffen, und im Juli desselben Jahres hatte ein italienischer Stromlinienzug vom Typ ETR 200 bei einer Demonstrationsfahrt zwischen Florenz und Mailand mit einer Reisegeschwindigkeit von mehr als 100 km/h einen Weltrekord aufgestellt.

RG 71 594 (1939)

12. November 1939

Cosel-Bauerwitz, Deutschland (DRG)

43 Tote, 60 Verletzte

Infolge des Fehlers eines Stellwerkwärters in Rosengrund kam es zu einem Zusammenstoß zwischen zwei vollbesetzten Personenzügen auf dem eingleisigen Abschnitt zwischen Cosel und Bauerwitz.

RG 71 658 (1939)

1. Dezember 1939

Sibiu, Rumänien

20 Tote, 16 Schwerverletzte

Ein Sonderzug mit Baumaterial und Gleisbauarbeitern, die zu einer neu zu bauenden Strecke zwischen Marsa und Avric unterwegs waren, geriet bergab außer Kontrolle und verunglückte in der Nähe von Sibiu.

RG 71 754 (1939)

22. Dezember 1939

Genthin, Deutschland (DRG)

186 Tote, 108 Verletzte

Um 23 Uhr hielt der Schnellzug von Berlin nach Köln außerplanmäßig im Bahnhof Genthin, rund 90 km westlich der Hauptstadt. Der nachfolgende, in Richtung Saarbrücken fahrende Zug fuhr mit einer Geschwindigkeit von knapp 100 km/h auf ihn auf.

Der zweite Zug hatte ein Haltsignal überfahren, worauf der Stellwerkswärter eine Gefahrenmeldung per Telefon machte. Am Stellwerk Genthin Ost hielt daraufhin der Wärter eine rote Signallampe heraus. Allerdings sah der Heizer des ersten Zuges die Lampe und glaubte, sie gelte ihm. Er veranlaßte daraufhin seinen Lokführer zum Halten, und der Zug nach Saarbrücken fuhr auf. Beide Züge waren vollbesetzt, und so betrug die Zahl der Todesopfer 186.

Dies war das schwerste Zugunglück, das sich je in Deutschland ereignete. Ein Umstand, der zu dieser hohen Zahl an Toten beigetragen hatte, war, daß wieder hölzerne Reisezugwagen eingesetzt werden mußten, um den Zugverkehr unter den Kriegsbedingungen zu gewährleisten.

RG 71 855 (1939), 72 372 (1949)

22. Dezember 1939

Zwischen Markdorf und Kluftern, Deutschland (DRG)

101 Tote, 28 Verletzte

Dieser Zusammenstoß passierte am Abend nach dem Unglück von Genthin. Ein Personensonderzug stieß auf dem eingleisigen Abschnitt zwischen Friedrichshafen und Radolfzell, der um den nördlichen Teil des Bodensees herumführt, mit einem Güterzug zusammen. An jenem Abend herrschte Nebel, und der Personenzug hatte fälschlicherweise das Signal zum Verlassen des Kreuzungsbahnhofs erhalten, da die beiden Fahrdienstleiter die Zugmeldevorschriften nicht beachteten. Beide wurden inhaftiert.

RG 71 855 (1939), 72 372 (1940)

Dies war der letzte schwere Zusammenstoß in Deutschland während der ersten drei Monate des Zweiten Weltkrieges. Nicht besonders aufgeführt wurden z.B. die Kollision in Berlin-Spandau am 20. November, bei der neun Menschen ums Leben kamen, und die von Nieder Wöllstadt sechs Tage später, bei der 15 Opfer zu beklagen waren. Außerdem geschah am 12. Dezember ein Frontalzusammenstoß in der Nähe von Hagen in Westfalen, der 11 Fahrgäste das Leben kostete. Ingesamt starben bei diesen Unfällen über 400 Menschen, von denen keiner durch Sabotageakte zustande gekommen war. Die hohe Zahl an Todesopfern wurde offiziell auf die vielen Reisenden sowie auf den Einsatz veralteter Wagen aus den Reservebeständen zurückgeführt.

RG 71 690, 722, 823 (1939)

30. Dezember 1939

Torre Annunziata, Italien

(29) Tote

Der »Kalabrien-Express« sollte planmäßig einen Truppentransportzug in Torre Annunziata in der Nähe von Neapel überholen, was jedoch nicht möglich war, da die Weichen eingefroren waren. So wurde entschieden, den Militärzug zuerst fahren zu lassen. Als sich dieser in Bewegung setzte, fuhr der Expreßzug, der Signale nicht beachtet hatte, auf. Dabei kamen laut inoffiziellen Angaben 40 Menschen ums Leben.

1940–1944

29. Januar 1940

Osaka, Japan

176 Tote, 669 Verletzte

Im Vorort von Osaka stürzte ein überfüllter Dieseltriebwagen nach einer Kollision um und fing Feuer. Die Fahrgäste waren Arbeiter aus verschiedenen Industriebetrieben der Gegend.

RG 72 166 (1940)

(Ende Februar 1940)

In der Nähe von Queretaro City, Mexiko

20 Tote

Ein Richtung Grenze zu den Vereinigten Staaten fahrender Schnellzug stieß mit einem Güterzug knapp 10 km von Queretaro City, ungefähr 190 km nordwestlich vor Mexico City, zusammen.

RG 72 322 (1940)

4. März 1940

Yamagati-Präfektur, Japan

37 Tote

Eine Lawine zerstörte eine Brücke, die zwei Tunnel miteinander verband. Die Lokomotive und ein Teil des Zuges, der gerade aus dem einen Tunnel herauskam, stürzten 22 m tief ins Flußbett.

RG 72 362 (1940)

5. März 1940

Jittala, Finnland

21 Tote

Drei Monate nach Ausbruch des Krieges gegen die Sowjetunion sollten Menschen per Zug ins neutrale Schweden evakuiert werden. Nördlich von Tampere stieß er frontal mit einem in südliche Richtung fahrenden Zug zusammen, der bei Schneetreiben Signale überfahren hatte. Es brach Feuer aus. Unter den Todesopfern waren 16 Kinder, zwei Mütter sowie alle drei Führer dieser Gruppe.

RG 72 349 (1940)

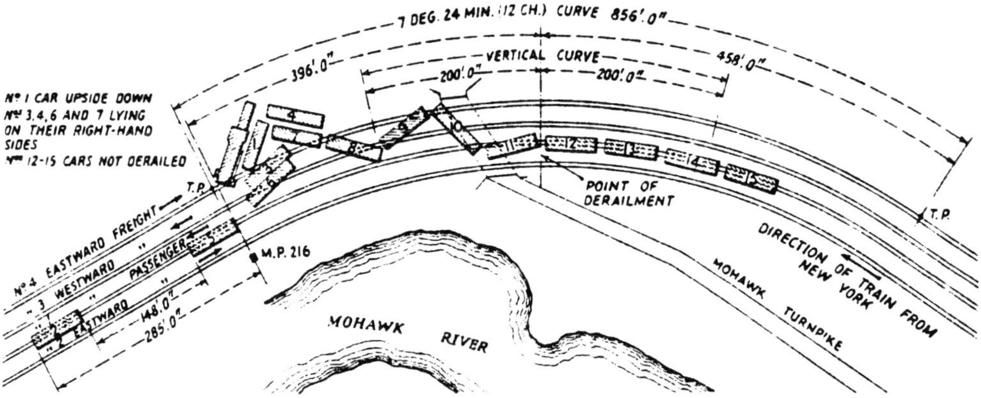

Little Falls, 14. April 1940
Schematische Darstellung der Lage der Lokomotive und der Wagen nach ihrer Entgleisung in Little Falls. (Railway Gazette)

17. März 1940

Zwischen Zaluka und Ozaij, Jugoslawien

20 Tote

Auf der Strecke zwischen Kalrovacz und Ljubljana entgleiste ein Zug infolge eines Erdrutsches.

RG 72 486 (1940)

19. April 1940

In der Nähe von Little Falls, New York State, USA

(New York Central)

30 Tote, 100 Verletzte

Der »Lake Shore Limited« hatte 21 min. Verspätung , als der Lokomotivinspektor in Albany zu dem 73-jährigen Lokführer auf den Führerstand der »Hudson«-Lokomotive der Achsfolge 2'C2' stieg. Auf der Strecke bis Little Falls, die der Zug mit einer Geschwindigkeit von 120 km/h durchfuhr, konnte die verlorene Zeit jedoch nicht aufgeholt werden. An dieser Stelle mußte sich die New York Central-Eisenbahngesellschaft, die die berühmte »Water-Level«-Strecke befuhr, das enge Tal mit dem Fluß, einem Kanal, einer Autobahn und einer anderen Eisenbahn teilen. Dadurch bestand in der »Gulf Curve«, dem engsten Bogen innerhalb des gesamten Streckennetzes, eine permanente Geschwindigkeitsbeschränkung von ca. 70 km/h. Sie wurde von zwei ortsfesten Signalen geschützt, die mit automatischen Zugsicherungsanlagen verbunden waren. Der Lokführer empfing zwar die Warnsignale, ignorierte sie jedoch und bremste erst in letzter Minute. Der ganze Zug stürzte um, die Lokomotive und die drei ersten Wagen wurden beim Aufprall auf das aus festem Mauerwerk bestehende Widerlager einer Straßenbrücke stark beschädigt. Wie bei vielen anderen Zugunglücken, bei denen eine zu hohe Geschwindigkeit im Spiel war, gab es auch hier keine zufriedenstellende Erklärung dafür, warum der Lokführer nicht rechtzeitig gebremst hatte. Der Lokführer wurde getötet und der Inspektor erlitt so schwere Verletzungen, daß er sich nicht mehr an die Umstände, die zu dem Unglück geführt hatten, erinnern konnte.

Reed, S.34, 40. Shaw, S. 299. RG 72 740 (1940), 73 153 (1940), 74 387 (1941)

5. Mai 1940

Zwischen Epineuil-le-Fleuriel und Vallon, Frankreich
(SNCF)

33 Tote, 46 Schwerverletzte

Wolkenbruchartige Regenfälle ließen einen Fluß auf 4,5 m über Normal ansteigen. Durch die schnelle Strömung wurden die Brückenfundamente in Mitleidenschaft gezogen, und als der Schnellzug von Paris nach Montlucon um 1 Uhr morgens über die Brücke hinwegfuhr, stürzte sie ein.

18. Mai 1940

Morgny, Frankreich
(SNCF)

53 Tote, 128 Verletzte

Auch hier war die Unfallursache ein Zusammenstoß .

31. Juli 1940

Cuyahoga Falls, Ohio, USA

41 Tote

Infolge der Nichtbeachtung einer Zuganweisung stieß ein von zwei Dampflokomotiven gezogener Güterzug mit 74 Wagen auf einem eingleisigen Streckenabschnitt in der Nähe von Cleveland frontal mit einem Dieseltriebwagen zusammen. Der Dieseltriebwagen wurde 120 m weit zurückgestoßen, Kraftstoff lief aus und fing Feuer. Das Triebwagenpersonal war nicht auf das Kreuzungsgleis gefahren, was es laut Zuganweisung hätte tun sollen. Als drei Mitglieder des Triebwagenpersonals den Güterzug vor sich sahen, sprangen sie ab. Sie wurden dabei schwer verletzt, die Fahrgäste jedoch kamen allesamt ums Leben.

RG 73 158, 281 (1940)

5. August 1940

Jairampur, Indien
(East Bengal)

34 Tote, 90 Verletzte

Bei Jairampur, 128 km von Kalkutta entfernt, war eine Schiene absichtlich entfernt worden. Hier entgleiste der »Dacca Mail«. Die Lokomotive und einige Wagen rollten eine 4,5 m hohe Böschung hinab und bohrten sich bis zur Hälfte in den Schlamm. Dabei handelte es sich um eine Lokomotive der Achsfolge 2'B1' aus dem Jahre 1911, wie sie für den »Darjeeling Mail« eingesetzt wurden. Ihre Geschwindigkeit zwischen Dum Dum Junction und Ranaghat betrug fast 100 km/h.

RG 73 158, 431, 435 (1940)

4. November 1940

Norton Fitzwarren, England
(Great Western)

27 Tote, 75 Verletzte

Der Schlafwagenzug von Paddington nach Penzance, in dessen 13 Wagen ungefähr 900 Fahrgäste reisten, hatte in Taunton bereits mehr als eine Stunde Verspätung und so entschied der Stellwerkswärter, daß der nachfolgende Postzug ihn auf dem viergleisigen Streckenabschnitt vor Norton Fitzwarren überholen sollte. In der Dunkelheit bemerkte der Lokführer des Schlafwagenzuges allerdings nicht, daß er sich auf dem Ausweichgleis befand, das in Norton Fitzwarren endete und wo er auf den anderen Zug hätte warten sollen. Er mißdeutete jedoch die Signale und ignorierte die Warnzeichen, die er vom Automatischen Zugsteuerungssystem erhielt. Erst als der Postzug rechts an ihm vorbeifuhr, erkannte er die Gefahr. In diesem Augenblick allerdings war es zu spät, um noch sicher anzuhalten. Die Lokomotive überfuhr den Prellbock und landete in dem

Erdreich dahinter. Die Schlafwagen entgleisten.

Hamilton, S.92/93, 117. Nock, S. 162. Rolt, S. 248. Schneider, S. 102

14. November 1940

Diegem, Belgien

21 Tote

Ein Zug aus Tirlmont stieß mit einem in Diegem stehenden Zug 8 km vor Brüssel zusammen.

RG 73 555 (1940)

19. November 1940

Malvik, Norwegen

22 Tote

Der Frontalzusammenstoß zwischen einem Personen- und einem Güterzug ereignete sich 16 km östlich von Trondheim. Obwohl zuerst Sabotage vermutet wurde, stellte man später als Unfallursache menschliches Versagen fest. Ein Zug wartete im Bahnhof Hommelvik, wo er einen entgegenkommenden Zug kreuzen sollte. Durch die Dunkelheit glaubte der Zugführer irrtümlicherweise, den Zug auf dem gegenüberliegenden Gleis stehen zu sehen und gab seinem Lokführer die Anweisung abzufahren.

RG 73 582 (1940)

(Dezember 1940)

In der Nähe von Iguala, Mexiko

71 Tote

Ein Bauzug entgleiste in einem Gleisbogen und stürzte über eine Klippe.

RG 73 652 (1940)

3. Dezember 1940

Velilla de Ebro, Spanien

47 Tote, mehr als 64 Verletzte

Um 4 Uhr morgens stieß ein Schnellzug aus Barcelona mit einem Zug aus Madrid zusammen, der in Richtung Barcelona fuhr. Das Unglück passierte auf der freien Strecke, nahe des Bahnhofs Velilla de Elbro, ca. 50 km östlich von Saragossa. Die beiden Züge sollten an sich in diesem Bahnhof kreuzen, aber der aus Barcelona kommende fuhr nicht in das Kreuzungsgleis, sondern in den besetzten eingleisigen Streckenabschnitt.

RG 74 62 (1940)

6. Januar 1941

In der Nähe von Berettya-Ujfalu, Ungarn (MAV)

20 Tote

Die Todesopfer bei diesem Zugunglück waren Soldaten.

RG 74 79 (1941)

15. Februar 1941

Zumaya, Spanien

20 Tote, mehr als 100 Verletzte

Auf der Strecke von San Sebastian nach Bilbao stürzte ein elektrischer Schmalspurzug mit drei Wagen in einen Fluß. Der Zug war auf der Brücke zum Halten gekommen, da der Sturm die Stromversorgung unterbrochen hatte.

RG 74 210 (1941)

23. April 1941

In der Nähe von Kampala, Uganda

20 Tote

Ein Zug entgleiste.

RG 74 510 (1941)

(Mai 1941)

Kyujo, Japan

200 Tote oder Verletzte

Ein Schnellzug aus Keelung stieß frontal mit einem Güterzug aus Takao zusammen. Man nahm an, daß eine Signalstörung die Ursache war.

RG 74 611 (1941)

20. Juli 1941

In der Nähe von Como, Italien
(FS)

30 Tote

Ein Personenzug, der italienische Arbeiter nach Deutschland brachte, wurden beim Überqueren eines Viadukts in der Nähe von Como von Ladungsteilen eines vorbeifahrenden Güterzuges getroffen.

RG 75 122 (1941)

2. November 1941

Paris, Frankreich
(SNCF)

21 Tote, 7 Verletzte

Ein Schnellzug aus Orléans stieß im Endbahnhof Paris Austerlitz mit einem Leerzug zusammen.

RG 75 514 (1914)

16. September 1941

Aboshi, Japan
(Japanese Imperial)

63 Tote, 67 Verletzte, 19 Schwerverletzte

Der Schnellzug Nr. 8 aus Tokio fuhr auf der Strecke nach Sanyo 14 km westlich von Himeiji auf einen haltenden Zug auf, der nach Kyoto unterwegs war. Der Lokführer hatte Signale überfahren und wurde verhaftet.

RG 75 611 (1941)

27. Dezember 1941

Zwischen Frankfurt/Oder und Posen, Deutschland

41 Tote, 57 Verletzte

Ein Schnellzug von Berlin nach Warschau überfuhr bei einem Schneesturm ein haltzeigendes Blocksignal und prallte auf einen haltenden Güterzug. Dabei explodierten einige Kesselwagen mit Benzin.

RG 76 74 (1942)

28. Dezember 1941

Zwischen Laventie und La Gorgue, Frankreich
(SNCF)

56 Tote, 40 Verletzte

Der Zusammenstoß ereignete sich auf der Strecke zwischen Nantes und La Roche-sur-Yon.

30. Dezember 1941

In der Nähe von Hazebrouck, Frankreich
(SNCF)

50 Tote

Innerhalb von zwei Tagen passierte das zweite schwere Eisenbahnunglück in Frankreich.

RG 76 74 (1942)

30. Dezember 1941

Eccles, England
(London, Midland & Scottish)

23 Tote, 56 Schwerverletzte

An einem noch dunklen Morgen, an dem der Nebel außerordentlich dicht war, überfuhr kurz nach 8.15 Uhr ein Vorortzug mit acht Wagen, der von Rochdale nach Pennington unterwegs war und von einer Tenderlokomotive gezogen wurde, die Signale auf dem viergleisigen Abschnitt durch den Bahnhof Eccles. Er kollidierte mit dem Keynon-Manchester-Zug, der gerade dabei war, von dem Nahverkehrs- auf das Fernverkehrsgleis Richtung London überzuwechseln. Der Stellwerkswärter glaubte irrtümlicherweise, daß an dem Vorsignal des langsamen Gleises aus Richtung London ein Nebelmann stünde. Unter Mißachtung der Zugmeldevorschriften gab er dem Keynon-Manchester-Zug trotz der extrem schlechten Sicht Fahrt frei.

16. Mai 1942

Zwischen Oderolal und Tando Adam, Indien

22 Tote, 26 Verletzte

Der »Punjab-Postzug« entgleiste auf seinem Weg nach Lahore, rund 230 km von Karatschi entfernt. Verantwortlich dafür waren Banditen der kriminellen Sind-Sekte. Die Lokomotive und sechs Wagen stürzten um. Die überlebenden Fahrgäste wurden mit Gewehren und Äxten angegriffen und sämtliches Geld sowie Wertsachen wurden gestohlen. In der Folgezeit gab es noch mehrere ähnliche Zwischenfälle in diesem Gebiet. So konnte der Lokführer eines anderen Zuges ein zweites Desaster vier Tage später nur knapp abwenden. Von nun an fuhren in den Personenzügen auch bewaffnete Eskorten mit und die Bahnhöfe wurden unter Polizeischutz gestellt. Dennoch wurde während der Dunkelheit der Zugbetrieb zwischen Hyderabad und Rett für einige Zeit unterbrochen.

27. Dezember 1942

Almonte, Ontario, Kanada
(Canadian Pacific)

36 Tote, mehr als 200 Verletzte

Die Ursache für diesen schweren Auffahrunfall, bei dem zwei Wagen ineinandergeschoben wurden, war das Nichtbeachten der Vorschriften durch das Zugpersonal beider Züge. Der vorausfahrende Zug, der von Chalk River nach Ottawa unterwegs war, hatte nicht nur wegen der vielen Kriegstransporte, sondern auch wegen des starken Weihnachtsverkehrs Verspätung. Als er in Almonte eintraf, ragte sein Ende ca. 60 m über die Einfahrweiche hinaus. Obwohl es regnete und außerdem noch Nebel herrschte, sicherte das Zugpersonal das Zugende nicht, wie es in den Vorschriften festgelegt war. Der folgende Truppensonderzug, der in einem rückgelegenen Bahnhof gehalten hatte, um genügend Abstand zu dem Zug nach Ottawa zu bekommen, fuhr jedoch viel zügiger als dieser, was ebenfalls den Bestimmungen zuwiderlief. Der Ottawa-Zug verließ gerade Almonte, (er hatte Fahrt frei), als der Militärzug sich näherte. Dessen Lokführer dachte, das Fahrt frei-Signal gelte ihm und er löste die Bremsen. Als er den anderen Zug kurz vor sich sah, konnte er seinen jedoch nicht mehr zum Halten bringen und fuhr auf.

Shaw, S. 182

Bedingt durch den Krieg nahm der Zugverkehr auf den nordamerikanischen Eisenbahnen erheblich zu. Dieser Umstand und die Tatsache, daß erfahrenes Personal häufig eingezogen wurde, ließen die Zahl der Unfälle deutlich ansteigen. Vom 1. Juli 1941 bis zum 30. Juni 1942 gab es in den Vereinigten Staaten 3682 Zusammenstöße und 5837 Zugentgleisungen, also insgesamt 9519 Unfälle. In den zwölf Monaten zuvor waren es lediglich 6471 gewesen.

RG 78 499, 532 (1943)

4. Januar 1943

Zwischen Hannover und Wunstorf, Deutschland
(DRG)

25 Tote, 163 Verletzte

Ein Fronturlauberzug fuhr auf einen haltenden Schnellzug auf. Er hatte ein haltzeigendes Blocksignal überfahren.

3. Juni 1943

In der Nähe von Akola, Indien
(Great Indian Peninsula)

50 Tote, 100 Verletzte

Laut offiziellem Bericht kollidierte der Postzug von Bombay nach Kalkutta bei hoher Geschwindigkeit mit einem Güterzug rund 14 km von Akola entfernt. Dabei wurden der Speise- und zwei Reisezugwagen völlig zerstört.

30. August 1943

Wayland, New York State, USA
(Lackawanna)

27 Tote, 114 Verletzte

Der »Lackawanna Limited« von New York über Buffalo nach Chicago stieß mit einem Güterzug frontal zusammen. Dieser hatte ungefähr eine Stunde auf einem Nebengleis gestanden und wurde dann aufgefordert, bis auf ca. 100 m an die Weiche heranzufahren. Unglücklicherweise verstand der Lokführer die Instruktion falsch und fuhr an der Weiche vorbei, so daß die Lok auf das Hauptgleis geriet. Der Expreß fuhr mit einer Geschwindigkeit von knapp 130 km/h und bremste bei der Annäherung an Wayland leicht ab. Als der Lokführer eine Warnmeldung erhielt, nahm er sofort eine Notbremsung vor, konnte jedoch seine Geschwindigkeit nur auf 80 km/h vermindern, bevor es zum Zusammenstoß kam. Beide Loks sowie sechs Wagen wurden schwer beschädigt. Infolge des Wassers, das aus dem Kessel der Güterzuglok herausschoß, erlitten einige Fahrgäste in den Überbleibseln des dritten Wagens Verbrennungen. Das Unglück passierte um 17.30 Uhr, und noch lange nach Einbruch der Dunkelheit suchten Rettungsmannschaften in den Wracks nach Überlebenden.

Jede Bewegung des Güterzuges innerhalb von 10 min. vor oder nach der fahrplanmäßigen Ankunftszeit des Schnellzuges hätte an sich eine schriftliche Zuganweisung erfordert, die auch an das Personal des Schnellzuges hätte gegeben werden müssen, damit dieser rechtzeitig seine Geschwindigkeit hätte vermindern können.

RG 79 270 (1943), 80 161 (1944)

6. September 1943

Frankford Junction, Philadelphia, USA
(Pennsylvania)

79 Tote, 103 Verletzte

Ein heißgelaufenes Achslager des Speisewagens vom »Congressional Limited«, dem schnellsten und berühmtesten Washington-New York-Expreßzug, war die Ursache dafür, daß der Achsschenkel abgesprengt wurde, als der Zug nach dem üblichen Halt in Philadelphia beschleunigte. Der Zug verkehrte zwischen Washington und New York planmäßig mit einer Geschwindigkeit von 100 km/h. Auf der gesamten Strecke waren nur drei Halte vorgesehen, einer davon in Philadelphia. Der Zug bestand aus 16 Wagen, wog mehr als 1100 t und wurde von einer Elektrolok gezogen.

Bedingt durch den Achsschaden rammte der Speisewagen einen Signalmast, der ihn wie ein »riesiger Büchsenöffner« auf seiner gesamten Länge aufschlitzte. Auch der folgende Wagen wurde zertrümmert und sieben weitere entgleisten. Ungefähr 3 km von der Unglücksstelle entfernt hatte das Personal einer Rangierlok die heiße Achse bemerkt und das nächste Stellwerk per Telefon informiert. Jedoch konnte nichts unternommen werden, um den Achsbruch noch zu verhindern.

Der Speisewagen war übrigens einer der beiden Wagen des Zuges ohne Rollenachslager und wegen des starken Wochenendreiseverkehrs eingesetzt worden.

Shaw, S. 319. Reed, S. 128, 138. RG 79 304, 581 (1943); 81 614 (1944)

6. Oktober 1943

In der Nähe von Chalon-sur-Saône, Frankreich
(SNCF)

21 Tote, (90) Verletzte

Ein Schnellzug nach Lyon fuhr auf einen entgleisten Güterzug auf.

RG 79 636 (1943)

14. November 1943

Villupuram Junction, Indien
(South India)

39 Tote, 88 Verletzte

Der »Indo-Ceylon Boat Mail«, der nach Madras unterwegs war, entgleiste.

RG 79 674 (1943)

16. Dezember 1943

Rennert, North Carolina, USA
(Atlantic Coast Line)

74 Tote, 54 Verletzte

An einem bitterkalten Morgen kam der mit 18 Wagen in südlicher Richtung fahrende »Tamiami Champion« mit quietschenden Rädern in Rennert zum Halten. Das Zugbegleitpersonal lief ein Stück zurück, um die Ursache herauszufinden. Es entdeckte eine gerissene Kupplung, löste daraufhin die Bremskupplung zwischen dem zweiten und dem dritten Wagen und begann mit der Reparatur. Der Schaffner wies den Heizer an, den zu erwartenden, in nördliche Richtung fahrenden Zug durch Signale zu warnen. Dieser legte jedoch keine Knallkapseln und die Handlampe, die er bei sich trug, funktionierte nicht, da sie in den Schnee gefallen war.

Der Zug war jedoch deshalb zum Stehen gekommen, weil die drei letzten Wagen aufgrund eine Schienenbruchs entgleist waren. Zwei Wagen blockierten das andere Gleis. Die meisten Fahrgäste in diesen Wagen hatten keine ernsthafte Verletzungen davongetragen und kletterten hinaus. Der hintere Bremser lief zurück, um seiner Pflicht zur Sicherung des Zuges nachzukommen, und gab an das Personal des vorderen Zugteiles, das ungefähr 800 m entfernt war, ein weißes Lichtsignal. Allerdings vergewisserte er sich nicht, ob sein Signal auch tatsächlich verstanden worden war. 40 min. später tauchte der »Tamiami Champion-Express« der Gegenrichtung auf, der mit ca. 140 km/h fuhr. Dessen Personal nahm die Gefahr jedoch erst wahr, als der Expreßzug den vorderen Teil des haltenden Zuges passierte und es einen Reisenden sah, der eine Schlußleuchte der entgleisten Wagen schwenkte. Da war es aber zu spät, um noch anzuhalten, und die Diesellokomotive fuhr in den ersten entgleisten Wagen hinein, der in einem Winkel von 45 Grad über dem Gleis hing. Die Lok und acht Wagen entgleisten.

Shaw, S. 183. RG 79 650 (1943), 80 544 (1944).

Als Konsequenz aus diesen und anderen schweren Zugunfällen, die sich 1942 und 1943 ereigneten, setzte das Repräsentantenhaus eine Sonderkommission zur Untersuchung der Unglücksursachen ein. Eine spätere Statistik ergab, daß die Zahl der Unfälle auf den US-amerikanischen Eisenbahnen von 7106 im Jahre 1940 auf 16061 im Jahre 1943 angestiegen war, obwohl die Anzahl pro einer Million zurückgelegter Schienenkilometer von 543 auf lediglich 887 anstieg.

3. Januar 1944

Torre, Spanien
(RENFE)

91 Tote

Aufgrund eines Bremsschadens stieß ein Personen- und Postzug mit elf Wagen mit einer Lokomotive zusammen, die in einem Tunnel in der Nähe des Bahnhofs Torre (Strecke zwischen Leon und Coruña) rangierte. Die ersten sechs Wagen fingen Feuer und dann kam es noch zu einem zweiten Zusammenstoß, als ein Kohlezug in die Rangierlokomotive fuhr, die durch den ersten Aufprall aus dem Tunnel geschoben worden war. Dessen mittleres Teilstück war noch am Tag darauf durch brennende Wrackteile blockiert.

RG 80 50 (1944)

20. Januar 1944

Porta Westfalica, Deutschland
(DRG)

53 Tote, 62 Verletzte

Im Bahnhof Porta Westfalica (Strecke Hannover - Hamm) fuhr ein Schnellzug auf einen haltenden Zug auf.

RG 80 126 (1944)

2. März 1944

Armi-Tunnel, Italien

426 Tote, 60 Verletzte

Spät in der Nacht fuhr ein schwer beladener Güterzug mit 47 Wagen, der von zwei Dampflokomotiven der Achsfolge 1'D gezogen wurde, in Balvano ab. Sein Ziel war Potenza in Süditalien. Mehr als 600 Menschen kletterten auf den Zug, um billig fahren zu können. Auf dem steilen Abschnitt durch den Armi-Tunnel in der Nähe von Balvano blieben die Lokomotiven stecken, da sie nur über minderwertige Kohle verfügten (die höherwertige Kohle wurde für Kriegstransporte benötigt). Obwohl die Weiterfahrt noch hätte abgebrochen werden können, wurden große Anstrengungen unternommen, um den Zug wieder in Gang zu setzen. Kurze Zeit darauf füllte sich der Tunnel mit Rauch und Kohlenmonoxid, und alle, die sich im Tunnel befanden, kamen um. Die einzigen Überlebenden gab es in dem Wagen, der noch außerhalb des Tunnels stand. Der Bremser lief nach Balvano zurück, um Hilfe zu holen und kam in dem Moment an, als der Fahrdienstleiter gerade auf einer Lokomotive losfahren und nachsehen wollte, was passiert war.

Süditalien war bekannt für seinen Schwarzmarkthandel und viele Überlebende verschwanden irgendwo in dieser ländlichen Gegend. Zahlreiche Todesopfer aber trugen keine Papiere bei sich und konnten so nie identifiziert werden. Eine Kommission, die sich aus Alliierten und italienischen Offizieren zusammensetzte, untersuchte die Unglücksursache. In dem von General Clay, dem Chef der alliierten Militäreinheiten in dieser Region, herausgegebenen offiziellen Bericht hieß es, daß 426 Menschen infolge einer Kohlenmonoxidvergiftung ums Leben gekommen waren und daß dies ein »Akt Gottes« war. An anderen Stellen veröffentlichte Zahlen wichen von diesen Angaben etwas ab. Auch war man der Ansicht, daß die Katastrophe durch ein Zusammentreffen verschiedener Faktoren verursacht worden war, so z.B. durch düsteres Wetter, das Fehlen einer ausreichend starken Windbewegung zur Belüftung des Tunnels und nasse Schienen. Die Kommission befand, daß kein Einzelumstand mehr zu der Katastrophe beigetragen hatte als ein anderer und daß sie weder auf menschliches noch auf technisches Versagen zurückzuführen war.

6. Juli 1944

High Cliff, Tennessee, USA
(Louisville & Nashville)

35 Tote, 98 Verletzte

Die Lokomotive und fünf Wagen eines Truppentransportzuges entgleisten, als der Zug einige S-Kurven mit einer Geschwindigkeit von ca. 70 km/h, 15 km/h schneller als an dieser Stelle erlaubt, durchfuhr. Der letzte der drei Streckenabschnitte wies einen Bogenhalbmesser von nur 150 m auf und war mit einer Schutzschiene versehen. An der Stelle, an der der Zug entgleiste, betrug die Spurerweiterung 1,5 cm. Die Lokomotive kippte um und die Wagen stürzten 15 m tief eine Böschung hinunter in einen Bach.

RG 81 223, 569 (1944)

4. August 1944

Stockton, Georgia, USA
(Atlantic Coast Line)

47 Tote, 36 Verletzte

Obwohl die Strecke ein Jahr zuvor von einem Meßwagen gründlich untersucht worden war, brach eine Schiene, als ein Reisezug mit hoher Geschwindigkeit darüber fuhr. Der Gleisbruch passierte unter dem neunten Wagen, einem Pullman-Schlafwagen, der jedoch – obwohl er entgleiste – nur geringfügig beschädigt wurde. Kein Fahrgast darin erlitt Verletzungen. Doch der nachfolgende Wagen, der von einer anderen Eisenbahngesellschaft ausgeliehen war und in dem sich ein Gruppe schwarzhäutiger Gleisbauarbeiter befand, geriet in das Profil des Nachbargleises und stieß mit der Lokomotive eines Güterzuges zusammen. Er wurde fast über seine gesamte Länge aufgerissen. Alle Todesopfer waren in diesem Wagen zu beklagen.

Shaw, S. 203. RG 82 32 (1945)

14. September 1944

Terre Haute, Indiana, USA
(Chicago & Eastern Illinois)

29 Tote, 42 Verletzte

Ein Frontalzusammenstoß ereignete sich in der Nähe von Terre Haute zwischen einem in nördliche Richtung fahrenden Personen-

Postzug und dem in südliche Richtung fahrenden »Dixie Flyer«. Die beiden Züge hatten die Anweisung erhalten, in Atherton, rund 10 km nördlich ihrer sonst üblichen Kreuzung in Dewey, zu kreuzen, aber der Schnellzug »verpaßte das Kreuzungsgleis«. Die Strecke war mit automatischen Lichtsignalen ausgerüstet, und beide Züge erhielten korrekte Signale bei der Annäherung an den Kreuzungspunkt. Der »Dixie Flyer« jedoch verringerte seine Geschwindigkeit nicht, wie vorgeschrieben, von 90 km/h auf 50 km/h, und fuhr mit ca. 60 km/h auf den anderen, haltenden Zug auf. Die meisten Opfer waren Angehörige der Armee, darunter viele Flieger, die bei den Überseekriegshandlungen verwundet worden waren und auf Urlaub fuhren.

RG 81 232, 294 (1944)

18./19. September 1944

In der Nähe von Castle Rock, Washington State, USA
(Northern Pacific)

An zwei aufeinanderfolgenden Tagen ereigneten sich zwei Zusammenstöße auf einem zweigleisigen Abschnitt einer Strecke, die nicht nur von der Northern Pacific-Eisenbahngesellschaft (der Eigentümerin), sondern auch von der Great Northern, der Union Pacific und der Milwaukee Railways benutzt wurde.

Der erste Zusammenstoß geschah, als ein Güterzug der Great Northern auf einen Zug der Eigentümergesellschaft auffuhr. Der Güterzug hatte ein Nebengleis verlassen, ohne seine Absicht ausreichend zu signalisieren, damit das automatische Warnsystem dem herannahenden Zug ein Haltesignal geben konnte. Durch diesen Unfall wurde die in östliche Richtung führende Strecke blockiert. Am darauffolgenden Tag kollidierten zwei Sonderreisezüge der Great Northern, als sie auf die blockierte Strecke auffahren wollten. Das automatische Signalsystem hatte diese Zugbewegung nicht freigegeben.

Der zweite Zug mit 13 Wagen diente dem Gouverneur Dewey für ein »kurzes persönliches Auftreten« im Rahmen des Präsidentenwahlkampfes. Ein vom Personal des ersten Zuges gegebenes Lichtsignal brannte jedoch offensichtlich nicht lange genug, und so fuhr der Zug mit einer Geschwindigkeit von 40 km/h auf.

Am 20. September schließlich fand ein dritter Zusammenstoß statt, und zwar auf der Hoquiam-Zweigstrecke der Northern Pacific. Dabei fuhren zwei Güterzüge mit knapp 100 km/h frontal aufeinander, was auf einen groben Fehler des Dispatchers zurückzuführen war. Bei diesen drei Zusammenstößen kamen vier Menschen ums Leben und 69 wurden verletzt.

RG 82 268 (1945)

2. November 1944

Craiova, Rumänien
60 Tote, 100 Verletzte

Ein Militärzug und ein Güterzug stießen zusammen.

31. Dezember 1944

Bagley, Utah, USA
(Southern Pacific)
50 Tote

Ein heißgelaufenes Achslager eines Güterzuges war der Grund dafür, daß der erste Teil des »Pacific Limited« entlang dem Great Salt Lake sein Tempo auf Schnittgeschwindigkeit verringern mußte. Obwohl die zweigleisige Strecke durch automatische Signale gesichert war, legte der Bremser des Schnellzuges zwei Knallkapseln aus. Dessen ungeachtet raste der zweite Zugteil mit 20 Wagen und mit einer Geschwindigkeit von 100 km/h durch den Nebel heran und bremste erst 12 s vor dem Aufprall ab. Der 64jährige Lokführer des zweiten Zuges trug eindeutig die Schuld und es wurde später festgestellt, daß er, nachdem er den Bremsvorgang eingeleitet hatte, an den Folgen eines Schocks oder durch Herzversagen gestorben war. Vielleicht aber war ihm auch schon eher übel geworden, denn als der Heizer ihm zurief, daß auch das zweite Signal auf Halt steht, hatte der Lokführer nur träge reagiert.

Da sich das Unglück auf einer mehrere Kilometer langen Böschung ereignete, die durch sumpfiges Gelände neben dem Great Salt Lake verlief, war es für die Rettungsmannschaften schwierig, an den Unfallort heranzukommen. Sämtliche Hilfe mußte von der Schiene aus geleistet werden, doch zum Glück konnten die Verletzten in den beiden Militärhospitalwagen, die zu dem nicht beschädigten Teil des ersten Zuges gehörten, versorgt werden.

Shaw, S. 249

1945–1949

10. Januar 1945

Belfast, Nordirland
(Belfast & County Down)

21 Tote, mehr als 40 Verletzte

An einem dunklen, nebligen Morgen mußte der 7.10-Uhr-Arbeiterzug aus Bangor am Einfahrsignal von Ballymaccaret am Rande von Belfast halten. Auf ihn fuhr der 7.40-Uhr-Triebwagen aus Holywood auf.

Obwohl dessen Geschwindigkeit angeblich nur 12 bis 16 km/h betragen hatte, wurde der letzte Wagen des Arbeiterzuges stark beschädigt. Einige Trümmerteile dienten schließlich dazu, entlang der Strecke ein Feuer anzuzünden, um auf diese Weise die Rettungsarbeiten zu erleichtern. Der Triebwagenführer wurde später von der Anklage der fahrlässigen Tötung freigesprochen, da der Untersuchungsrichter feststellte, daß das Unglück durch »Ausfall eines Signals und durch Nebel, der die Sicht des Lokführers stark beeinträchtigte«, verursacht worden war.

Der offizielle Bericht jedoch schlußfolgerte, daß der aus Holywood kommende Zug, der nach der Vorschrift »Halten und Weiterfahren« seine Fahrt fortgesetzt hatte, viel zu schnell gefahren war.

Es wurde sogar in Betracht gezogen, daß in dem ersten, überfüllten Wagen die Fahrgäste höchstwahrscheinlich neben oder hinter dem Triebwagenführer standen. In einem späteren Zivilprozeß entschied ein Richter, daß die Eisenbahngesellschaft wegen Fahrlässigkeit bei der Anwendung der Vorschrift »Halten und Weiterfahren« für schuldig befunden wird, da »auch andere Verfahrensweisen praktikabel waren und zur Anwendung hätten kommen können«.

RG 82 54, 144, 407, 607 (1945), 83 30, 48 (1945), 85 93, 115, 135 (1946)

11. Januar 1945

Rozières-sur-Mouzon, Frankreich
(SNCF)

21 Tote, 9 Verletzte

Auf der Fernbahn zwischen Nancy und Dijon kam es zu einem Zusammenstoß.

17. Januar 1945

St Valéry-en-Caux, Frankreich
(SNCF)

84 Tote, 226 Verletzte

In St. Valéry-en-Caux, dem Endpunkt einer Nebenbahn an der Kanalküste westlich von

Dieppe, überfuhr ein Zug einen Prellbock. Viele ortsansässige Bewohner halfen, die Opfer aus den Trümmern zu bergen.

1. Februar 1945

Cazadero, Mexiko

127 Tote

Das Unglück ereignete sich in Cazadero in der Provinz Queretaro zwischen zwei Zügen, die Besucher zu einem Festival in San Juan de Las Lagos bringen sollten. Der erste hielt gerade im Bahnhof, als der andere auf ihn auffuhr. Alle neun Wagen entgleisten, drei von ihnen fingen Feuer.

RG 82 147 (1945)

22. März 1945

Jungshahi, Indien (North West Railway)

24 Tote, 43 Verletzte

Ein Güterzug fuhr auf einen von Karatschi nach Rohri fahrenden Personenzug auf.

RG 82 417 (1945)

13. Juni 1945

In der Nähe von Orvieto, Italien

(70) Tote

Ein Personenzug, in dem sich britische und italienische Soldaten auf dem Weg in den Urlaub sowie heimkehrende Deportierte aus Deutschland befanden, stieß mit hoher Geschwindigkeit mit einem Zug zusammen, der Treibstoff geladen hatte. Aufgrund der Verwüstungen, die das ausbrechende Feuer angerichtet hatte, war es nicht möglich, die genaue Anzahl der Todesopfer festzustellen.

27. Juli 1945

St. Fons, Frankreich (SNCF)

(150) Tote

Beim Zusammenstoß eines Munitionszuges mit einem Personenzug in einem Vorort von Lyon explodierte ersterer. Durch das Feuer kam es immer wieder zu Explosionen, die verhinderten, daß Rettungsmannschaften bis zu den Wrackteilen vordrangen. Umherfliegende Trümmer beschädigten nicht nur Häuser in der Umgebung, sondern setzten auch das örtliche Gaswerk in Flammen.

9. August 1945

Michigan, North Dakota, USA (Great Northern)

34 Tote, ungefähr 50 Verletzte

Der erste Teil des »Empire Builder« mußte wegen eines heißgelaufenen Achslagers halten. Sein Personal sicherte allerdings nicht, wie vorgeschrieben, den Zug nach hinten. So fuhr der zweite Zugteil auf und bohrte sich in den kombinierten Aussichts- und Schlafwagen.

13. August 1945

Goch, Deutschland

21 Tote

In den frühen Morgenstunden stießen zwei Züge auf dem eingleisigen Streckenabschnitt bei Goch, nahe Kleve, frontal zusammen. Die Strecke war erst eine Woche zuvor wieder eröffnet worden. Auf ihr arbeiteten deutsche Stellwerkswärter, die Lokführer beider Züge waren Niederländer. Die Wagen des einen Zuges hatten allesamt stählerne Wagenkästen, während der andere auch einen hölzernen Wagen führte, der stark beschädigt wurde.

4. September 1945

Kédange, Frankreich (SNCF)

39 Tote, 34 Verletzte

Ein französischer Militärzug bestand aus acht Reisezugwagen , die durch vier leere Wagen von 19 Kesselwagen getrennt waren. Durch den Fehler eines Stellwerkwärters wurde der Zug in der Nähe von Thionville auf ein Nebengleis geleitet, wo er mit einem haltenden Güterzug zusammenstieß. Es brach Feuer aus, das trotz der leeren Wagen auf die Reisezugwagen übergriff.

9. September 1945

Zwischen Tres Cruces und Iturbe, Provinz Jujuy, Argentinien

40 Tote, (60) Verletzte

Der Pan-American-Express aus La Paz (Bolivien) entgleiste in einer Höhe von 3600 m über dem Meeresspiegel. Bei der Ankunft im argentinischen La Quiaca hatte er bereits Verspätung, und der Lokführer versuchte, die Zeit wieder aufzuholen. Er fuhr mit einer Geschwindigkeit um die 60 km/h, was jedoch in Anbetracht der engen Kurven im beeindruckenden Humahuaca-Valley zu schnell war.

RG 83 302 , 366 (1945)

21. September 1945

Vernaison, Frankreich (SNCF)

30 Tote, 105 Verletzte

Zwei Züge stießen zusammen.

30. September 1945

Bourne End, England (London, Midland & Scottish)

43 Tote, 124 Verletzte

Es war ein schöner, sonniger Morgen, als der Schlafwagen-Schnellzug von Perth nach Euston in der Weichenverbindung vom Fernverkehrs- zum Nahverkehrsgleis, in der nur 30 km/h erlaubt waren, seine Geschwindigkeit nicht mehr verringern konnte und entgleiste. Obwohl der Zug den Gleiswechsel selbst bei ungefähr 60 km/h wahrscheinlich sicher hätte meistern können, hatte er beim Passieren der Weiche noch eine Geschwindigkeit von mehr als 80 km/h. Die »Royal-Scot«-Lokomotive kam am Fuße einer fast 3 m hohen Böschung zum Stehen, und die ersten sieben Wagen des Zuges türmten sich vor ihr auf. Nur die letzten drei der insgesamt 15 Wagen blieben auf den Schienen. Der Gleiswechsel war aufgrund von Bauarbeiten, die am Fernverkehrsgleis ausgeführt werden sollten, notwendig geworden. Darauf war das diensttuende Lokpersonal im Eisenbahnanzeiger »Fortnightly Notice« hingewiesen worden.

Die LMS hatte bereits eine Zeitlang Licht-Vorsignale verwendet, und das Signal, das jenes Ausweichgleis sicherte, war ein gelbes Doppelsignal, das aufleuchtete, bevor der Zug auf das Nahverkehrsgleis wechselte. So wurde der Lokführer schon in einer Entfernung von reichlich 2 km auf den Gleiswechsel hingewiesen.

In seinem Bericht über ein ähnliches Zugunglück mutmaßte Oberstleutnant Mount, der die Untersuchung leitende Offizier, daß es im Zusammenhang mit diesem speziellen Doppelsignal eine Verwechslung mit dem Signal gegeben hätte, das dort Verwendung findet, wo ausschließlich Lichtsignale aufgestellt sind. Dort nämlich bedeutete dieses Doppelsignal eine zusätzliche Warnung, auf das noch ein weiteres gelbes Einfachsignal folgte. Aus diesem Grunde empfahl er, gelbe Doppelsignale ausschließlich zusammen mit Lichtsignalen zu verwenden, und seitdem wird auch so verfahren.

Hamilton, S. 92/93, 126. Rolt, S. 286

15. November 1945

Fuensanta, Provinz Almeira, Spanien

20 Tote

Ein Postzug stieß mit einem Zug zusammen, der Obst geladen hatte.

1. Januar 1946

Lichfield, England (London, Midland & Scottish)

20 Tote, 22 Verletzte

Dieses Unglück passierte im Bahnhof Lichfield (Trent Valley) an der Hauptstrecke der Westküste. Es herrschte strenger Frost, als ein Nahverkehrszug mit vier Wagen, der von Stafford nach Nuneaton unterwegs war, auf ein Nebengleis im Bahnhof geleitet wurde und dort anhielt. In Lichfield sollte ihn ein Kühlzug von Fleetwood nach Broad Street in London überholen und es war üblich, daß solche Züge auch gegenüber Nahverkehrszügen Vorrang hatten. Als der Weichenwärter versuchte, die Weiche am nördlichen Ende des Nebengleises umzulegen, um den Fahrweg für den Kühlzug einzustellen, verhinderte gefrorener Schotter, daß die Verriegelung der Gegenweiche vollständig aufgehoben wurde. Deren Weichenhebel wurde in die Grundstellung gelegt. Da die Weiche noch verriegelt war, konnte sie sich nicht bewegen. Statt dessen bewegte sich ein 3 m langes Gestänge im Stellwerk, worauf der Wärter der Meinung war, daß er die Weiche gestellt hätte. Damit konnten nun beide Vorsignale für den Kühlzug auf Fahrt frei gestellt werden.

Die Überwachungseinrichtung ließ jedoch kein Fahrt frei-Signal zu und zeigte ein Haltesignal. Der Lokführer des Kühlzuges aber nahm es überhaupt nicht wahr, da er zur gleichen Zeit sah, daß alle anderen Signale ihm Fahrt frei erteilten. Daraufhin fuhr der Kühlzug in das Nebengleis ein und mit einer Geschwindigkeit von knapp 60 km/h auf den haltenden Nahverkehrszug auf, der durch den Aufprall 90 m weggeschoben wurde. Alle vier Wagen dieses Zuges wurden zerstört, aber der Kühlzug konnte noch in der gleichen Nacht seine Fahrt nach London fortsetzen.

Hamilton, S. 92/93, 133. Vaughan, S. 89

4. März 1946

Bhagauli, Indien

60 Tote, 84 Verletzte

Ein Frontalzusammenstoß ereignete sich zwischen dem »Dehra Dun-Express« und einem Güterzug rund 77 km von Lucknow entfernt. Unter den Todesopfern befanden sich auch beide Lokführer. Zwei Reisezugwagen der 1. Klasse wurden stark beschädigt, doch die meisten Toten gab es in einem 3. Klasse-Wagen, der völlig zerstört wurde.

RG 84 377 (1946)

20. März 1946

In der Nähe von Aracuja, Brasilien

185 Tote

Dieser folgenschwere Unfall war auf eine Entgleisung zurückzuführen.

25. April 1946

Naperville, Illinois, USA
(Burlington)

45 Tote, 36 Verletzte

Am frühen Nachmittag bemerkte der Schaffner des in westlicher Richtung fahrenden »Advance Flyer«, wie ein Gegenstand unter dem Zug hervorgeschleudert wurde. Er signalisierte dies dem Lokführer und am nächsten Bahnhof, in Naperville, hielt der Zug an. Obwohl er auf einem Streckenabschnitt stand, der mit automatischen Lichtsignalen ausgerüstet war, lief der Beimann zurück, um den Zug nach hinten zu sichern. Er war noch keine 270 m gelaufen, als er den folgenden Zug bemerkte. Es war der »Exposition Flyer«, der sich mit hoher Geschwindigkeit näherte. Obwohl dieser Zug sein Tempo von ungefähr 130 km/h noch verringern konnte, prallte er mit ca. 70 km/h auf den haltenden Zug auf. Die Diesellokomotive bohrte sich in den letzten Wagen, aber zum Glück wurde der vorletzte nicht allzu stark in Mitleidenschaft gezogen. Der drittletzte Wagen jedoch, ein Speisewagen in Leichtbauausführung, wurde U-förmig zusammengedrückt.

Die Signale arbeiteten einwandfrei und spätere Tests ergaben, daß der auffahrende Zug noch sicher hätte halten können, wenn der 68jährige Lokführer rechtzeitig gebremst hätte. An der Lokomotive wurden nämlich keinerlei Hinweise auf eine Notbremsung gefunden.

Der Lokführer wurde daraufhin wegen fahrlässiger Tötung angeklagt, jedoch vom großen Geschworenengericht mangels Beweisen freigesprochen.

Shaw, S. 250. RG 84 630 (1946), 85 320 (1946)

28. Juli 1946

Bhatni Junction, Indien
(Oudh Tirhut State)

223 Tote

Ein Zug in Richtung Allahabad fuhr auf einen Zug auf, der nach Katihar unterwegs war. Der Schutzwagen und zwei Reisezugwagen wurden zerstört.

RG 85 320 (1946)

23. September 1946

Zwischen Dighwara und Barra Gopal, Indien
(Oudh Tirhut State)

27 Tote, 70 Verletzte

Der »Lucknow-Express« entgleiste ca. 300 km von Gorakhpur entfernt. Der Lokführer kam mit dem Leben davon.

RG 85 689 (1946)

4. Oktober 1946

Ongole, Indien

36 Tote, 81 Verletzte

Der Postzug von Madras nach Kalkutta stieß in Ongole, ca. 120 km von Bezwada entfernt, mit einem Güterzug zusammen

RG 85 689 (1946)

12. November 1946

Revigny, Frankreich
(SNCF)

31 Tote

Bei dichtem Nebel überfuhr ein Güterzug zwei haltzeigende Lichtsignale und kollidierte bei einer Geschwindigkeit von ungefähr 60 km/h mit einem Nahverkehrszug, der im

Bahnhof Revigny in der Nähe von Bar-le-Duc hielt. Die drei letzten Wagen wurden ineinandergeschoben. Alle Opfer (ungefähr die Hälfte davon Schulkinder) waren Ortsansässige, von denen einige auf dem Bahnsteig standen.

RG 85 595 (1946)

12. Dezember 1946

Savigny-sur-Orge, Frankreich
(SNCF)
31 Tote, 50 Verletzte

Die Opfer waren nach einem Zusammenstoß zu beklagen.

18. Februar 1947

Gallitzin, Pennsylvania, USA
(Pennsylvania)
24 Tote

Beide Pacific-Lokomotiven, die den »Red Arrow-Express« zogen, entgleisten in einem engen Bogen und rissen sieben der 14 Reisezugwagen eine 27 m hohe Böschung hinab. Der Lokführer der ersten Lok, der als einziger des Personals auf seinem Führerstand überlebte, sagte aus, daß der Zug trotz der einstündigen Verspätung die Geschwindigkeitsbeschränkung von 50 km/h nicht überschritten habe. Er gab an, daß sich der Regler in dem Moment, als er aus dem Fenster des Führerstands sah, geöffnet und die halboffene Position eingenommen habe. Eigentlich hätte er dies aufgrund des veränderten Dampfes sofort bemerken müssen und es hätte in jedem Fall eine Weile gedauert, bis der Zug wieder beschleunigt hätte.

Obwohl keine der beiden Lokomotiven mit einem Geschwindigkeitsmesser ausgerüstet war, ergaben Untersuchungen der Interstate Commerce Commission, daß die Geschwindigkeit in diesem Bogen ca. 100 km/h betragen haben muß.

Da sich die Eisenbahngesellschaft sehr wohl der Gefährlichkeit dieses Bogens bewußt war, hatte sie ein Gerät zur Aufzeichnung der Geschwindigkeit installiert. Dieses Gerät wurde von zwei Sensoren gesteuert, doch bei dem Unfall hatte der Zug den zweiten Sensor gar nicht erreicht. Ebenso wie bei einer ähnlichen Anlag in Durham lieferte diese Vorrichtung keine Informationen darüber, ob die Geschwindigkeit so hoch war, daß der Zug entgleiste (es konnten höchstens geringfügige Verstöße gegen die Geschwindigkeitsbeschränkung festgestellt werden).

Shaw, S. 301. RG 86 301, 673 (1947)

25. Februar 1947

Japan
(Japanese National)
184 Tote, 800 Verletzte

Ein weiteres Nachkriegsdesaster ereignete sich bei der Japanischen Eisenbahn, als ein Reisezug ungefähr 65 km westlich von Tokio entgleiste und eine flache Böschung hinunterstürzte.

RG 86 226 (1947)

17. Mai 1947

Zwischen Kamalasagar und Nayanpur, Indien
(Bengal Assam)
36 Tote, 58 Verletzte

Die Lokomotive und neun Wagen des »Surma-Express« entgleisten auf dem schmalspurigen Streckenabschnitt von Laksham über Comilla nach Akhura und rollten eine Böschung hinunter.

RG 86 612 (1947), 90 400 (1949)

15. Juni 1947

La Cruz, Provinz Corrientes, Argentinien
(Argentine North Eastern)
20 Tote

Ein internationaler Zug dieser in britischem Besitz befindlichen Eisenbahngesellschaft war von Buenos Aires nach Ascunsion in Paraguay unterwegs, als er mit einer Kuh zusammenstieß, entgleiste und umkippte. Das war eines der wenigen Zugunglücke, anhand dessen die berühmte Aussage von George Stephenson in der parlamentarischen Kommission, daß solch ein Zusammenstoß »ja für die Kuh noch sehr viel schlimmer sei«, widerlegt wurden. Ein ähnlicher Unfall ereignete sich im Juli 1984 im schottischen Polmont, bei dem infolge einer Entgleisung 13 Menschen ums Leben kamen.

23. Juli 1947

China
27 Tote, 12 Schwerverletzte

Ein Personenzug von Shanghai nach Tientsen fuhr 107 km östlich von seinem Zielort auf eine Mine und entgleiste.

23. August 1947

Velten, Deutschland
(DRG)
24 Tote, 35 Verletzte

Aus einem in der Gepäckablage verstauten Blechkanister lief Benzin aus und entzündete sich durch die Zigarette eines Fahrgastes. Die Flammen griffen auf ein Paket über, das Filme, wahrscheinlich waren es Nitratfilme, enthielt. Ein Schaffner stoppte den Zug, doch die Fahrgäste gerieten in Panik und stürzten zu dem einzigen Ausgang am Ende des Wagens.

1. September 1947

Dugald, Manitoba, Kanada
(Canadian National)
31 Tote, 85 Verletzte

Für einen in westliche Richtung fahrenden Sonderzug (Nr. 6001) war die Zuganweisung geändert worden, und so wurde die ursprünglich vorgesehene Kreuzung mit dem in die entgegengesetzte Richtung fahrenden Zug (Nr. 4) um rund 25 km von Dugald in Richtung Vivian verlegt. Der Zug Nr. 4 galt als »höherrangig«: Er fuhr in östliche Richtung und war in der Zuganweisung zuerst genannt worden. Deshalb sollte der westwärts fahrende Zug auf das Nebengleis in Dugald fahren und zu diesem Zweck hätte das Zugpersonal aussteigen und die Weichen stellen müssen. Statt dessen aber fuhr der Zug auf dem Hauptgleis weiter und stieß bei einer Geschwindigkeit von fast 50 km/h mit dem anderen Zug zusammen, der im Bahnhof hielt.

Die Canadian National setzte noch im Jahr 1947 hölzerne Wagen ein, und ein Drittel der Reisezugwagen hatte noch Gasbeleuchtung! Auf neun Wagen traf das zu, und so war es kein Wunder, daß das Feuer den gesamten Zug erfaßte.

Shaw, S. 139, RG 87 581 (1947)

24. Oktober 1947

South Croydon, England
(Southern)
32 Tote, 183 Verletzte oder unter Schock stehende Fahrgäste

Bei dichtem Nebel kollidierten zwei Elektrozüge während der morgendlichen Hauptverkehrszeit in der Nähe von South Croydon Junction auf der Strecke Richtung Brighton. Ein Zug von Tattenham Corner nach London Bridge erhielt fälschlicherweise Einfahrt und fuhr mit einer Geschwindigkeit von ungefähr 65 km/h auf einen Zug aus Haywards Heath auf, der nach einem Halt ein Tempo von 25 bis 30 km/h erreicht hatte.

Obwohl es im Jahre 1940 Pläne gegeben hatte, diese verkehrsreiche Strecke mit Lichtsignalen auszurüsten, verzögerten sich die Arbeiten kriegsbedingt, und der Zugverkehr wurde noch immer mit Formsignalen und dem Sykeschen Lock-and-Block-System geregelt. Bei diesem System kamen Riegelbolzen zum Einsatz, die den Block mit den Signalhebeln koppelten. Das Signal in einem Stellwerk wurde erst freigegeben, wenn der Wärter in dem anderen Stellwerk den Zug durch Betätigen eine Druckstange angenommen hatte. Wenn die Stange einmal gedrückt war, konnte sie so lange nicht wieder in die Ausgangsstellung gebracht werden, bis der Zug einen Kontakt vor dem Signal überfahren hatte.

Es war allerdings möglich, eine derartige Kopplung von Hand vorzeitig aufzulösen, z. B. im Fall ungewöhnlicher Vorkommnisse oder aber wenn eine Komponente nicht funktionierte. Das Sykesche Lock-and-Block-System sah in jedem Stellwerk einen Freigabeschalter vor, dessen Bedienung jedoch außerordentlich strengen Vorschriften unterlag.

An jenem Tag vergaß der Stellwerkswärter in Purley Oaks den aus Haywards Heath kommenden Zug. Zudem konnte er ihn wegen des dichten Nebels auch nicht sehen, als dieser für 6 bis 7 min. im Bahnhof hielt. Als er dann vom Wärter im anderen Stellwerk eine Anfrage bezüglich der Verspätung erhielt, nahm er an, daß seine Geräte nicht richtig arbeiteten und betätigte regelwidrig den Freigabeschalter. So konnte er dem Zug aus Tattenham Corner Einfahrt gewähren.

Hamilton, S. 92/93, 139. Nock, S. 160/161, 184. Rolt, S. 278. Schneider, S. 155.

26. Oktober 1947

Goswick, England
(London & North Eastern)

28 Tote, 94 Verletzte

An einem frühen Sonntagnachmittag entgleiste der 11.15- Uhr-Schnellzug von Edinburgh nach King's Cross. Er hatte seine Geschwindigkeit bei dem Wechsel von dem nach London führenden Hauptgleis auf ein ebenfalls nach London führendes Gleis in Goswick, Northumberland, etwas südlich von Berwick, nicht ausreichend verringert.

Das war in vielerlei Hinsicht eine Wiederholung des Unfalls von Bourne End (30. September 1945).Obwohl die Umleitung nicht in den »Fortnightly Notices« angekündigt war, waren Hinweise dazu an den entsprechenden Stellen ausgehängt, aber das Zugpersonal hatte sie nicht bemerkt. Der Lokführer des Schnellzuges übersah das Vorsignal nach Goswick, das ordnungsgemäß »Halt erwarten« zeigte. Zu jener Zeit besaß die Pacific Nr. 66 »Merry Hampton« die Steuerung noch auf der rechten Seite. Der Lokführer hatte das Signal also übersehen und wechselte auch nicht auf die andere Seite. Als er das Einfahrsignal wahrnahm, stand es wahrscheinlich auf »Fahrt frei«, aber der Wärter stellte es noch um, als er erkannte, daß der Zug kurz vor dem Übergang auf das andere Gleis nicht abbremste. Das Signal für das in Richtung London führende Hauptgleis war mit einer Hilfssperre am Weichenhebel für die Dauer der Bauarbeiten in Halt festgelegt worden. Dadurch wurde gleichzeitig das Vorsignal in der Stellung »Halt erwarten« verriegelt.

Der Bericht erließ später die Empfehlung, bei allen außerplanmäßigen Umleitungen von Zügen über Gleise, die nur mit geringer Geschwindigkeit befahren werden dürfen, das Signal so lange in Haltstellung zu belassen, bis der Wärter sicher war, daß der Zug unter Kontrolle war.

Bei den heutigen Lichtsignalen sind praktisch alle langsamen Umleitungsstrecken durch ein System gesichert, das als »Überwachung bei Annäherung« bekannt ist. Dabei sorgen Gleiskontakte dafür, daß das Haltsignal vor der Fahrt auf die langsame Strecke erst dann auf Fahrt frei umschaltet, wenn der Zug schon sehr dicht herangekommen ist. Das bedeutet, daß der Lokführer einfach gezwungen ist, seine Geschwindigkeit so zu verringern, daß er erforderlichenfalls noch rechtzeitig anhalten kann.

Hamilton, S. 145

3. Dezember 1947

In der Nähe von Arras, Frankreich
(SNCF)

21 Tote

Nach landesweiten Arbeitskämpfen wurde am 25. November zum Generalstreik der französischen Eisenbahner aufgerufen. Sodann gab es mehrere Sabotageakte, die in der Lockerung der Schienen auf über 30 m auf der Hauptstrecke zwischen Paris und Lille kulminierten, woraufhin der Nachtpostzug von Paris nach Turcoing entgleiste. Dabei hatten die Saboteure dafür gesorgt, daß die Gleisschaltmittel nicht beeinträchtigt wurden und funktionstüchtig blieben. Die Signale zeigten also »Fahrt frei«, und der Lokführer konnte nicht gewarnt werden. Am gleichen Tag gab es eine Reihe weiterer Zwischenfälle, z. B. in Etampes, Epones, Le Mans, Livren, Mélun und Sorgues, aber bei keinem waren die Auswirkungen so verheerend.

22. Dezember 1947

In der Nähe von Neuwied, Deutschland
(DRG)

42 Tote, 116 Verletzte

Zwei Züge aus München und Freiburg, die unterwegs nach Dortmund waren, stießen zusammen.

Ritzau, S. 250

17. Februar 1948

Thumeries, Frankreich

22 Tote, 30 Verletzte

Ein Güterzug stieß frontal mit einem Nahverkehrszug zusammen, als er den kleinen Bahnhof einer unabhängigen lokalen Eisenbahn zwischen Douai und Lille verließ.

RG 88 262, 298 (1948)

22. Februar 1948

Wädenswil, Schweiz
(Südostbahn)

21 Tote, 70 Verletzte

Die Hauptstrecke dieser privaten Eisenbahngesellschaft, die von Rapperswil nach Arth-Goldau verläuft, weist starke Neigungen auf, stellenweise von 50 Promille. An einem Sonntagabend befand sich ein durchgehender Zug, gezogen von einer Krokodil-Lokomotive der Baureihe Ce 6/8, mit Skifahrern auf dem Rückweg von Sattel nach Zürich. In dem Gefälle wurde der Zug immer schneller. Bis Wädenswil erhöhte sich die Geschwindigkeit auf 60 km/h, zulässig waren aber nur 15 km/h. Hier wurde der außer Kontrolle geratene Zug in ein Stumpfgleis geleitet. Er überfuhr den Prellbock und raste in ein Bürogebäude, dessen Trümmer den Zug unter sich begruben.

Das Unglück kam zustande, weil der Lokführer die elektrische Motorbremse nicht eingeschaltet hatte, so daß der Zug beschleunigte anstatt zu bremsen.

Schneider, S. 182

21. März 1948

Spoleto, Italien
(FS)

4 Tote, 60 Verletzte

Zwei Wagen eines Personenzuges, der eine starke Steigung nordöstlich von Rom befuhr, wurden ineinandergeschoben, nachdem ein Fahrgast die Notbremse gezogen hatte. In dem Bericht hieß es, daß es zu dem Unglück kam, weil die Schiebelok nicht anhielt. Diese Lok war mit dem Zug nicht gekuppelt, und demzufolge blieb sie von der Notbremsung ausgeschlossen. Das Lokpersonal der Schiebelok konnte nicht rechtzeitig bremsen und schob die Wagen ineinander.

Da solch ein plötzlicher Aufprall schwerwiegende Folgen haben konnte, waren die Schiebelokomotiven, die z.B. zwischen Glasgow Queen Street und Cowlairs eingesetzt wurden, mit »Schlupfkupplungen« (in Deutschland Kellersche Kupplung) ausgerüstet. Sie bewirkten, daß die Schiebeloks mit den Wagen so lange verbunden blieben, bis der Gipfelpunkt des Anstiegs erreicht war. Dann konnten sie sich selbständig lösen, ohne daß der Zug anhalten mußte.

RG 88 418 (1948)

17. April 1948

Winsford, England
(British Railways)

24 Tote, 18 Schwerverletzte

Der Abendschnellzug von Glasgow nach Euston kam nördlich des Bahnhofs Winsford zum Halten. Ein Soldat, der in den Urlaub fuhr, hatte die Notbremse gezogen, um schneller zu Hause zu sein. Der Stellwerkswärter in Winsford glaubte jedoch gesehen zu haben, daß der Zug vorbeigefahren sei und gab deshalb den Blockabschnitt fälschlicherweise frei. Er gewährte dem nachfolgenden, von einer Pacific-Lok gezogenen Postzug aus Glasgow Einfahrt, der natürlich auf den Personenzug, der bereits 17 min. lang gehalten hatte, auffuhr. Dessen Schaffner hatte das Zugende nicht schnell genug gesichert und war gerade 360 m zurückgelaufen, als er den herannahenden Postzug sah. Mit seiner roten Handlampe gab er noch ein Warnsignal, woraufhin der Lokführer des Postzuges das Tempo etwas verringerte. Durch den Aufprall wurde der letzte Wagen des Personenzuges völlig und der vorletzte zur Hälfte zerstört .

Viele Menschen waren der Meinung, daß der Soldat in unverantwortlicher Weise die Notbremse gezogen und dadurch den Unfall verursacht hatte. In seinem Bericht stellte der Untersuchungsbeamte, Oberstleutnant Wilson, die Sachlage jedoch klar. Er schrieb:

»Die Kette der Ereignisse, die diesen Zusammenstoß herbeiführten, begann, als der Personenzug angehalten wurde. Solch ein unerwartetes Anhalten kann durch verschiedene Faktoren ausgelöst werden. In diesem Fall war es auf das verantwortungslose Handeln eines Soldaten, der ohne ausreichenden Grund die Notbremse zog, zurückzuführen. Als der Zug jedoch hielt, hätte er durch das Zugfolgesystem gesichert werden müssen. Die regelwidrige Freigabe zur Einfahrt des Postzuges in den bereits besetzten Blockabschnitt resultierte aus einer groben Verletzung der Vorschriften durch Wärter. Aus diesem Grund trägt er die Verantwortung für den Zusammenstoß.«

Hamilton, S. 92/93, 150. Schneider, S. 2026

15. Mai 1948

Dhanbad, Indien
(East India)

31 Tote, 101 Verletzte, 19 Schwerverletzte

Der »Dehra Dun Express« aus Howra entgleiste auf einem 12 m hohen Damm in der Nähe von Dhanbad, ca. 260 km von Kalkutta entfernt, auf der Grand Chord-Strecke der Ostindischen Eisenbahngesellschaft. Als Unglücksursache wurde Sabotage vermutet.

RG 88 681 (1948)

14. September 1948

In der Nähe von Taejon, Südkorea

40 Tote, fast 60 Verletzte

Ein Personenzug fuhr ca. 24 km nördlich von Taejon auf einen anderen Zug auf. Die meisten Todesopfer waren US-Soldaten.

28. Oktober 1948

In der Nähe von Ankara, Türkei

100 Tote, 150 Verletzte

Ein Sonderzug in Richtung Ankara entgleiste kurz vor seinem Ziel. In ihm befanden sich Mitglieder der Volkspartei, die an den Feierlichkeiten zum 25. Jahrestag der Gründung der Türkischen Republik durch Kemal Atatürk teilnehmen wollten.

RG 89 534 (1948)

23. November 1948

Jullundur Cantonment, Indien
(Eastern Punjab)

21 Tote, 106 Verletzte

Als ein Sonderzug mit Flüchtlingen in den Bahnhof zurückgeschoben wurde, fielen der Reisekoffer und das ganze Bettzeug eines Reisenden, der zusammen mit anderen auf dem Dach des sechsten Wagens fuhr, auf das Gleis. Der Wagen entgleiste, und auch der nachfolgende wurde beschädigt.

RG 90 400 (1949)

24. November 1948

Sambhu, Indien
(Eastern Punjab)

171 Tote, 300 Verletzte

Ein Zug aus Ambala Cantonment, in dem sich moslemische Flüchtlinge nach Pakistan befanden, fuhr im Kopfbahnhof von Sambhu auf einen Prellbock.

RG 88 262 (1948), 90 400 (1949)

13. Februar 1949

In der Nähe von Mons La Nueva, Katalonien, Spanien
(RENFE)

28 Tote, 24 Verletzte

Ein Schnellzug von Barcelona nach Madrid entgleiste, wobei drei seiner Wagen eine 39 m hohe Böschung hinunterrollten und in einem ausgetrockneten Flußbett liegenblieben.

18. Februar 1949

Pont d'Atelier, Frankreich
(SNCF)

43 Tote

Der Schnellzug von Nancy nach Dijon kollidierte mit einer Leichtbaulokomotive. Die ersten beiden hölzernen Wagen wurden zwischen dem stählernen Gepäckwagen und dem nachfolgenden Postwagen regelrecht zerdrückt. Obwohl der Lokführer des Schnellzuges eine Kopfverletzung erlitten hatte und durch den ausströmenden Dampf fast nichts mehr sehen konnte, legte er entlang der Strecke Knallkapseln aus, um den Schrankenwärter zu warnen. Dann brach er zusammen und verstarb kurz darauf.

28. April 1949

In der Nähe von Johannesburg, Südafrika
(SAR)

70 Tote, 166 Verletzte

Drei Elektrozüge stießen zwischen Midway und Langlaate in der Nähe von Johannesburg zusammen. Der erste war durch ein Signal angehalten worden, hinter ihm kam der zweite zum Stehen. Ein dritter Zug schließlich fuhr auf den zweiten auf und schob diesen gegen den ersten Zug.

RG 90 605 (1949)

22. Oktober 1949

Nowy Dwor, Polen
(PKP)

Mehr als 200 Tote

Der Schnellzug Danzig - Warschau entgleiste in einem Bogen, die Lokomotive und mehrere Wagen stürzten um. Zwar gab es offizielle Angaben über die Anzahl der Todesopfer, aber es wurden keine Einzelheiten über den Hergang veröffentlicht.

15. November 1949

In der Nähe von Waterval Boven, Transvaal, Südafrika
(SAR)

55 Tote, mehr als 100 Verletzte

Ein von zwei Lokomotiven gezogener Zug entgleiste. Sieben seiner Wagen stürzten rund 20 m tief von einer Brücke in den Fluß Elands, sechs weitere kippten um. Der Zug beförderte ca. 500 Afrikaner nach dem heutigen Moçambique. Einige Fahrgäste ertranken, andere stürzten in den Tod, als ein Wagen über dem Brückenrand hängenblieb. Drei »Dakota« der südafrikanischen Luftwaffe transportierten die Verletzten im Pendelbetrieb vom Unglücksort in Krankenhäuser Pretorias.

RG 91 613 (1949)

1950 – 1954

29. Januar 1950

Sirhind, Pandschab, Indien

63 Tote

Beim Zusammenstoß zwischen einem Post- und einem Güterzug waren laut Presseberichten ungefähr die Hälfte der Opfer indische Soldaten.

RG 92 165 (1950)

17. Februar 1950

Rockville Center, New York State, USA
(Long Island)

31 Tote

In Rockville Center wurden an der zweigleisigen Strecke umfangreiche Bauarbeiten ausgeführt. Zur Aufrechterhaltung des Zugverkehrs mußte ein Abschnitt von etwa 3 km vorübergehend in beiden Richtungen befahren werden. Dieser Teil der Strecke war durch automatische Signale gesichert. Der diensthabende Beamte in Rockville Center regelte die Reihenfolge der sich kreuzenden Züge. Am späten Abend erhielt der 22.31 Uhr-Zug von Babylon nach New York Fahrt frei. Unmittelbar nach Verlassen des Baubereichs stieß er mit einem Gegenzug zusammen. Dieser war voll besetzt mit heimkehrenden Theaterbesuchern und hatte das Signal am anderen Ende der Baustelle überfahren. Beide Züge kollidierten in einem Bogen bei einer Geschwindigkeit von ungefähr 80 km/h und die jeweiligen linken Seiten der Züge wurden stark beschädigt. Beide Lokführer, die sich auf der rechten Seite ihrer Führerstände aufhielten, überlebten. In der Gerichtsverhandlung erklärte der Lokführer, der die Signale überfahren hatte, er habe sie gesehen und habe auch den Signalton im Führerstand gehört. Er gab weiter an, daß er wegen seines hohen Blutdrucks einen kurzzeitigen Blackout gehabt haben müsse. Die Jury akzeptierte seine Aussage und sprach ihn frei.

Shaw, S. 355

6. April 1950

Brasilien
(Leopoldina)

110 Tote, mehr als 300 Verletzte

Nach dreitägigen starken Regenfällen brach 80 km nördlich von Rio de Janeiro eine Brücke über den Fluß Tangua zusammen, als sie in den Abendstunden von einem Ausflugszug nach Victoria überquert wurde. Die Lokomotive, ein Gepäckwagen und fünf Reisezugwagen stürzten in den Fluß. Einen Reisezugwagen riß die Strömung in die Flußmitte. Die anderen blieben in der Nähe des Ufers. Die Rettungsversuche wurden durch wolkenbruchartigen Regen erschwert. Außerdem hatten die Wassermassen eine Straßenbrücke einstürzen lassen, wodurch sich die Ankunft der Rettungsfahrzeuge verzögerte.

RG 92 435 (1950)

12. April 1950

In der Nähe von Bitroi, Indien
(Oudh Tirhut)

36 Tote, 101 Verletzte

Der »Kumaon-Express« entgleiste kurz vor der Tarara-Brücke. Die Lokomotive und der erste Wagen überquerten die Brücke noch. Die anderen Wagen stürzten in den Fluß. Die Katastrophe wurde durch eine Person verursacht, die sich unbefugt an den Gleisen zu schaffen gemacht hatte.

RG 96 60 (1952)

7. Mai 1950

Jasidih, Bihar, Indien
(East India)

92 Tote, 67 Schwerverletzte

Der »Punjab Mail« von Kalkutta nach Delhi entgleiste, kurz bevor er die Tamakhan-Brücke erreichte. Die Lokomotive und drei der sechs entgleisten Reisezugwagen stürzten den Bahndamm hinunter. Eine Schiene war aus dem Gleisbett entfernt worden und 15 Personen wurden vor Gericht der angeblichen Mittäterschaft bei diesem Sabotageakt beschuldigt. Eine Woche vor dem Unglück hatte der Staatsminister für das Eisenbahnwesen erklärt, daß es während der letzten sechs Monate 91 Fälle von versuchter Sabotage bei der Eisenbahn Indiens gegeben habe.

RG 92 494 (1950), 96 60 (1952)

12. Juli 1950

Zwischen Zwickau und Aue, DDR
(DR)

20 Tote, über als 50 Verletzte

Ein Arbeiterzug stieß mit einem Güterzug zusammen. Die Fahrdienstleiter hatten beide Züge in den Streckenabschnitt eingelassen.

13. August 1950

Benares, Indien
(East India)

29 Tote, 113 Verletzte

Auf einer Brücke in der Nähe von Benares entgleiste ein Güterzug. Unmittelbar darauf raste der »Toofan-Express« Delhi - Kalkutta in diesen Zug. Die Lokomotive des Schnellzuges und drei Wagen stürzten in das Hochwasser von etwa 1,20 m Tiefe. Der Güterzug war entgleist, weil das Gleis durch Lockerung einer Lasche absichtlich beschädigt worden war. Dieser Sabotageakt geschah, obwohl an diesem Streckenabschnitt Patrouillen der Staatspolizei unterwegs waren. Drei der fünf schwersten Katastrophen bei den Indischen Eisenbahnen in den Jahren 1950/51 waren auf Sabotage zurückzuführen.

RG 93 190 (1950), 92 60 (1952)

3. September 1950

Gurdaspur, Indien
(East Punjab)

20 Tote

Auf der Strecke Amritsar - Pathankot entgleiste in der Nähe von Gurdaspur der in Richtung Delhi fahrende »Kashmir Mail«. Die Lokomotive und drei Wagen stürzten den Abhang hinunter, nachdem der Zug auf der Brücke über eine Schlucht entgleist war.

RG 93 316 (1950)

6. September 1950

Pantojo, Brasilien

36 Tote

Auf der Sorocabana Strecke entgleiste ein Zug und stürzte um.

9. September 1950

Bhairabazar, Pakistan

(50) Tote

Die Lokomotive und die drei ersten Wagen des Schnellzuges Dacca - Chittagon entgleisten in der Nähe von Bhairabazar in Ostbengalen. Als sich der Zug einer Brücke über einen Fluß näherte, stürzten die Lok und die entgleisten Wagen in etwa 3 m tiefes Wasser. Die Polizei gab bekannt, daß sie einige von Saboteuren entfernte Laschen und Bolzen ungefähr 10 bis 15 m vor der Brücke entdeckt habe.

11. September 1950

Coshocton, Ohio, USA
(Pennsylvania)

33 Tote

Der Schnellzug »The Spirit of St. Louis« fuhr auf einen aus 20 Wagen bestehenden Truppentransportzug auf, der Angehörige der Nationalgarde in ein Ausbildungslager bringen sollte. Während der Fahrt hatte es Probleme mit den Bremsen des Sonderzuges gegeben,so daß der ihm folgende Expreß verspätet wurde. In der Nähe von Coshocton sollte er anhalten, und der Bremser ging zurück, um den Zug zu sichern. Vorher gab er noch ein Lichtsignal. Die Strecke war mit automatischen Signalen versehen. Der Expreß bremste, beschleunigte dann aber wieder. Der 56jährige Lokführer und sein Heizer führten später ihr Weiterfahren auf den leichten Nebel zurück.

Shaw, S. 251. RG 93 375 (1950)

21. November 1950

Zwischen Canoe River und Cedarside, Kanada
(Canadian National)

21 Tote

Zwischen einem in Richtung Westen fahrenden Truppentransportzug (Sonderzug Nr. 3538 West) und einem Reisezug (Nr. 2) kam es zu einem Frontalzusammenstoß, der auf einen Irrtum des Diensthabenden in Red Pass zurückzuführen war. Dieser hatte die Stelle, an der die beiden Züge kreuzen sollten, falsch festgelegt. Es ist wissenswert, auf dieses Vorkommnis etwas genauer einzugehen, weil man hieran das nordamerikanische Zuganweisungssystem erläutern kann. Die telefonischen Anweisungen des Dispatchers bei Kamloops lauteten wie folgt:: »Sonderzug 3538 West kreuzt Zug Nummer 2 Lok 6004 bei Cedarside und Zug Nummer 4 Lok

Die Auswirkungen eines Unglücks, das am 29. Februar 1916 auf Tasmanien in der Nähe von Campania passierte, 43 km nördlich von Hobart. Die Garrat-Lok und die Reisezugwagen stürzten den niedrigen Bahndamm hinunter. Die ersten drei Wagen wurden stark beschädigt. Sieben Menschenleben waren zu beklagen. Wie damals üblich, wurden die Rettungsmannschaften mit Zügen zum Unglücksort gebracht.

(Sammlung des Autors)

Ursache des Frontalzusammenstoßes zwischen Moat Lane und Abermule am 26. Januar 1921 war die mangelnde Sorgfalt der Verantwortlichen im Bahnhof und des Lokführers. Der Zug befuhr die eingleisige Strecke unberechtigt. Das Lokpersonal des Gegenzuges und 15 Fahrgäste, unter ihnen ein Vorstandsmitglied der Cambrian Railways, wurden getötet. (National Railway Museum)

Ein mit einer Lokomotive der Achsfolge 2'D1' bespannter Zug war in die hölzernen Wagen des Nahverkehrszuges bei Lagny-Pomponne in Frankreich gerast. Das Unglück geschah am 23. Dezember 1933. 230 Menschen starben.
(Sammlung des Autors)

Eine typische Unterspülung durch Monsunregen bei der East India Railway im Jahre 1935. Abenteuerlustige Anwohner versuchen, den angeschwollenen Fluß auf den in der Luft hängenden Gleisen zu überqueren. An dem Ort, an dem dieses Bild entstand, konnten die Züge noch rechtzeitig angehalten werden. Ein Blick auf die intakten Telegrafenleitungen zeigt jedoch, daß es bei Dunkelheit sehr wohl möglich gewesen wäre, daß ein Zug die Stelle befahren hätte, ohne die Gefahr auch nur zu ahnen.
(National Railway Museum, Sammlung von L.D.J. Turnbull)

Zwei fast identische Unglücke ereigneten sich im Abstand von 14 Jahren bei Billingham, Teeside. Die Lokführer deuteten auf der Nebenstrecke in Richtung Norden die Signale falsch. Sie nahmen an, sie seien auf dem Hauptgleis, konnten ihre Züge nicht mehr anhalten und fuhren auf die Prellböcke hinter dem Bahnsteig. Am Morgen des 2. Dezember 1953 erfuhr der Autor von dem Unglück, und er war dabei, als John Phillips das Foto von der »Austerity« machte. Beim Sichten der Fotos in der Bibliothek des National Railway Museum war der Autor überrascht, die Aufnahme vom Unglück am 14. Dezember 1939 zu finden.

(Oben: J.S.Phillips, unten: National Railway Museum)

Aufnahme von einer Lok der Union Railway im Oktober 1943. Das Foto wurde nur wenige Minuten nach dem Unglück aufgenommen. Die Lok war in Homestead, Pennsylvania, von einer Brücke gestürzt. Nur der Heizer wurde verletzt, als er aus dem Führerstand geschleudert wurde. Die Presse hob hervor, daß die Straße wenige Minuten nach dem Unglück mit Arbeitern eines in der Nähe gelegenen Werkes überfüllt gewesen wäre. Beim Betrachten des Fotos wird man sich auch der Gefahr bewußt, in der die Schaulustigen geschwebt haben. Bei der starken Neigung des Kessels war die Feuerbüchsdecke der Lok nicht mit Wasser bedeckt, so daß eine Kesselexplosion möglich gewesen wäre. (The Railway Magazine)

Der Zusammenstoß von Naperville bei der Burlington Railroad vom 25. April 1946. Der »Exposition Flyer« beachtete Signale nicht und fuhr auf einen Zug auf, der wegen einer Überprüfung angehalten worden war. Viele Opfer gab es in dem U-förmig zusammengedrückten Speisewagen vor den beiden Dieselloks. (Popperfoto)

Zwei Fotos vom Unglück von Goswick, Northumberland, am Sonntag, dem 26.Oktober 1947. Das obere wurde aus der Luft aufgenommen. Es zeigt, daß die Streckengleise schnurgerade durch den Bahnhof führten. Dadurch wurde der Lokführer offensichtlich irritiert, als er sich dem Abzweig in das Nebengleis näherte.

Den Umfang der Zerstörung verdeutlicht das Bild unten. Die Lokomotive befindet sich hinter dem Wagen mit den drei intakten Fensterscheiben. (Oben: National Railway Museum, unten: The Railway Magazine)

LONG ISLAN

Luftaufnahme vom Unglück bei Woodbridge, New Jersey, am 6. Februar 1951. Ein Pendlerzug hatte in den Abendstunden die Geschwindigkeit nicht auf die geforderten 40 km/h verringert und war bei einem Tempo von über 95 km/h entgleist. (Popperfoto)

Die Trümmer nach dem Zusammenstoß des Express Nancy-Dijon mit einer Kleinlokomotive bei Pont d'Atelier in Frankreich am 18. Februar 1949. Die auf der Seite liegende Lok gehört zur Baureihe 141R, Achsfolge 1'D1'. Sie wurde in den USA als Ausgleich für die im Zweiten Weltkrieg erlittenen Verluste der SNCF hergestellt. (Popperfoto)

Rettungsarbeiten bei Rockville Center, Long Island, New York, am 17. Februar 1950. Zwei elektrische Züge waren auf einem vorübergehend nur eingleisig befahrbaren Streckenabschnitt frontal zusammengestoßen. Es ist deutlich zu sehen, wie sich die Züge ineinander geschoben haben. (Popperfoto)

Blick auf den Bahnhof Harrow & Wealdstone nach dem Unfall vom 8. Oktober 1952. Der »City of Glasgow« fuhr (von links nach rechts) an der Stelle, an der das Loch in der Fußgängerbrücke zu sehen ist, auf den stehenden Nahverkehrszug auf. In die Trümmer fuhr dann der Expreß nach Liverpool, und die beiden Lokomotiven gerieten auf den Fernbahnsteig. (The Railway Magazine)

Zwei der zerstörten Lokomotiven des Unglücks bei Harrow. Trotz beträchtlicher Schäden wurde die Nr. 46242 CITY OF GLASGOW (oben) repariert und wieder eingesetzt. Die Nr. 45637 WINDWARD ISLANDS (unten) und die Nr. 46202 PRINCESS ANNE wurden verschrottet. (National Railway Museum)

Die elektrische Lokomotive GG1 der Pennsylvania Railroad, nachdem sie am 15. Januar 1953 im Bahnhof Union Station in Washington über den Prellbock gefahren war. Man sieht, daß die Lok und zwei Wagen in das Kellergeschoß eingebrochen sind. (Popperfoto)

Zugtrümmer nach dem Zusammenstoß am 27. März 1953 bei Conneaut, Ohio. Ein unzureichend verladenes Rohr fiel von einem Güterwagen und beschädigte das Nachbargleis. Ein überholender Reisezug entgleiste und ein dritter Zug, der in die Gegenrichtung fuhr, raste in die Trümmer. (Popperfoto)

Zugtrümmer nach einer Naturkatastrophe. Die Lok und einige Reisezugwagen stürzten am 24. Dezember 1953 in den Fluß Walouru auf Neuseeland, nachdem ein Vulkanausbruch eine Schlamm- und Geröllawine ausgelöst hatte. Die Lokomotive hat einen Teil ihres hinteren Treibrades verloren. Ein Brückenbogen liegt direkt neben der Lok, während die Gleise auf der Führerseite zu sehen sind. (Popperfoto)

Trümmer des Expreß von der Algarve nach Lissabon, der am 13. September 1954 entgleiste. Bei dem Unglück waren 27 Personen getötet worden. Auf dem Foto erkennt man, daß selbst die stählernen Wagen bei dem Zusammenstoß zerstört wurden. (Popperfoto)

In einem Schneesturm bei Kuurila in Finnland stießen am 15. März 1957 zwei Schnellzüge frontal zusammen. (Popperfoto)

Am 20. Oktober 1957 stieß bei Ispartakule in der Türkei ein von einer Dampflok gezogener Zug mit einem entgegenkommenden Dieseltriebwagen zusammen. (Popperfoto)

Wie bei dem Unglück in der Türkei gab es auch in Frankreich beim Zusammenstoß zwischen einem dampfbetriebenen Zug und einem Dieseltriebwagen viele Tote. Der Zusammenstoß ereignete sich am 16. November 1957 bei Chantonnay. Eine Seitenwand des Triebwagens wurde beim Zusammenprall vom Fahrgestell und vom Dach abgerissen. (Popperfoto)

Rettungsarbeiten bei Newark Bay, New Jersey. Einige Wagen eines Zuges waren von der Brücke gestürzt, nachdem sie für die Durchfahrt eines Schiffes geöffnet worden war. Zwei Wagen und die Lok sind im Wasser verschwunden. Der dritte Wagen, der hier noch am Brückenpfeiler hängt, stürzte später auch ins Wasser. Wie in Nordamerika üblich, konnten für die zwei Strecken unterschiedliche Brückenteile geöffnet werden. (Popperfoto)

Trümmer eines Urlauberzuges der britischen Armee in Deutschland, der am 21. November 1960 bei Woerden in den Niederlanden verunglückte. Signalarbeiten hatten eine Umleitung erforderlich gemacht, wobei der Lokführer das Tempo nicht auf die vorgeschriebenen 40 km/h reduzierte. Zwei Fahrgäste wurden getötet und zehn verletzt. Diese Züge verkehrten von und nach Hoek van Holland. (Popperfoto)

Trümmer des Express Strasbourg - Paris, der am 18. Juni 1961 bei Vitry-le-François in Frankreich entgleiste. Neben einem umgekippten Wagen sind einige der dort stationierten US-Soldaten zu sehen, die die Rettungsarbeiten unterstützten. (Popperfoto)

Der Frontalzusammenstoß vom 8. Januar 1962 bei Harmelen östlich von Woerden forderte die höchste Zahl an Toten (93) bei einem Eisenbahnunglück in den Niederlanden. Der Lokführer eines Schnellzuges hatte ein Vorsignal übersehen und konnte dann seinen Zug nicht mehr rechtzeitig anhalten. Er stieß mit einem elektrischen Triebzug zusammen, der Fahrt frei erhalten hatte. (Popperfoto)

In den Morgenstunden des 9. März 1962 verlangsamte ein Zug von Lecce nach Mailand bei Castel Bolognese nicht das Tempo, wie es wegen Bauarbeiten an der Strecke erforderlich gewesen wäre und entgleiste. 13 Menschen starben, über 100 wurden verletzt. (Popperfoto)

Nachdem am 23. Juli 1962 einige Wagen eines Zuges von Paris nach Marseille in einem Bogen entgleist waren, stürzte sein letzter Wagen von diesem Viadukt bei Velars-sur-Ouche in Frankreich. 39 Menschen wurden getötet. (Popperfoto)

Eine Flutwelle schwemmte nach einem starken Sturm am 23. Dezember 1964 einen Schmalspurzug weg, der von Raneswaran Island nach Dhanushkodi in Südindien unterwegs war. Dabei wurden die Aufbauten der Wagen zerstört. Alle Fahrgäste und das Zugpersonal ertranken. (Popperfoto)

6057 bei Gosnell«. Der Diensthabende in Red Pass wiederholte die Anweisung in der richtigen Form. Als er sie aber an den Zugführer des Truppenzuges weitergab, lautete sie folgendermaßen: »Sonderzug 3538 West kreuzt den Zug Nummer 2 Lok 6004 und Nummer 4 Lok 6057 bei Gosnell«. Das Ergebnis dieser fehlerhaften Auslassung hatte fatale Folgen.

Die Entfernung von Red Pass nach Cedarside beträgt 56 km. Von dort sind es weitere 40 km bis nach Gosnell. Der Dispatcher wollte den Truppentransportzug in Cedarside warten lassen. Für den Fall, daß dort noch andere Züge hielten, sollte das Lokpersonal sich gegenseitig an den Nummern der Lokomotiven orientieren. Wegen der fehlerhaften Anweisung erwartete das Zugpersonal des Militärzuges den Gegenzug erst in Gosnell und fuhr ohne Aufenthalt durch Cedarside. Im bergigen Gelände kam es in einem engen Bogen zum Frontalzusammenstoß, bei dem das Personal beider Loks getötet wurde. 17 Soldaten kamen in den Schlafwagen ihres Zuges ums Leben.

Shaw, S. 149

22. November 1950

Richmond Hill, New York State, USA
(Long Island)

79 Tote, 352 Verletzte

Ein aus zwölf Wagen bestehender elektrischer Triebwagenzug, der von Penn Station nach Hampstead fuhr, mußte in den Nachtstunden bei Jamaica wegen eines Haltsignals die Geschwindigkeit verringern. Als die Strecke wieder freigegeben wurde, konnte der Triebwagenführer die Bremse nicht lösen und der Zug mußte anhalten. Der Schaffner stieg aus, um den Zug nach hinten zu sichern.

Der Zug hatte das Signal »Halten und Weiterfahren« erhalten. Das bedeutete, daß er anhalten mußte und dann bis zum nächsten Signal mit einer Geschwindigkeit von höchstens 25 km/h weiterfahren durfte. Deshalb war es für den Schaffner nicht erforderlich, weit zurückzugehen. Kurz nachdem er den Zug verlassen hatte, hörte er, daß der Triebwagenführer weiterfahren wollte, und somit stieg er wieder ein. Der Zug konnte allerdings nicht anfahren und plötzlich sah er, wie sich von hinten ein Zug näherte. Er konnte nur noch seine rote Laterne schwenken. Aber es war zu spät. Es kam zum Zusammenstoß, und der haltende Zug wurde ca. 25 m weitergeschoben.

Der auffahrende Zug war auch ein aus 12 Wagen bestehender Triebzug und hatte ebenfalls das Signal »Halten und Weiterfahren« erhalten, was er auch befolgte. Aus Gründen, die später nicht mehr ermittelt werden konnten, erhöhte er jedoch bis zum Auslösen der Notbremsung die Geschwindigkeit wieder auf ca. 55 km/h. Der Triebwagenführer gehörte zu den Opfern. Es wurde später angenommen, daß er das Signal »Fahrt frei«, das für den haltenden Zug galt, auf sich bezogen hatte.

Shaw, S. 357, RG 93 485 (1950)

6. Februar 1951

Woodbridge, New Jersey, USA
(Pennsylvania)

84 Tote

In den frühen Nachmittagsstunden kam es beim Bahnhof Woodbridge auf einem Streckenabschnitt in Richtung Westen wegen Bauarbeiten zu einer Geschwindigkeitsbeschränkung auf 40 km/h. Ein Pendlerzug (»The Broker«) mit einer Dampflok näherte sich der Baustelle mit zu hoher Geschwindigkeit. Die Lok konnte zwar die erste Hälfte des S-Bogens noch durchfahren, dann jedoch kippte sie aus dem Gleis. Die ersten sieben Wagen entgleisten ebenfalls.

Vier von ihnen lagen auf den Schienen, der letzte war auf einer Seite vollständig aufgerissen. Der sechste Wagen lag auf den Pfeilern einer Brücke, deren Träger zusammengebrochen waren. Wegen eines Streiks bei Jersey Central waren mehr Fahrgäste im Zug als üblich. Dadurch erhöhte sich die Zahl der Opfer wesentlich.

Obwohl der Lokführer den Hinweis auf die Geschwindigkeitsbeschränkung im Bahnhof Jersey City gesehen hatte, reduzierte er das Tempo von ca. 80 km/h nicht. Er behauptete jedoch, daß er sich an die Beschränkung von 40 km/h gehalten habe. In der Untersuchung wurde festgestellt, daß er möglicherweise den genauen Ort der Geschwindigkeitsbeschränkung nicht erkannt habe.

Für den Streckenabschnitt zwischen Jersey City und Bay Head waren nämlich zwei Eisenbahngesellschaften zuständig. Bis Perth Amboy wurde die Strecke von der Pennsylvania betreut. Hier gab es keine Hinweisschilder für Geschwindigkeitsbeschränkungen. Der zweite Teil unterstand der New York & Long Branch, die entsprechende Hinweistafeln aufstellte.

In der Untersuchung durch das »New Jersey Board of Public Utility Commissioners« wurde der Lokführer für schuldig erklärt. Er war statt der erlaubten 40 km/h mit einer Geschwindigkeit von ca. 80 km/h gefahren.

Reed, S. 52. Shaw, S. 359. RG 95 28 (1951)

24. April 1951

Yokohama, Japan (JNR)

106 Tote

Bei der Einfahrt in den Bahnhof Sakuragicho von Yokohama verfing sich der Stromabnehmer eines elektrischen Triebzuges an einem Stück Draht, das noch von Reparaturarbeiten an der Oberleitung hing. Durch mehrmaliges Senken und Heben versuchte man, den Stromabnehmer freizubekommen. Plötzlich entstand jedoch ein Lichtbogen zwischen dem Draht und der Lok. Die ersten zwei Wagen gerieten sofort in Brand. Fast alle Fahrgäste in diesen Wagen verbrannten. Die Dächer hatten aus geteerten und mit Sand bestreuten Holzplanken bestanden, die mit Segeltuch bedeckt waren.

Nach Ausbruch des Feuers ließen sich die elektrisch betriebenen Türen der Wagen nicht öffnen, da der Strom abgeschaltet worden war. Es gab zwar Notausgänge, aber die Anleitungen zu ihrer Benutzung fehlten! Man wollte sie vor Mißbrauch schützen. Nach diesem Unglück wurden sie deutlich gekennzeichnet.

Shaw, S. 412. RG 94 514 (1951).

7. Juni 1951

Novaiguassu, Brasilien (Estrada de Ferro Central do Brasil)

51 Tote, mehr als 100 Verletzte

Ein elektrischer Vorortzug stieß auf einem Bahnübergang mit einem Tanklastzug zusammen. Alle sechs Wagen des Zuges gerieten in Brand. Sämtliche Insassen des ersten Wagens kamen entweder durch den Zusammenstoß um oder sie verbrannten.

RG 94 683 (1951)

18. August 1951

Szekesfehervar, Ungarn (MAV)

mehr als 150 Tote

Eine Stellwerkswärterin, die gerade erst ihre Ausbildung beendet hatte, gab einem Schnellzug das Abfahrsignal zu früh. Er kollidierte mit einem anderen Reisezug.

24. August 1951

Sary-sur-Sud, Frankreich (SNCF)

21 Tote, (35) Verletzte

Infolge des Fehlers eines Stellwerkwärters hielt der Expreß Frankfurt a. Main - Paris auf dem Bahnhof Sary-sur-Sud in der Nähe von Metz. Dort fuhr der Expreß Basel – Calais auf ihn auf. Der Gepäckwagen am Ende des Pariser Zuges wurde total zerstört und die nächsten beiden Wagen schoben sich ineinander.

RG 95 250 (1951)

25. September 1951

Langenwang, Österreich (ÖBB)

22 Tote, mehr als 40 Verletzte

Auf der Strecke Wien - Klagenfurt kam es kurz nach Mitternacht im Bahnhof Langenwang in der Steiermark zum Zusammenstoß des Schnellzuges Wien - Rom mit einem Güterzug. Der Güterzug (Wien - Graz) sollte im Bahnhof auf ein Nebengleis geleitet werden. Anstatt sodann alle Signale auf Halt zu stellen, gab der Fahrdienstleiter die Einfahrt jedoch frei. Der Lokführer des Schnellzuges konnte nicht mehr anhalten und leitete erst eine Notbremsung ein, als er die verzweifelten Handbewegungen des Fahrdienstleiters sah. Alle Opfer gehörten zu einer Gruppe italienischer Eisenbahner, die bei ihren österreichischen Kollegen zu Gast gewesen waren.

Schneider, S.91. RG 95 380, 535 (1951)

5. Oktober 1951

Montenegro, Provinz Caldas, Kolumbien

26 Tote

Ein Erdrutsch verschüttete einen Reisezug zwischen Armenia und Pereia. Man nahm an, daß die durch den Zug verursachten Erschütterungen die infolge des starken Regens aufgeweichten Erdmassen ins Rutschen gebracht hatten.

RG 95 419 (1951)

12. November 1951

Evanston, Wyoming, USA (Union Pacific)

26 Tote, 200 Verletzte

Zwei stromlinienförmige Züge der Union Pacific - der »City of Los Angeles« und der »City of San Francisco«- stießen auf ihrer Fahrt nach Chicago in einem Schneesturm zusammen.

RG 95 559 (1951)

17. Dezember 1951

Fortale, Brasilien

40 Tote

Vier Wagen eines Reisezuges kippten um, nachdem sie entgleist waren.

RG 95 696 (1951)

4. März 1952

Anchieta, Brasilien (Estrada de Ferro Central do Brasil)

119 Tote, (200) Verletzte

Ein Zug von Belo Horizonte nach Minas Geraes entgleiste in einem Vorort von Rio de

Janeiro auf einer Brücke über den Fluß Pavuna und kippte um. Ein elektrischer Vorortzug von Nova Iguaco nach Rio de Janeiro, der sich auf dem Nachbargleis befand, fuhr in den umgekippten Zug. Fast alle Wagen beider Züge wurden zerstört.

Die Nationale Eisenbahngesellschaft war häufig wegen ihres geringen Sicherheitsstandards der Fahrlässigkeit beschuldigt worden. Erste Untersuchungen ergaben, daß der Zug infolge eines Schienenbruchs auf der Brücke entgleist war. Wenige Tage vorher war an der gleichen Stelle ein anderer Zug entgleist. Da es bei dem ersten Unfall keine schwerwiegenden Folgen gab, hielten es die verantwortlichen Stellen nicht für notwendig, eine genaue Untersuchung der Unglücksursache zu veranlassen. Nach der Untersuchung des folgenschweren Unfalls genehmigte der Präsident ein 5-Jahresprogramm zur Modernisierung der Eisenbahnen. Das Gleisbett sollte solider gebaut werden und man wollte mehr Schwellen einsetzen. Außerdem war geplant, 200 neue elektrische Triebwagen zu beschaffen.

1952 kamen bei Eisenbahnunfällen in Brasilien 100 Menschen ums Leben, 429 wurden verletzt. In den ersten sechs 6 Monaten des folgenden Jahres sanken die Zahlen auf 18 bzw. 120. Somit hatten die Veränderungen den Sicherheitsstandard vermutlich positiv beeinflußt.

RG 96 277, 345 (1952), 99 541 (1953)

18. Mai 1952

Türkei

26 Tote

Ein Zug aus Reisezug- und Güterwagen entgleiste etwa um den 18. Mai zwischen Ulukiska und Adana. Zu diesem Unglück existieren nur spärliche Informationen.

18. Mai 1952

Bikaner, Indien (Northern)

45 Tote, 67 Verletzte

11 km hinter Bikaner in Richtung Jodhupur stießen ein Reisezug und ein Güterzug frontal zusammen. Man hatte beide Züge in den eingleisigen Streckenabschnitt eingelassen.

RG 100 542 (1954)

8. Oktober 1952

Harrow & Wealdstone, England (British Railways, London Midland Region)

112 Tote, 157 Verletzte

In der morgendlichen Hauptverkehrszeit fuhr ein Schlafwagenzug aus Perth auf einen Vorortzug von Tring nach Euston auf, der für etwa 1 min am Fernbahnsteig des Bahnhofs Harrow & Wealdstone gehalten hatte. Die Trümmer der Züge fielen auf das Ferngleis der Gegenrichtung. Sekunden später raste der Expreß Euston - Liverpool in die Unglücksstelle. Die Lokomotiven dieses Zuges wurden auf den Bahnsteig geschoben und zerstörten Fahrleitungsanlagen. 16 Wagen wurden beschädigt bzw. stark zerstört. Wie aus dem Bericht der Untersuchungskommission hervorging, wurden 13 von ihnen »...zu einem kompakten Trümmerhaufen von ca. 40 m Länge, 15 m Breite und 27 m Höhe zusammengeschoben, in welchem die Lok des Perth-Zuges vollständig verschwand...«.

Bezüglich der Anzahl der Opfer war es die zweitschlimmste Eisenbahnkatastrophe in Großbritannien. Lediglich bei Quintinshill am 22. Mai 1915 hatte es mehr Tote gegeben. Während jedoch das Unglück in Schottland infolge einer Reihe von Ungenauigkeiten, die dann zu einem Fehler des Stellwerkwärters führten, passierte, war die Harrow-Katastrophe auf ein Versagen des Lokführers des Perth-Zuges zurückzuführen, der eindeutige Signale nicht befolgte. Die Lokomotive gehörte zur Baureihe »Princess Coronation«, Achsfolge 2'C1', Nr. 46242, CITY OF GLASGOW. Der aus elf Wagen bestehende Zug hatte etwa 30 min. Verspätung. Der aus acht Wagen bestehende Vorortzug aus Tring wurde von einer 1'C2'-Lok gezogen. Der Stellwerkswärter in Harrow hatte diesen Zug nördlich des Bahnhofs, wie im Fahrplan vorgesehen, auf das Ferngleis geleitet. Der Gleiswechsel hinter ihm war noch gesperrt. Demzufolge zeigten die Signale für das Ferngleis automatisch Halt oder Achtung. Es konnte auch bewiesen werden, daß der Stellwerkswärter keine Zeit mehr hatte, den Expreß nach Liverpool, dessen Signal ja Fahrt frei zeigte, anzuhalten oder umzuleiten.

Nach dem ersten Zusammenstoß war der zweite nicht mehr zu vermeiden. Die Verspätung des Schlafwagenzuges aus Schottland war auf Nebel zurückzuführen.

Zur Zeit des Zusammenstoßes war die Sicht im Gebiet um Harrow jedoch nicht stark beeinträchtigt, obwohl der Stellwerkswärter in seiner Schicht nach den Anweisungen für diesiges Wetter arbeitete. Er sah den Expreß aus Perth jedoch erst, als er »... aus dem Nebel auftauchte und mein erstes Einfahrsignal passierte«. Das war fast 550 m vor dem Stellwerk, und er hatte noch Zeit, die Knallkapseln zu zünden. Wie dick Nebel oder Dunst auch immer gewesen sein mögen, da das Vorsignal ein Lichtsignal war, galten hier nicht die Vorschriften für den Betrieb bei Nebel - im Unterschied zu heute. Der Zug bremste zwar noch, aber es war trotzdem schon zu spät. Wie bei vielen anderen Unfällen konnte auch hier die Fehlreaktion des Lokführers niemals ausreichend geklärt werden.

Das Unglück bei Harrow & Wealdstone war ein weiterer Anlaß für British Railways, das automatische Zugwarnsystem einzuführen, bei dem im Führerstand ein Signalton ertönt,sobald sich der Zug einem Haltsignal nähert.

Obwohl die CITY OF GLASGOW stark beschädigt war, wurde sie wieder aufgebaut und fuhr noch bis 1962. Die zwei Lokomotiven des Zuges aus Liverpool wurden verschrottet. Das waren die WINDWARD ISLANDS, Achsfolge 2'C, Nr. 45637, und die PRINCESS ANNE, Achsfolge 2'C1', Nr. 46202, die noch kurz vorher umgebaut worden war.

Hamilton, S.92/93, 156. Nock, S. 160/161, 199. Rolt, S. 132/133, 287

15. Oktober 1952

34 km südlich von Ibadan, Nigeria
(NRC)

mehr als 34 Tote

Ein Güterzug war entgleist, und der Bergungskran war zur Behebung des Schadens unterwegs. Während der Fahrt löste er sich jedoch von der Lokomotive und rollte ca. 5 km die abschüssige Strecke zurück. Es kam zum Zusammenstoß mit einem folgenden Reisezug. Der erste Wagen dieses Zuges wurde zerstört, die beiden nächsten schoben sich ineinander. Ein junger Nigerianer lief 5 km bis zur nächsten Straße und meldete das Unglück. Durch Zufall saßen in den ersten beiden Autos, die er anhielt, der Verwaltungschef und der leitende Beamte für den medizinischen Bereich dieses Distrikts. Allerdings befand sich der nächste einsatzfähige Bergungskran ca. 1600 km entfernt, was die Rettungsarbeiten stark behinderte.

RG 96 474 (1952)

20. Oktober 1952

Heavitree, Südafrika (SAR)

21 Tote, ca. 50 Verletzte

Der Nachtpostzug Durban - Johannesburg hatte gerade den Bahnhof Heavitree etwa 16 km von Eastcourt passiert, als die ersten zehn Wagen in einem Bogen entgleisten. Die Fahrleitungsanlagen wurden stark in Mitleidenschaft gezogen. Bis zum Eintreffen der Rettungsmannschaften aus Eastcourt und Ladysmith leisteten Bewohner der umliegenden Farmen Erste Hilfe.

RG 97 473 (1952)

15. Januar 1953

Washington DC, USA (Pennsylvania)

87 Verletzte

Dieses Unglück, bei dem glücklicherweise keine Todesopfer zu beklagen waren, erregte dennoch großes Aufsehen. Die außer Kontrolle geratene E-Lok der Baureihe GG1 2CoCo2 überfuhr mit dem »Federal Limited« bei einer Geschwindigkeit von ca. 55 km/h den Prellbock und kam erst in der Halle des Bahnhofs »Union Station« zum Halten. Die Lok und die ersten zwei Wagen durchbrachen die Decke des Kellergeschosses. Die Ursache dieses Unfalls war ein Fehler im Bremssystem des aus 16 Wagen bestehenden Schnellzugs. Man fand später heraus, daß der Luftabsperrhahn der Bremskupplung zwischen dem dritten und vierten Wagen durch Kontakt mit dem Untergestell geschlossen worden war. Glücklicherweise hatte man bemerkt, daß der Zug nicht mehr anzuhalten war, so daß die Fahrgäste die ersten Wagen noch verlassen konnten. Auch Teile des Bahnhofs und der Büros konnten evakuiert werden, bevor der Zug in den Bahnhof raste.

Da Präsident Eisenhowers Amtseinführung zwei Tage später stattfinden sollte, wurde das Loch in der Kellerdecke provisorisch ausgebessert, und die Lokomotive wurde erst viel später entfernt.

Reed, S. 144, 151. RG 98 111, 389 (1953)

15. Februar 1953

Benevento, Italien (FS)

23 Tote

In den frühen Morgenstunden entgleiste der Eilzug von Lecce nach Neapel und Rom bei der Einfahrt in den Bahnhof Benevento infolge überhöhter Geschwindigkeit. Der Lokführer behauptete später, er habe bei der ruhigen Fahrt nicht auf den Geschwindigkeitsmesser gesehen, und als er bremsen wollte, hätten die Bremsen versagt. Die Lokomotive sprang aus den Schienen. Die ersten Wagen wurden stark beschädigt und bis auf einen stürzten alle um. Der erste Reisezugwagen - ein alter Wagen 3. Klasse - durchbrach die Wand der Gepäckabfertigung und hier gab es auch die meisten Opfer.

Schneider, S. 129

15. Februar 1953

Comodoro, Rivadavia, Argentinien

23 Tote, 42 Verletzte

In Patagonien entgleiste ein Schienenbus und stürzte die Böschung hinab.

RG 98 222 (1953)

27. März 1953

Conneaut, Ohio, USA
(New York Central)
21 Tote

Dieses Unglück geschah auf einer viergleisigen Hauptstrecke. Es wurde verursacht durch eine Anzahl großer Rohre (9,50 m lang, 33 cm Durchmesser), die von einem Flachwagen eines in Richtung Osten fahrenden Sondergüterzugs gefallen waren. Ein Rohr geriet zwischen einen Wagen und das Nachbargleis. Dadurch wurde das Gleis ca. 45 cm zur Seite gedrückt. Diese 45 cm genügten, den mit einer Geschwindikeit von 120 km/h in Richtung Westen fahrenden Zug »Mohawk«, der von einer Diesellok gezogen wurde, zum Entgleisen zu bringen. Er prallte auf die Rohre und die Trümmer verteilten sich über die gesamte Breite der Strecke. Da es nicht möglich war, die anderen Gleise sperren zu lassen, raste der in Richtung Osten fahrende »Southwestern Limited« mit einem Tempo von 112 km/h in die Unglücksstelle. Bis auf die drei letzten entgleisten alle Wagen dieses Zuges. Insgesamt wurden sieben Reisezugwagen zerstört. Es stellte sich später heraus, daß die Rohre in einem Stahlwerk in Aliquippa in Pennsylvania zu hoch (ca. 1.50 m) geladen worden waren. Außerdem waren sie nicht ausreichend an den Rungen befestigt. Allerdings hätten diese Fehler während der Fahrt von mehreren Aufsichtsbeamten bemerkt werden müssen.

Reed, S. 67. Shaw S. 212

24. Dezember 1953

Walouru, Neuseeland
(NZR)
151 Tote

Dieses Unglück war indirekt auf den Ausbruch eines Vulkans zurückzuführen. Der 2950 m hohe Mount Ruapehu hatte einen See in seinem Krater. Das Wasser dieses Sees floß plötzlich durch einen Hohlraum unterhalb des Whangaehu Gletschers. Ein gewaltiges Gemisch von Wassermassen, Vulkanasche und Eis donnerte den Fluß hinab. Schlamm und Geröll vereinigten sich zu einer Lawine, die die Eisenbahnbrücke bei Walouru vor der Ankunft eines Schnellzugs weggriß.

Der Postbeamte in dem kleinen Städtchen Taihape hatte die zerstörte Brücke gesehen und war dem Zug entgegengerannt. Dabei winkte er mit einer Taschenlampe. Der Lokführer bemerkte ihn jedoch nicht.

Die Lokomotive und sechs Wagen stürzten in die tosenden Wassermassen. Die Strömung war so gewaltig, daß ein Wagen über 8 km mitgerissen wurde. Die Leichen einiger ertrunkener Fahrgäste wurden erst in einer Entfernung von 48 km gefunden. Nachdem die ersten fünf Wagen des Zuges in den Fluß gestürzt waren, kletterte der Postbeamte zum sechsten Wagen, der noch am Brückenrand hing, und wollte die Insassen zum Aussteigen bewegen. Aber auch dieser stürzte in den Fluß.

Wegen der dauernden vulkanischen Aktivität in diesem Gebiet wurden später an den Eisenbahnbrücken Sicherheitsanlagen installiert.

RG 100 2, 23, 55, 64, 102, 176, 232 (1954), 101 58, 77 (1954), 102 40 (1955).

24. Dezember 1953

Sakvice, Tschechoslowakei
(CSD)
(133) Tote

In Sakvice in der Nähe von Brno fuhr der Schnellzug Prag - Bratislawa auf einen Personenzug auf. Der Schnellzug war an drei haltzeigenden Signalen vorbeigefahren und mit mehr als 90 km/h auf den Personenzug geprallt.

21. Januar 1954

Zwischen Jhampir und Braudabad, Pakistan (North Western)

(60) Tote

Der Postzug Lahore - Karatschi, in dem sich auch der pakistanische Außenminister befand, stieß mit einem entgleisten Kesselwagen zusammen. Das Feuer griff auf die Wagen des Postzuges und des danebenstehenden Güterzuges über.

30. Januar 1954

Kafr-az-Zajat, Ägypten (ER)

28 Tote

Präsident Negib besuchte ein vom Feuer zerstörtes Dorf im Nil-Delta. Als die Einwohner auf die Gleise stürmten, um ihn zu begrüßen, raste der Schnellzug Kairo - Alexandria in die Menschenmassen, wobei 28 Tote zu beklagen waren.

RG 100 222 (1954)

31. Januar 1954

Zwischen Suwon und Osan, Südkorea (KNR)

57 Tote, mehr als 100 Verletzte

32 km südlich von Seoul kam es zu einem Zusammenstoß zwischen einem Reisezug und einem leeren Wagen. Bezüglich der Zahl der Opfer gab es unterschiedliche Angaben.

RG 100 194 (1954)

31. März 1954

Jagatbels, Uttar Pradesh, Indien

37 Tote, 40 Verletzte

Unter etwas eigenartigen Umständen wurde ein Wagen eines Reisezuges durch eine Explosion zerstört. Obwohl diese Angaben sehr unwahrscheinlich klingen, wird behauptet, daß 1 500 Stäbchen Dynamit, die sich in einem mit fünf Polizisten besetzten Wagen befanden, von einem nicht isolierten elektrischen Draht entzündet worden waren.

3. Juli 1954

Tournon, Frankreich (SNCF)

33 Tote

Ungefähr 10 km nördlich von Tournon stießen ein Dieseltriebzug von Lyon nach Nîmes und ein Güterzug frontal zusammen. Der Triebwagen und der erste Beiwagen wurden stark beschädigt. Der letzte Wagen, in dem eine Gruppe Kinder in ein Ferienlager fahren wollte, blieb relativ unbeschädigt. Laut einer Mitteilung des Generaldirektors der SNCF lag die Ursache des Unglücks im Fehlverhalten eines Weichenwärters. Zu Beginn dieses Tages benutzten die Züge nur ein Gleis, weil das andere repariert werden mußte. Nach Beendigung der Reparaturarbeiten galt wieder die normale Gleisbenutzung. Der Weichenwärter leitete jedoch einen der Züge auf das falsche Gleis. Er wurde inhaftiert.

RG 101 54 (1954)

2. September 1954

Fabrica, Negros Island, Phillippinen
(Insula Lumbar Company)
139 Tote

Ein Zug der größten phillippinischen Holzverarbeitungsgesellschaft transportierte Baumstämme in ein Sägewerk. Er entgleiste und stürzte in eine Schlucht. Viele der Opfer waren blinde Passagiere. (Die Anzahl der Opfer differiert in einigen Berichten.)

RG 101 305 (1954)

9. September 1954

Odendaalsrust, Südafrika
(Loraine Mine)
10 Tote, 3 Verletzte

Eine Diesellok stürzte mit einer Ladung Stahl in einer Tiefe von 1 540 m auf einen Doppelförderkorb, in dem sich 72 afrikanische Bergleute befanden. Eisenbahnunfälle unter Tage sind relativ selten.

RG 101 333 (1954)

13. September 1954

Odemira, Portugal
(CP)
27 Tote

Drei Wagen eines Schnellzugs von der Algarve nach Lissabon entgleisten in der Nähe von Odemira (etwa 270 km nördlich von Lissabon). Durchgehende Züge aus den südlichen Landesteilen müssen zur Überquerung des Flusses Tajo einen großen Umweg machen, obwohl es am Südufer in der Nähe von Lissabon eine Eisenbahnfähre gibt.

27. September 1954

Jangaon, Indien
(Central)
139 Tote

Eine vom Hochwasser beschädigte Stahlbrücke zwischen Secunderabad und Kazipet brach unter einem Zug zusammen. Fast alle Wagen wurden in Mitleidenschaft gezogen. Zwei stürzten in den Fluß, ein dritter wurde von der Strömung mitgerissen. Noch nach mehreren Tagen barg man Leichen aus dem Fluß.

RG 101 390 (1954)

2. Dezember 1954

Wilsele, Belgien
(SNCB)
21 Tote

Ein Sonderzug mit Besuchern des Fußballänderspiels England - Bundesrepublik Deutschland in London entgleiste auf der Heimfahrt bei Wilsele in der Nähe von Louvain. Die Lok und drei Wagen sprangen aus den Schienen. Der zweite Wagen wurde total zerstört. Der Lokführer und der Heizer waren unter den Toten. Das Unglück passierte ungefähr 180 m vor einer Brücke über den Fluß Dyle. Die Strecke war wegen Bauarbeiten nur eingleisig befahrbar. Es wird angenommen, daß der Zug beim Gleiswechsel zu schnell gefahren ist.

1955–1959

3. April 1955

Guadalajara, Mexiko
(FNdeM)

(300) Tote

In der Nähe von Guadalajara entgleiste ein Reisezug und stürzte in eine Schlucht.

17. Juli 1955

San Bernando, Chile
(EFE)

(30 - 70) Tote

Auf dem Bahnhof San Bernando, 19 km vor Santiago, fuhr ein Schnellzug im Nebel auf einen haltenden Zug auf.

23. August 1955

Ciudadela, Argentinien

21 Tote, 50 Verletzte

Auf einem Bahnhof in einem westlichen Vorort von Buenos Aires fuhr ein Schnellzug auf einen Personenzug auf, wobei ein 1.-Klasse-Wagen völlig zerstört wurde.

13. Januar 1956

In der Nähe von Ludvika, Schweden

Mehr als 20 Tote, 9 Verletzte

Ein mit Eisenerz beladener Zug stieß mit einem Triebwagen zusammen, in dem sich Schulkinder befanden. Der Güterzug hatte in Ställdelen, wo er mit dem Triebwagen kreuzen sollte, nicht angehalten. Trümmerteile des Reisezuges fand man über mehrere hundert Meter verstreut.

RG 104 90 (1956)

22. Januar 1956

Los Angeles, Kalifornien, USA
(Santa Fé)

30 Tote

Etwa sechs km vom Bahnhof Los Angeles entfernt befuhr ein zweiteiliger Dieseltriebwagen einen für eine Geschwindigkeit von 25 km/h zugelassenen Bogen mit (laut Fahrtenschreiber) 110 km/h. Obwohl diese Geschwindigkeit noch unterhalb derjenigen lag, bei der dieser Zug theoretisch umkippen konnte, fiel er auf die Seite und rutschte etwa

170 m auf dem Gleisbett entlang. Der Triebwagenführer sagte, er habe das Tempo vorher wegen einer anderen Begrenzung auf 55 km/h herabgesetzt und müsse dann einen Blackout gehabt haben. Die folgende medizinische Untersuchung ergab eine noch nicht entdeckte Epilepsie. Der Beimann hatte zu spät erkannt, was vor sich ging. Da das Unglück im Vorort Tinsel City geschah, waren Kameraleute sehr schnell vor Ort. Die Anzahl der Opfer wurde anfänglich mit 88 angegeben. Obwohl die Stahl-Wagen nicht stark beschädigt waren, wurden viele Fahrgäste aus den Fenstern geschleudert und zerquetscht.

Shaw, S. 302

25. Februar 1956

Bornitz, DDR
(DR)
43 Tote

Ein Güterzug fuhr dem Schnellzug von Dresden nach Leipzig in die Flanke. Nach mangelhaften Absprachen zwischen den Beteiligten des Bahnhofs und dem Lokführer des Güterzuges kam dieser nicht rechtzeitig zum Halten.

30. Juni 1956

In der Nähe von Oaxaca, Mexiko
30 Tote

Zwei Reisezugwagen eines Zuges aus Mexico City entgleisten und stürzten in eine Schlucht. Als Unglücksursache nahm man einen Erdrutsch infolge heftiger Regenfälle an.

RG 105 63 (1956)

(7. August 1956)

Barra do Pirai, Brasilien
(Central Railway of Brasil)
Mehr als 20 Tote

112 km vor Rio de Janeiro fuhr ein Güterzug auf freier Strecke auf einen Reisezug auf.

RG 105 176 (1956)

2. September 1956

Mahububnagar, Indien
(Central)
Mindestens 112 Tote

Zwischen Secunderabad und Dronachalam stürzten beim Zusammenbruch einer Brücke zwei Wagen eines Schmalspurzuges (1000 mm) in einen Hochwasser führenden Fluß. Man nahm an, daß alle Passagiere im ersten Wagen ums Leben gekommen waren. Die fünf Beamten, die im zweiten Wagen mit dem Sortieren der Post beschäftigt waren, überlebten. Einige Fahrgäste der 2. Klasse dieses Wagens wurden getötet. Ein Dorfbewohner fuhr mit dem Fahrrad 8 km nach Mahububnagar – dem nächsten Bahnhof –, um dort Alarm zu schlagen. Starke Regenfälle erschwerten jedoch die Rettungsarbeiten.

5. September 1956

Robinson, New Mexico, USA
(Santa Fé)
20 Tote

In den frühen Morgenstunden erhielten zwei von je vier Dieselloks gezogene Schnellzüge die Anweisung, bei Robinson zu kreuzen. Da der Bahnhof nicht besetzt war, mußten die Beimänner der Züge die Weichen stellen. Als erster sollte der aus 16

Wagen bestehende Zug Richtung Osten einfahren. Obwohl er wegen der Ostrichtung Vorrang hatte, erhielt er die Anweisung, das Nebengleis zu benutzen. Nachdem der Beimann die Weichen gestellt hatte, ging er weiter, schloß die Weichen am anderen Ende des Nebengleises auf und blieb an der Weiche stehen. Damit handelte er in beiden Fällen vorschriftswidrig. Die Vorschrift lautet wie folgt: »An Kreuzungspunkten darf der die Weiche bedienende Angestellte weder die Weiche für das Hauptgleis betätigen noch sich innerhalb des freizuhaltenden Bereichs aufhalten, ... bis der erwartete Zug eingetroffen ist bzw. vorbeigefahren ist«. Als sich der in Richtung Westen fahrende Gegenzug mit ziemlicher Geschwindigkeit näherte, gab der Lokführer des haltenden Zuges Signal und betätigte mehrmals das Spitzensignal, möglicherweise als Warnung für den Beimann. Das verwirrte diesen jedoch, er rannte los und änderte die Weichenstellung erneut. Auf diese Weise stießen die beiden Züge mit einer Geschwindigkeit von knapp 100 km/h zusammen. Die Opfer waren Eisenbahner. Die meisten gehörten zum Personal der Speisewagen, hatten dienstfrei und hielten sich im Schlafwagen hinter der Lok des in Richtung Westen fahrenden Zuges auf.

Shaw, S. 114

15. Oktober 1956

Rokken, Japan
(JNR)

40 Tote, 96 Verletzte

In der Nähe von Nagoya stießen zwei von Dampflokomotiven gezogene Reisezüge frontal zusammen. Die Polizei verhaftete später zwei Lokführer und einen Heizer wegen fahrlässiger Tötung, weil sie Signale nicht beachtet hatten.

23. November 1956

Ariyalur, Indien
(Southern)

150 Tote

Ein Schnellzug nach Tuticorin entgleiste bei der Annäherung an eine Brücke in der Nähe von Ariyalur, ca. 270 km vor Madras. Die Lok, sieben Reisezugwagen und ein Stückgutwagen stürzten in den angeschwollenen Fluß Marudaiyar. Eine Untersuchungskommission stellte fest, daß der Damm vor der Brücke unter dem Druck des Hochwassers gebrochen war. Sie beschuldigte den Distrikttechniker, den diensthabenden Aufsichtsbeamten, den Bahnhofsvorsteher und den für die Bahnanlagen verantwortlichen Beamten, weil diese ihren Pflichten nicht ausreichend nachgekommen waren.

9. Februar 1957

Chapel-en-le-Frith, England
(BR)

2 Tote

Nachdem eine Güterzuglok der Baureihe 8F, Achsfolge 1 D, aus Buxton abgefahren war, brach die Leitung zwischen Luftanlage und Druckluftbremse. Der Führerstand füllte sich schnell mit Dampf, die Bremse fiel aus. Obwohl der Lokführer John Axon seinem Heizer befahl, abzuspringen und möglichst viele Handbremsen an den Wagen zu betätigen, konnte der Zug auf der folgenden abschüssigen Strecke nicht mehr angehalten werden. In der Nähe des Bahnhofs Chapel-en-le-Frith fuhr er auf einen anderen Güterzug auf. Der Aufsichtsbeamte und der Lokführer John Axon wurden getötet. John Axon wurde nach seinem Tode für seinen Mut und sein Pflichtbewußtsein das Georgs-Kreuz verliehen. 1981 wurde eine E-Lok der Baureihe 86 (Nr. 86261) nach ihm benannt.

Rolt, S. 266. Vaughan, S. 146

25. Februar 1957

Cordoba, Argentinien

15 - 40 Tote, mehr als 100 Verletzte

Ein mit Touristen vollbesetzter Zug entgleiste in einem engen Bogen in der Nähe von Cordoba. Sieben Wagen kippten um. Die Ursache war überhöhte Geschwindigkeit.

4. März 1957

Zwischen Mandalay und Rangun, Birma

Mehr als 30 Tote

Ein Postzug zwischen Mandalay und Rangun entgleiste. Aufständische wurden deshalb der Sabotage beschuldigt. Ihr Verhandlungsangebot an die Regierung war abgelehnt worden, und danach war dieser Anschlag ihre vierte Aktion gegen die Eisenbahn.

15. März 1957

Kuurila, Finnland
(VR)

Mehr als 24 Tote, 50 Verletzte

Etwa 130 km nördlich von Helsinki stießen zwei Schnellzüge auf einem eingleisigen Streckenabschnitt zusammen. Sie hatten beide Verspätung und fuhren mit hoher Geschwindigkeit. Das Unglück, das folgenschwerste, das sich in Finnland nach dem Krieg ereignete, geschah während eines Schneesturms. Die Unglücksstelle lag in einem einsamen Waldgebiet. Deshalb mußten die Rettungsmannschaften Skier und Pferdeschlitten benutzen.

8. April 1957

Woodstock, Südafrika
(SAR)

Mehr als 20 Tote, 45 Verletzte

Bei Woodstock in der Nähe von Kapstadt stießen zwei elektrische Vorortzüge zusammen.

3. Juli 1957

Zwischen Mauvres und St. Péray, Frankreich
(SNCF)

35 Tote, 42 Verletzte

Unmittelbar außerhalb von Valence kam es zu einer Kollision.

19. Juli 1957

Bollène, Frankreich
(SNCF)

31 Tote, 69 Verletzte

In den frühen Morgenstunden wurde ein Schnellzug von Nizza nach Paris in ein Nebengleis geleitet.Dem Lokführer gelang es zwar, das Tempo von 120 km/h auf 95 km/h zu reduzieren, doch stürzte die Lok auf einer auf 30 km/h begrenzten Gleisverbindung um. Heißer Dampf, der aus der Lok strömte, verbrühte einige Fahrgäste im Schlafwagen, die einige Tage darauf starben.

4. August 1957

Villa Verde, Spanien
(RENFE)

Mehr als 22 Tote, 51 Verletzte

Ein von zwei Lokomotiven gezogener Truppentransportzug, mit 800 Soldaten, die von einem Manöver in den Pyrenäen kamen, stieß mit einer Kleinlok zusammen. Die Kollision geschah bei Villa Verde, ca. 6 km vor Madrid. Die drei Lokomotiven sowie fast alle Wagen entgleisten. Viele Menschen waren in einem Trümmerhaufen aus drei Reisezugwagen und zwei Flachwagen eingeklemmt.

2. September 1957

Kendal, Jamaika
(Jamaica Government)

179 Tote

Am späten Abend entgleiste ein mit etwa 1500 Menschen besetzter Ausflugszug in einem Bogen. Das passierte beim Bahnhof Kendal, 120 km von Kingston entfernt. Acht der zwölf Wagen wurden zerstört. Fünf fielen in einen Graben und zwei verkeilten sich in einem Einschnitt. Dem achten wurden das Dach und die Seitenwände abgerissen. Eine große Anzahl freiwilliger Helfer unterstützte die Rettungsmannschaften bei der Bergung der Überlebenden. Zur Unglücksstelle gab es keinen Zugang. Deshalb transportierten anfangs die Lokomotiven die überlebenden Fahrgäste in zwei Wagen. Später bahnte dann ein Bulldozer eine Zufahrt von 800 m Länge zur nächsten Straße. Viele der Betroffenen gingen nach ärztlicher Behandlung nach Hause, somit gab es keine offiziellen Angaben über die Zahl der Verletzten. Man schätzte, daß es mehrere Hundert gewesen sind.

Ursprünglich wurde angenommen, der Zug sei infolge zu hoher Geschwindigkeit entgleist. Der Lokführer bestätigte, daß die Bremsen nicht funktioniert hatten. Es stellte sich heraus, daß ein Luftabsperrhahn zwischen den Wagen geschlossen war und man nahm zuerst an, ein Fahrgast, den der Lärm der Bremsen störte, habe das getan. Es wurde außerdem behauptet, daß das Zugpersonal in Greenvale, der letzten Station vor der Unglücksstelle, eine Bremsprobe hätte vornehmen müssen und daß der Lok- und der Zugführer ein gefälschtes Bremsprotokoll ausgestellt hätten.

Die Regierung bildete eine hochrangige Kommission und der leitende Untersuchungsbeamte der Britischen Eisenbahn, C. A. Langley, wurde um Unterstützung gebeten. Er stellte fest, daß die Luftabsperrhähne so leichtgängig waren, daß sie in einem Bogen bei Kontakt mit der Kupplung durchaus schließen konnten. Zudem hatte sich der Zugführer und einer der Bremser vorschriftswidrig auf der Lok aufgehalten und die anderen Bremser hatten nicht reagiert, als das Tempo gefährliche Ausmaße annahm.

Langleys Arbeitsergebnisse wurden hoch anerkannt und man sagte, daß »es ohne seine Beharrlichkeit bei der Leitung der Untersuchungen sehr wohl möglich gewesen wäre, daß die Ursache für das Versagen der Bremsen nicht entdeckt worden wäre. Man könne ihm nicht genug sowohl für die Unterstützung der Arbeit der Kommission als auch für die Beratung der Leitung der Eisenbahngesellschaft Jamaikas bei der gründlichen Überprüfung der Züge und deren Bremsanlagen danken«.

RG 107 266, 288, 318, 495 (1957), 109 120 (1958)

7. September 1957

Nozières-Brignon, Frankreich
(SNCF)

26 Tote, 70 Verletzte

Bei der Einfahrt in den Bahnhof sprang ein Schnellzug von Paris nach Nimes aus den Schienen. Die Lok beschädigte eine Brücke. Mehrere Wagen schoben sich ineinander.

29. September 1957

Gambar, Pakistan
(PR)

(250) Tote

Ein Schnellzug in Richtung Karatschi sollte einen Zug mit Erdöl, der in Gambar in der Nähe von Montgomery hielt, kreuzen. Infolge des Fehlers eines Weichenwärters wurde er bei einer Geschwindigkeit von ca. 70 km/h in das Nebengleis geleitet, wo er mit dem Güterzug frontal zusammenstieß. Das ausbrechende Feuer griff auf die vorderen Wagen über, aus den ersten zwei Wagen konnten nur drei Fahrgäste den Flammen entkommen.

29. September 1957

Nördlich von Ibadan, Nigeria

66 Tote, 122 Verletzte

Ungefähr 30 km nördlich von Ibadan spülte wolkenbruchartiger Regen den Bahndamm weg. Das führte zum Entgleisen von sieben der 16 Wagen eines Reisezuges von Lagos nach Kano. Erste Berichte sprachen von mehr als 300 Vermißten. Man befürchtete, sie seien vom Hochwasser mitgerissen worden. Viele waren jedoch einfach nach Hause gegangen. Der Unfallbericht untersuchte die Unglücksursachen ziemlich detailliert.

Der Zug war mit der vorgeschriebenen Geschwindigkeit gefahren. Zwei Stunden vorher hatte ein Güterzug diesen Streckenabschnitt passiert, und man hatte nichts Ungewöhnliches bemerkt. Danach jedoch verstopfte ein Durchlaß durch den Bahndamm, das Wasser stieg bis an den Bahnkörper und unterspülte ihn. Als der Reisezug an diese Stelle kam, brach das Gleis zusammen und sieben Wagen schoben sich auf die Lok. Das Hochwasser führte schließlich zur völligen Zerstörung des Bahndamms.

RG 107 529 (1957)

20. Oktober 1957

Ispartakule, Türkei
(TCDD)

83 Tote, mehr als 100 Verletzte

Offenbar wegen einer Signalstörung kollidierten in der Provinz Thrace zwei Züge. Der Zug Istanbul - Edirne (früher: Adrianopel), der einen Kurswagen nach Griechenland mitführte, stieß mit dem Gegenzug Edirne – Istanbul zusammen.

16. November 1957

Chantonnay, Frankreich
(SNCF)

23 Tote, 30 Verletzte

Ein zweiteiliger Dieseltriebwagen stieß frontal mit einem Güterzug, der von einer Dampflok gezogen wurde, zusammen. Das geschah auf einem eingleisigen Streckenabschnitt in der Nähe von Chantonnay in der Vendée. Das Personal des Triebwagens überlebte in dem höhergelegenen Führerstand, während die Fahrgäste im ersten Wagen alle ums Leben kamen. Die Untersuchungsbehörde von La Roche-sur-Yon verfügte die Inhaftierung des Triebwagenführers sowie eines Bahnhofsbeamten von Chantonnay.

4. Dezember 1957

St. Johns, Lewisham, England
(BR)

90 Tote, 109 Schwerverletzte

Ohne die Geschwindigkeit zu verringern, überfuhr bei sehr dichtem Nebel ein Schnellzug von Cannon Street nach Ramsgate, der von einer Lok der Bauart »Battle of Britain«, Achsfolge 2'C1',Nr. 34066 SPITFIRE, gezogen wurde, ein doppeltes Gelbsignal und danach ein Gelbsignal. Erst als der Heizer das Rotsignal bemerkte, leitete der Lokführer den Bremsvorgang ein. Doch da war es bereits zu spät. Der Zug konnte nicht mehr zum Halten gebracht werden und fuhr mit einer Geschwindigkeit von ca. 50 km/h auf einen haltenden, aus zehn Wagen bestehenden elektrischen Triebzug auf. Dieser Zug, der von Charing Cross nach Hayes fuhr, hatte wegen der starken Steigung die Bremsen fest angezogen. Er hatte zuvor ein Haltsignal erhalten. Wegen der festen Bremsen war der Aufprall besonders folgenschwer. So wurde auch die Brücke, über die die Strecke Nunhead - Lewisham führt, zerstört. Zwei Brückenträger fielen auf den Zug und verschlimmerten die Unfallfolgen.

Bezüglich der Anzahl der Opfer war der Unfall die drittschwerste Eisenbahnkatastrophe in Großbritannien. Dabei hätte es noch schlimmer kommen können, denn 2 Minuten später näherte sich ein weiterer elektrischer Triebzug der Unglücksstelle. Glücklicherweise konnte dieser Zug gewarnt werden und als der Triebwagenführer die umgestürzten Brückenträger sah, konnte er den Zug noch rechtzeitig anhalten.

Die Aufräumungsarbeiten an der Unglücksstelle waren schwierig und langwierig. Einer der Reisezugwagen des Ramsgate-Zuges und die Brückenträger mußten an Ort und Stelle zerlegt werden. Alles in allem war die Strecke siebeneinhalb Tage gesperrt, was wiederum zu beträchtlichen Problemen im Nahverkehr dieser Region führte.

Der Lokführer des Ramsgate-Zuges wurde in zwei Verfahren wegen fahrlässiger Tötung angeklagt. Im ersten Prozeß stimmten die Geschworenen nicht überein. Im zweiten Prozeß ergab die Untersuchung wegen seines schlechten psychischen und physischen Zustandes keine eindeutigen Beweise und er wurde freigesprochen.

Hamilton, S. 164, im Gegensatz zu S. 92. Nock, S. 160/161, 203. Rolt, S. 132/133, 288. Vaughan, S. 116 einschl. S. RM 139 Xii (April 1993)

1. Januar 1958

Mohri, Indien

32 Tote, 85 Verletzte

Im dichten Nebel stieß ein Personenzug von Ambala nach Delhi mit einem Schnellzug von Delhi nach Pathankot, der im Bahnhof Mohri stand, zusammen. Mohri befindet sich etwa 10 km von Ambala.

7. März 1958

Pacienca, Brasilien

58 Tote, (120) Verletzte

In einem Vorort von Rio de Janeiro waren drei Züge zusammengestoßen.

8. Mai 1958

Rio de Janeiro, Brasilien
(Centro do Brasil)

112 Tote, 315 Verletzte (50 davon schwer)

Am Abend kollidierte in Rio ein Vorortzug mit einem leeren Zug. Als Ursache wurde ein fehlerhaftes Signalsystem ermittelt, das den Reisezug nicht registrierte und somit dem leeren Zug das Befahren der eingleisigen Strecke gestattete. Kurz darauf traten drei Direktoren der Eisenbahn zurück und der Präsident Brasiliens beriet auf einem Treffen mit dem Ministerium für Transport und der Leitung der Eisenbahngesellschaft über Fragen der Sicherheit.

21. Mai 1958

Chamraj, Indien

30 Tote

Ein Schnellzug von Rajkot nach Viramsam entgleiste kurz nach der Abfahrt auf dem Bahnhof Chamraj.

14. September 1958

Königswinter, BRD (Drachenfelsbahn)

17 Tote, 94 Verletzte

Die Drachenfelsbahn, eine Zahnradbahn zwischen Königswinter und den Ruinen der Burg Drachenfels, war 1953 nach 70jährigem Betrieb elektrifiziert worden. Im Sommer wurden allerdings auch noch später Dampflokomotiven eingesetzt. Die Lok eines dieser Züge entgleiste und die drei Wagen hinter ihr kippten um. Die Bahn wird heute ausschließlich elektrisch betrieben. Eine Dampflokomotive steht auf einem Sockel in der Nähe des unteren Bahnhofs.

RG 111 9 (1959)

15. September 1958

Newark Bay, New Jersey, USA (Central of New Jersey)

48 Tote

Als die Strecke aus dem Süden nach New York im Jahre 1864 eröffnet wurde, überquerte sie die Newark Bay auf einer 3 200 m langen zweigleisigen Jochbrücke, die zur damaligen Zeit die längste Brücke der Welt war. 1926 wurde sie durch zwei parallele zweigleisige Hubbrücken aus Stahl ersetzt. Jeder Brückenbogen konnte bei Bedarf nach oben bewegt werden, so daß Schiffe passieren konnten. Die Brücke war durch zwei automatische Signale geschützt, durch ein Vorsignal in 1430 m Entfernung vom ersten Brückenbogen und ein Haltesignal in 170 m Entfernung. Wie nach der Zugkatastrophe am 28. Oktober 1906 in der Nähe von Atlantic City empfohlen worden war, gab es auch eine Gleissperre in einer Entfernung von 20 m hinter dem zweiten Signal.

An dem betreffenden Morgen hatte ein kleines Frachtschiff kurz bevor der Zug Nr. 3314 aus Bay Head Junction Elizabethport – seine letzte Station vor der Brücke – verlassen wollte, signalisiert, daß die Brücke geöffnet werden sollte. Da die Schiffe Vorfahrt hatten, öffneten sich die Brückenbogen. Die Signale für den Zug standen auf »Halt«. Sie gaben die Fahrt immer erst frei, wenn sich ein Zug näherte. Der Zug Nr. 3314 bestand aus fünf Wagen und wurde von zwei Diesellokomotiven gezogen. Aus unerfindlichen Gründen verlangsamte er seine Fahrt vor den Signalen nicht und hielt auch nicht an. Mit einem Tempo von 65 km/h prallte er auf die Gleissperre, entgleiste und fuhr auf den Schwellen weiter. Dann stürzten die Lokomotiven und die ersten zwei Wagen in die Fluten und verschwanden. Der dritte Wagen blieb an einem Brückenpfeiler hängen. Nach mehreren Stunden erfaßte ihn die Flut, und auch er ging unter. Viele der Passagiere aus dem dritten Wagen konnten herausklettern. Sie wurden durch zahlreiche kleine Boote gerettet.

Im ersten Wagen befanden sich glücklicherweise keine Menschen. Die Fahrgäste aus dem zweiten Wagen ertranken allerdings fast alle. Lokführer, Beimann, Zugführer und leitender Bremser kamen ums Leben, so daß es keine ausreichende Erklärung dafür gab, warum die Signale nicht beachtet worden waren.

In späteren Jahren wurde die Newark Brücke durch den zunehmenden Schiffsverkehr in der Bucht stark in Mitleidenschaft gezogen. Es kam mehr als einmal im Jahr vor, daß Schiffe die Brücke rammten. Einer der Brückenbögen wurde durch einen französischen Frachter im Mai 1966 so stark beschädigt, daß er nicht mehr funktionsfähig war.

Reed, S. 90, 101. Shaw, S. 194

8. November 1958

Buenos Aires, Argentinien (General Mitre Railway)

22 Tote, 100 Verletzte

Zur abendlichen Hauptverkehrszeit fuhr ein Zug von Retiro nach Pergamino auf einen elektrischen Vorortzug auf. Dieser war unterwegs nach Tigre und hatte Retiro wenige Minuten vorher verlassen. Bei Empalme Maldonado mußte er wegen einer Signalstörung halten.

Am 28. Oktober waren bei einem ähnlichen Zusammenstoß 23 Fahrgäste verletzt worden, und zwei Stellwerkswärter wurden verhört. Da die Angestellten der Bahn daraufhin streikten, mußten die Stellwerkswärter freigelassen werden.

RG 109 599, 680 (1958)

7. Februar 1959

Sewell, Chile (EFE)

33 Tote, 55 Verletzte

Nach Berichten von The Times entgleiste in den Bergen südöstlich von Santiago ein Reisezug.

8. Mai 1959

Tasikmalaja, Indonesien

92 Tote, 14 Verletzte

Ein Schnellzug von Bandjar nach Bandung entgleiste in der Nähe von Tasikmalaja und stürzte in eine Schlucht. Der Verkehrsminister erklärte, daß Unbekannte das Unglück herbeigeführt hätten. Er schloß Sabotage nicht aus.

RG 110 657 (1959)

5. Juni 1959

Engenheiro Goulart, Brasilien

Mehr als 43 Tote

Wegen einer Signalstörung kam es in der Region Sao Paulo zu einem Frontalzusammenstoß von zwei Zügen.

1960–1964

7. Januar 1960

Monza, Italien
(FS)

30 Tote, 70 Verletzte

In einem Bogen, für den eine Geschwindigkeitsbeschränkung von 95 km/h festgesetzt war, sprang ein Zug aus den Schienen.

15. Mai 1960

Leipzig, DDR
(DR)

54 Tote, 106 Schwerverletzte

Auf dem Hauptbahnhof Leipzig stießen am Abend des 15. Mai 1960 ein Personenzug und ein Eilzug frontal zusammen. Der Personenzug gelangte aufgrund einer Reihe von Fehlhandlungen des Stellwerkspersonals in das Einfahrgleis des Eilzuges. Die beiden E-Loks, der Gepäckwagen des Personenzuges und die jeweils folgenden Reisezugwagen wurden völlig zerstört, weitere sechs Reisezugwagen stark beschädigt. Die verantwortlichen vier Eisenbahner wurden zunächst zu Haftstrafen zwischen acht und 15 Jahren verurteilt. Das Oberste Gericht der DDR gab der Berufung statt und sprach Strafen zwischen zwei und fünf Jahren aus.

Preuß, S. 155

8. Juli 1960

Yamuna, Indien
(North Eastern)

25 Tote

Ein Zug war so überfüllt, daß die Fahrgäste auch auf den Dächern der Wagen saßen. Beim Passieren der Yamuna-Brücke wurden 25 heruntergerissen und getötet.

RG 120 513 (1964)

Nicht nur Passagiere auf den Wagendächern haben in Indien durch ihren Leichtsinn ihr Leben verloren. Im Zeitraum von Juni 1955 bis Dezember 1956 kamen mehr als 800 Menschen ums Leben, die auf den Trittbrettern der Züge mitfuhren.

RG 103 202, 292, (1955), 109 505 (1958)

14. November 1960

In der Nähe von Steblova, Tschechoslowakei
(CSD)

60 Tote, 106 Verletzte

Zu einem folgenschweren Unglück kam es beim Zusammenstoß eines Personenzuges mit einem Triebwagen in der Nähe des Bahnhofs Steblova auf der Strecke Pardubice -

Hradec Kralov, in Ostböhmen. Der Personenzug hatte in Steblova an sich die Kreuzung mit dem Triebwagen abzuwarten. Der Heizer glaubte jedoch, das Nachtzeichen des Abfahrsignals vom Fahrdienstleiter gesehen zu haben und übermittelte dies dem Lokführer. Der fuhr ab, ohne auf das haltzeigende Ausfahrsignal zu achten. In einem Einschnitt kam es dann zu dem Zusammenstoß, bei dem der Triebwagen in Brand geriet.

Preuß, S. 91

9. Januar 1961

Barcelona, Spanien
(RENFE)

Mehr als 21 Tote, mehr als 50 Verletzte

Auf einer mehrgleisigen Strecke stießen kurz vor Barcelona der Nachtschnellzug Valencia - Barcelona und ein Güterzug zusammen. Die aus Holz bestehenden Güterwagen und die Wagen der 2. und 3. Klasse des Reisezugstürmten sich zu einem 9 m hohen Trümmerberg auf. Beide Lokführer wurden getötet. Die meisten Opfer waren Studenten, die aus den Weihnachtsferien zurückkamen. Als Ursache des Unglücks nahm man einen Signalfehler an.

26. März 1961

In der Nähe von Rangun, Birma

23 Tote, 100 Verletzte, 60 Geiseln

Der Schnellzug Mandalay - Rangun wurde 240 km vor seinem Zielort von Rebellen in die Luft gesprengt. Anschließend wurden die Fahrgäste – hauptsächlich Regierungsbeamte und Soldaten – mit automatischen Waffen angegriffen.

RG 114 676 (1961)

19. April 1961

Siliguri, Westbengalen, Indien

23 Tote, 77 Verletzte (28 davon schwer)

Ein Reisezug entgleiste. Der zuständige Minister gab als Grund Sabotage an.

13. Juni 1961

Eßlingen, BRD
(DB)

35 Tote

Auf der Strecke Stuttgart - München kam es während der abendlichen Hauptverkehrszeit zu einem Frontalzusammenstoß zweier Vorortzüge. Das Unglück geschah auf einem Streckenabschnitt, der vorübergehend nur eingleisig befahrbar war. Die ersten Wagen beider Züge stürzten den Bahndamm hinunter an das Ufer des Neckar. Einer der Züge hatte zwei Signale überfahren.

Ritzau, S. 113

18. Juni 1961

Vitry-le-François, Frankreich
(SNCF)

27 Tote, 218 Verletzte (89 davon schwer)

Am Nachmittag entgleisten die vierzehn hinteren Wagen des Schnellzuges Straßburg - Paris in einem Bogen. Die Lok und die ersten vier Wagen blieben auf den Schienen. Zehn der entgleisten Wagen stürzten den Bahndamm hinunter. Drei von ihnen landeten in sumpfigem Gelände, was die Rettungsarbeiten erschwerte. Feuerwehrleute mußten die Wagendächer aufschneiden, um die Reisenden befreien zu können.

20. Oktober 1961

Zwischen Ghatsila und Dalbhumgarh, Indien
(South Eastern)

27 Tote, 105 Verletzte

Die Lokomotive und sieben Wagen des Schnellzuges Howrah - Ranchi entgleisten. Untersuchungen ergaben eine mutwillige Beschädigung der Gleisanlagen. 1961/62 wurden in Indien bei drei Sabotageakten 87 Personen getötet und 324 verletzt.

RG 115 523 (1961), 116 101 (1962), 120 513 (1964)

29. Oktober 1961

Zwischen Mainpuri und Bhongaon, Indien
(Northern)

22 Tote, 62 Verletzte

Infolge überhöhter Geschwindigkeit entgleiste ein Zug auf freier Strecke.

RG 120 514 (1964)

26. Oktober 1961

Zwischen Oita und Beppu, Japan
(Oita Kotsu Corporation)

32 Tote, 35 Verletzte

Wolkenbruchartige Regenfälle führten zu einem Erdrutsch von 27 m Breite, 18 m Länge und 14 m Höhe. Die Schlammassen begruben einen Triebwagen unter sich. Der straßenbahnähnliche Betrieb auf dieser Strecke wurde nach dem Unfall eingestellt und durch Busse ersetzt.

RG 115 523 (1961)

23. Dezember 1961

Cantanzaro, Italien
(FS)

70 Tote

In den Außenbezirken von Cantanzaro in Süditalien stürzte ein Wagen eines zweiteiligen Triebwagens von einem Viadukt 30 m in die Tiefe. Das Unglück führte zu Demonstrationen gegen die Eisenbahn. Kommunistische Abgeordnete verlangten im italienischen Parlament eine Untersuchung der Unglücksursache. Sie behaupteten, das Unglück sei die unvermeidliche Folge der Vernachlässigung von Nebenstrecken im Süden des Landes gewesen. Da man feststellte, daß der Zug mit einem Tempo von 55 km/h anstelle der erlaubten 35 km/h gefahren war, wurden der Lok- und der Zugführer inhaftiert und der fahrlässigen Tötung beschuldigt.

RG 116 32 (1962)

8. Januar 1962

Harmelen, Niederlande
(NS)

93 Tote

Im Morgendunst stießen der mit 110 km/h fahrender Schnellzug von Utrecht nach Rotterdam und der Personenzug Rotterdam - Amsterdam (70 km/h) bei Harmelen östlich von Woerden frontal zusammen. Bei dem Aufprall wurden drei Wagen des Personenzuges, der aus einem vier- und einem zweiteiligen Triebwagen bestand, zerstört. Sechs der elf Wagen des Schnellzugs, der etwa 900 Fahrgäste beförderte, wurden ebenfalls zerstört. Die Rettungsarbeiten dauerten den ganzen Tag. Der Lokführer des Schnellzuges hatte das Vorsignal übersehen und konnte das Tempo nur noch von 125 auf 110 km/h verringern, als das Haltsignal auftauchte. Bezüglich der Anzahl der Opfer war dieses Unglück das schlimmste bei den Niederländischen Eisenbahnen. Es war Anlaß zur Einführung der automatischen Zugsteuerung.

RG 116 64 (1962)

22. Februar 1962

Cari, Kolumbien

40 Tote, 67 Verletzte

Ein Güterzug stieß mit einem überfüllten Reisezug in der Nähe von Cari zusammen. Alle Opfer befanden sich in den vier ersten Wagen des Reisezuges.

3. Mai 1962

Mikawashima, Japan
(JNR)

160 Tote, 296 Verletzte

Diese Katastrophe war die Folge der Verkettung unglücklicher Umstände. Eine Dampflok mit einem Güterzug kam am Ende eines Nebengleises nicht zum Halten und überfuhr den Prellbock, wobei sie und der erste Wagen entgleisten und in das Profil des Nachbargleises gerieten. Hier näherte sich ein Elektrotriebzug, dessen erster Wagen daraufhin entgleiste. Der Elektrotriebzug beschädigte seinerseits das in die Gegenrichtung führende Nachbargleis. 5 min später raste ein zweiter Elektrotriebzug in die Trümmer und überfuhr einige Fahrgäste des ersten Zuges, die noch auf den Gleisen standen. Andere Passagiere, die sich in Sicherheit bringen wollten, indem sie den Bahndamm hinabkletterten, wurden von den Wagen des zweiten Zuges erschlagen, die nach der Kollision zur Seite geschoben wurden. Später wurden vier Eisenbahner zu Haftstrafen zwischen 14 Monaten und drei Jahren verurteilt. Man hatte ihnen Nachlässigkeit und Fehler bei der Arbeit nachgewiesen. Die japanische Eisenbahngesellschaft nahm dieses Unglück zum Anlaß, die automatische Zugsteuerung einzuführen.

Shaw, S. 412

31. Mai 1962

Voghera, Italien
(FS)

64 Tote, 15 Schwerverletzte

In den frühen Morgenstunden hielt ein Reisezug auf dem Bahnhof Voghera, um die Lok zu wechseln. Voghera war Übergangsbahnhof vom Dreiphasenwechselstromsystem zum 3000 Gleichstromsystem. Während des Lokwechsels überfuhr ein Sonderzug mit 39 leeren Zementwagen zwei Signale. Der Lokführer bemerkte auch nicht den verzweifelt gestikulierenden Eisenbahner auf dem Bahnhof. Eine Notbremsung wurde erst in letzter Minute eingeleitet, und die Lokomotive zerstörte die hintere Hälfte des Reisezuges, der am Himmelfahrtstag voll besetzt war.

8. Juni 1962

Bhilai, Indien
(South Eastern)

9 Tote, 123 Verletzte

In einem besonders heftigen Zyklon wurden elf Wagen eines Reisezuges aus den Schienen geworfen.

RG 122 473 (1966)

21. Juli 1962

Dumraon, Bihar, Indien
(Eastern)

Mehr als 48 Tote, 55 Schwerverletzte

In der Nähe von Buxar stieß der Postzug Amritsar – Howrah mit einem Güterzug frontal zusammen, der beim Rangieren auf das Hauptgleis geraten war. Das Stellwerkspersonal soll später flüchtig gewesen sein.

RG 117 245, 504 (1962), 118 180 (1962), 120 514 (1964)

22. Juli 1962

Zwischen Bukarest und Mogosoaia, Rumänien
(CFR)

32 Tote

Ein Reisezug entgleiste infolge überhöhter Geschwindigkeit in einem Bogen.

23. Juli 1962

Velars-sur-Ouche, Frankreich
(SNCF)

39 Tote, 46 Verletzte

Einige Wagen des Nachtzugs Paris - Marseille entgleisten in einem Bogen vor dem Viadukt nahe Dijon. Die meisten Wagen fuhren weiter. Nur der siebente durchbrach das Geländer und stürzte auf einen bewaldeten Hang. Dann rutschte er bis zur Talsohle, wobei seine vordere Hälfte stark zerstört wurde. Der Fahrtenschreiber der Lok hatte ein Tempo von ca. 130 km/h aufgezeichnet, so daß die Ursache des Unglücks überhöhte Geschwindigkeit war.

9. Oktober 1962

Piotrkow, Polen
(PKP)

34 Tote

Drei Wagen des internationalen Schnellzuges von Sofia nach Warschau entgleisten und beschädigten das Nachbargleis. Der Schnellzug von Rom nach Moskau fuhr mit einem Tempo von 105 km/h in die Trümmer. Dabei entgleisten 16 Reisezugwagen.

5. November 1962

In der Nähe von Kumanov, Jugoslawien
(JZ)

Mehr als 23 Tote, 17 Verletzte

Kurz nachdem ein Zug entgleist war, veröffentlichte die jugoslawische Nachrichtenagentur eine vorläufige Liste der Opfer und erklärte, die Unglücksursache werde untersucht.

11. November 1962

Gogra, Indien
(North Eastern)

28 Tote

Angestellte der Eisenbahn und die Polizei hatten des öfteren ohne Erfolg versucht, Fahrgästen das Mitfahren auf den Dächern der Züge zu verbieten. Als ein Zug die Gogra-Brücke befuhr, wurden 28 Passagiere von den Dächern gerissen und tödlich verletzt.

RG 120 514 (1964)

4. Januar 1963

Umeshnagar, Indien
(North Eastern)

37 Tote, 86 Verletzte

Im Bezirk Monghyr in der Provinz Bihar stießen zwei Züge zusammen.

RG 120 514 (1964)

11. April 1963

In der Nähe von Bandung, Indonesien
(PJKA)
37 Tote

Die Lok und die ersten Wagen des Schnellzuges Jakarta - Bandung sprangen aus den Schienen. Ein Wagen, der mit vielen Fahrgästen besetzt war, überschlug sich mehrere Male und stürzte in eine Schlucht.

26. Juli 1963

Skopje, Jugoslawien
(JZ)
20 Tote

Während des starken Erdbebens, das die Hauptstadt von Mazedonien verwüstete, entgleiste ein Zug bei der Einfahrt in den Hauptbahnhof. Obwohl 20 Menschen ums Leben kamen, war diese Zahl verglichen mit den Erdbebenopfern relativ gering. Auch der Hauptbahnhof wurde durch das Beben zerstört.

4. August 1963

Montevideo, Uruguay
(40) Tote

Etwa 11 km außerhalb von Montevideo entgleiste ein Reisezug bei einem Tempo von 65 km/h. Zwei Wagen wurden zerstört. Als offizielle Unglücksursache wurde Sabotage genannt.

9. November 1963

Yokohama, Japan
(JNR)
161 Tote, 119 Verletzte

Beim Zusammenstoß mit einem Lkw auf einem Bahnübergang entgleiste ein Güterzug. Zwei Reisezüge aus unterschiedlichen Richtungen fuhren danach in die Trümmer.

24. Dezember 1963

Szolnok, Ungarn
(MAV)
45 Tote

In der Nähe von Szolnok im Osten des Landes stießen zwei Züge zusammen. Den Unfall hatte ein Lokführer verursacht, er wurde zu elf Jahren Gefängnis verurteilt.

(9. März 1964)

Baudpur, Indien
(South East)
22 Tote

Der Schnellzug Madras - Kalkutta stieß mit einem haltenden Güterzug frontal zusammen.

RG 121 677 (1965)

26. Juli 1964

Custoias, Portugal
(CP)
94 Tote, 79 Schwerverletzte

Ein überfüllter zweiteiliger Dieseltriebwagen entgleiste in einem Bogen 5 km vor Porto. Der zweite Wagen stieß gegen die steinernen Brückenpfeiler des Viadukts, über den eine Straße die Bahnlinie überquerte. Dieser Wagen wurde zerstört, der andere blieb unversehrt. In der Dunkelheit gestalteten sich die Rettungsarbeiten in dem engen Einschnitt sehr kompliziert.Man ging davon aus, daß der Zug zum Zeitpunkt des Unglücks ca. 95 km/h fuhr, was für diesen Streckenabschnitt wesentlich zu schnell war. Demzufolge war überhöhte Geschwindigkeit die Unglücksursache.

29. Juli 1964

Randfontein, Südafrika
(SAR)

Mehr als 21 Tote

5 km vor der Bergarbeiterstadt Randfontein entgleiste ein Reisezug.

20. Dezember 1964

Tacotalpa, Mexiko
(FNdeM)

Mehr als 46 Tote, 26 Verletzte

Ein Güterzug fuhr mit einer Geschwindigkeit von etwa 70 km/h auf einen Reisezug mit Fahrgästen auf, die von Weihnachtseinkäufen aus Mexico City, Pueblea und Vera Cruz heimkehrten. Die letzten zwei Wagen wurden zerstört, wobei sich die meisten Opfer im vorletzten befanden. Fünf Angehörige des Zugpersonals des Güterzuges wurden nach dem Unglück festgenommen.

23. Dezember 1964

In der Nähe von Dhanushkodi, Indien
(Southern)

128 Tote

Ein ungewöhnlich starker Sturm in der Straße von Palk verursachte eine Flutwelle, die einen Zug unter sich begrub.

RG 112 473 (1966)

1965–1969

10. Februar 1965

Grisen, Spanien
(RENFE)
30 Tote

Kurz nachdem in Grisen der Zug von Madrid nach Barcelona um 6.15 Uhr abgefahren war, brach Feuer aus. Einige der hinteren Wagen brannten vollkommen aus. Nur die Stahlkonstruktion blieb übrig. Der unversehrte erste Zugteil wurde zum Transport der Verletzten in das Krankenhaus nach Saragossa benutzt.

28. März 1965

Commendador, Brasilien
21 Tote, 40 Verletzte

In der Nähe von Rio de Janeiro stieß ein Reisezug mit den entgleisten Wagen eines Güterzugs zusammen, wobei die ersten zwei Reisezugwagen ebenfalls entgleisten.

4. Oktober 1965

Effingham, Südafrika
(SAR)
89 Tote

Drei Wagen eines überfüllten Zuges, in dem ca. 1500 Arbeiter zum Eingeborenenviertel von Mashu zurückfuhren, entgleisten aus unbekannten Gründen. Kurz danach griffen Farbige einen weißen Stellwerkswärter an und töteten ihn. Ein anderer konnte entkommen.

9. Dezember 1965

Toungoo, Burma
76 Tote

Zwei Züge stießen zusammen.

20. Dezember 1965

Lissabon, Portugal
(CP)
Über 20 Tote

Ein Vorortzug mit Arbeitern und Reisenden, die von Weihnachtseinkäufen heimkehrten, stieß mit einem Güterzug frontal zusammen.

Februar 1966

Indien

37 Tote

Es handelte sich um den ersten von drei Anschlägen auf Personenzüge, die von Naga-Stammesmitgliedern aus Assam verübt wurden. Im Postzug »Assam Mail« explodierte eine Bombe. Über Ort und genaue Datum gab es keine Angaben.

20. April 1966

Lumding, Indien

57 Tote

Eine Woche nach Gesprächen zwischen dem indischen Ministerpräsidenten und den Führern der Naga explodierte im Bahnhof Lumding eine Bombe in einem Zug.

26. April 1966

Diphu, Indien

39 Tote, (60) Verletzte

Dieses Unglück ähnelte dem sechs Tagen zuvor. Es fand in der Nähe der Grenze zum Gebiet der Naga statt.

26. Mai 1966

Belgaum, Indien
(Southern)

22 Tote, 21 Verletzte

In den frühen Morgenstunden entgleiste ein Zug von Banglapore nach Poona. Nachdem der Chefingenieur der Eisenbahn den Unglücksort besichtigt hatte, nannte er das absichtliche Entfernen einer Schienenlasche als Unglücksursache.

31. Mai 1966

In der Nähe von Bukarest, Rumänien
(CFR)

38 Tote, 65 Verletzte

8 km nach Beginn der Fahrt stieß der Schnellzug Bukarest - Galati mit einem Nahverkehrszug zusammen. Daraufhin wurde der Verkehrsminister wegen »Duldung wiederholter Disziplinmängel« entlassen.

13. Juni 1966

Matunga, Bombay, Indien
(Central)

60 Tote

Zwei elektrische Vorortzüge stießen frontal zusammen. Damals wurde keine Unglücksursache genannt, obwohl zwei Eisenbahner von ihren Pflichten entbunden wurden, ohne die Ergebnisse der Untersuchungen abzuwarten.

Im Vormonat war die Eisenbahngesellschaft Central Railway als diejenige mit den besten Sicherheitsbedingungen aller acht Regionalbahnen Indiens bezeichnet worden.

16. November 1966

Nilopolis, Brasilien

38 Tote

29 km nordwestlich von Rio de Janeiro stießen zwei Vorortzüge zusammen. Die ersten beiden Wagen beider Züge wurden fast völlig zerstört. Man nahm an, daß einer der vollbesetzten Züge zwei Signale überfahren hatte.

18. Dezember 1966

Zwischen Santa Eulalis und Villafranco del Campo, Spanien
(RENFE)
29 Tote

An einem kalten und nebligen Morgen kam es zu einem Frontalzusammenstoß zwischen einem leeren Güterzug und einem Dieseltriebwagen. Der Güterzug hatte acht Stunden Verspätung, und der Lokführer beachtete weder die Signale in Villafranco noch die von Hand gegebenen Notsignale des Bahnhofspersonals. Es ist möglich, daß er davon ausging, daß normalerweise an dieser Stelle keine Zugkreuzungen stattfinden. So stieß der Zug in dem eingleisigen Streckenabschnitt dem Dieseltriebwagen, der von Terueo nach Saragossa unterwegs war, zusammen. Feuer brach aus. Die meisten Opfer gab es im ersten Wagen, wo sich viele Fahrgäste wegen der besseren Heizung aufhielten.

6. Juli 1967

Langenweddingen, DDR
(DR)
94 Tote

Zwei Schrankenbäume am Bahnübergang in Langenweddingen (Strecke Magdeburg - Halberstadt) verfingen sich in einem Freiluftkabel und ließen sich bei Annäherung eines Personenzuges nicht schließen. In dieser Situation reagierte der Fahrdienstleiter kopflos – das naheliegende tat er nicht, nämlich das Einfahrsignal für den Personenzug auf Halt zu stellen. So kam es am Bahnübergang zum Zusammenprall zwischen dem Zug und einem Tanklastwagen. Das Feuer erfaßte den Zug und das Bahnhofsgebäude. Die Hälfte der Todesopfer waren Kinder.

Der Fahrdienstleiter und der Dienstvorsteher des Bahnhofs wurden zu je fünf Jahren Gefängnis verurteilt.

Preuß S. 48

5. November 1967

Hither Green, England
(BR)
49 Tote, 78 Verletzte (27 davon schwer)

Am Sonntagabend entgleiste kurz vor Hither Green bei einem Tempo von 115 km/h der vollbesetzte Dieseltriebwagenzug von Hastings nach Charing Crosss. Ein 13 cm langes herausgebrochenes Stück an einem Schienenstoß war die Ursache. Zuerst war nur der vordere Radsatz des dritten Wagens entgleist. Die anderen Wagen überfuhren die Lücke. 400 m weiter jedoch entgleiste fast der gesamte Zug, als der entgleiste Radsatz über eine Kreuzungsweiche fuhr. Nur der führende Triebwagen blieb auf den Schienen. Vier der elf Wagen kippten um.

Das Schienenstück war an einer Stelle herausgebrochen, an der sich in einem lückenlosen Gleis eine Kurzschiene befand. Diese Kurzschiene war nicht genügend unterschottert, und es kam zu Ermüdungsbrüchen. Der leitende Untersuchungsbeamte, McMullen, stellte fest, der der allgemeine Unterhaltungszustand des Streckenabschnitts den zulässigen Geschwindigkeiten nicht entsprach. Unmittelbar nach dem Unglück wurde die Höchstgeschwindigkeit auf 95 km/h gesenkt, und diese Beschränkung blieb lange Zeit in Kraft.

Der Einbau von lückenlosen Schienen wurde beschleunigt, Kurzschienen kamen nicht mehr zum Einsatz.

Nock, S.220. Rolt, S.132/133, 254. RM 139 xiii (April 1993)

27. Januar 1968

General Gamara, Brasilien

41 Tote, 57 Verletzte

Zu diesem Unglück in der Provinz Rio Grande do Sol wurden keine Einzelheiten bekannt.

15. März 1968

Zwischen Robledo de Chavela und Santa Maria de la Alameda, Spanien
(RENFE)

25 Tote, mehr als 80 Verletzte

Einer der klimatisierten Dieselschnelltriebwagen, der unter der Bezeichnung Tren Espanol Rapido (TER) bekannt ist, stieß mit einem Bauzug zusammen. Das passierte in den Bergen der Sierra de Guadarrams auf der Strecke von Madrid nach Avila. Der Schnellzug bestand aus zwei zweiteiligen Triebwagen, und die Fahrgäste nahmen zur Zeit des Unglücks gerade eine Mahlzeit ein.

Die Bauarbeiten fanden auf der Strecke in Richtung Norden außerhalb von Robledo statt. Dabei konnte ein Streckenabschnitt nur eingleisig befahren werden. Nachdem der mit Schienen beladene Bauzug entladen worden war, sollte er bis nach Santa Maria zurückfahren. Dort wollte man den Schnellzug kreuzen lassen. Zur Rückfahrt des Bauzuges wurde eine Kleinlokomotive eingesetzt, deren Personal auf der stark abschüssigen Strecke schnell die Kontrolle über den Zug verlor. Er raste durch den Bahnhof und stieß 3,2 km weiter mit dem Schnellzug zusammen. Der erste Wagen wurde stark beschädigt und geriet in Brand. Die anderen Passagiere setzten ihre Fahrt in den unbeschädigten hinteren zwei Wagen fort.

19. März 1968

Yalvigi, Indien

Mehr als 40 Tote, 38 Verletzte

550 km südlich von Bombay stieß der »Deccan Express« auf der Fahrt von Poona nach Bangalore (Bundesstaat Mysore) frontal mit einem Nahverkehrszug zusammen. Bevor ein Hilfszug aus Hubli eintraf, behandelten drei Ärzte, die sich im Zug befanden, im Schein von Taschenlampen die Verletzten.

1. Oktober 1968

Korinth, Griechenland

34 Tote, 150 Verletzte

Auf der Fahrt nach Athen stießen zwei Reisezüge zusammen. Von einem Reisezugwagen blieb nur der Rahmen übrig.

22. Dezember 1968

Östlich von Budapest, Ungarn
(MAV)

43 Tote

Ein Güterzug und ein Reisezug stießen 32 km östlich von Budapest zusammen. Die ersten drei Wagen des Reisezuges wurden stark beschädigt.

15. Juli 1969

In der Nähe von Cuttack, Indien

Mehr als 100 Tote

Ein Güterzug fuhr auf einen Reisezug auf. Das Unglück geschah 40 km nördlich von Cuttack im Bundesstaat Orissa.

30. Juli 1969

In der Nähe von Gostivar, Jugoslawien
(JZ)

29 Tote, 17 Verletzte

In Gostivar (Mazedonien) gerieten bei Rangierarbeiten drei 40-t-Kesselwagen außer Kontrolle und rollten die stark abschüssige Strecke in Richtung auf das etwa 30 km entfernte Tetovo zu. Ein zweiteiliger Dieseltriebwagen hatte diesen Ort schon verlassen und der Zusammenstoß konnte nicht mehr vermieden werden. Bei der Kollision wurde der ursprünglich etwa 10 m lange erste Wagen auf ca. 2 m zusammengedrückt. Die Verantwortlichen von Gostivar wurden wegen Fahrlässigkeit inhaftiert.

31. Dezember 1969

In der Nähe von Theis, Senegal

Mehr als 20 Tote

Ein Reisezug von Dakar nach St. Louis und ein Güterzug stießen bei Theis, ungefähr 48 km vor Dakar, zusammen.

1970–1974

1. Februar 1970

Benavidez, Argentinien
(General Mitre)

236 Tote, (400) Verletzte

Ein Nahverkehrszug mit ca. 1000 Fahrgästen mußte auf der Fahrt nach Buenos Aires wegen Schwierigkeiten mit einer Einspritzpumpe halten. Normalerweise hätte die Strecke wegen des haltenden Zuges gesperrt werden müssen. Das tat der Stellwerkswärter jedoch nicht, und so fuhr ein von zwei Loks gezogener Schnellzug von Tucunan nach Buenos Aires mit einem Tempo von etwa 95 km/h auf den haltenden Zug auf.

Im Schnellzug waren keine Opfer zu beklagen, aber die letzten zwei Wagen des Nahverkehrszuges wurden völlig zerstört. Das Unglück geschah auf einer zweigleisigen Strecke mit Formsignalen.

Die Unglücksstelle befand sich in einer entlegenen und sumpfigen Gegend. Somit gestalteten sich die Rettungsarbeiten sehr kompliziert. Zudem erkannte man das Ausmaß der Katastrophe zunächst nicht vollständig. Die Rettungsmannschaften arbeiteten bis zum nächsten Morgen. In der Nähe wurde ein medizinischer Versorgungsstützpunkt eingerichtet. Hubschrauber der Luftstreitkräfte übernahmen die Versorgung mit medizinischen Hilfsmitteln und flogen auch Verletzte aus.

RG 126 127 (1970)

16. Februar 1970

Langalanga, Nigeria

(150) Tote

Eine Diesellok entgleiste bei Langalanga und stürzte eine 25 m hohe Böschung hinunter. Langalanga ist ein entlegener Ort südlich von Kaduna. Die Lok riß vier Wagen mit sich. Das Unglück passierte am ersten Tag des moslemischen Festes Eid-al-Kabir, und der Zug war mit Pilgern besetzt. In der Nähe geparkte Pkw und Lkw lieferten das Licht für die Rettungsarbeiten. Es wurde auch berichtet, daß 52 Personen umkamen, als der Lkw, der sie ins Krankenhaus bringen sollte, verunglückte.

9. August 1970

Plencia, Spanien

33 Tote, (200) Verletzte

Ein Zug mit Sonntagsausflüglern stieß auf der Rückfahrt von der Küste nach Bilbao mit einem Güterzug zusammen. Dabei wurden die hölzernen Wagen total zertrümmert. Zwei Fahrdienstleiter wurden vorläufig inhaftiert.

31. Dezember 1970

Ardekan, Iran

Mehr als 70 Tote, 130 Verletzte

Auf einem neu gebauten Streckenabschnitt am Rande der Wüste stießen zwei Züge zusammen. Einer war mit 300 Eisenbahnern und Bergleuten besetzt, die zum Neujahrsfest nach Isfahan wollten. Ein Regierungssprecher gab die offizielle Zahl der Todesopfer mit 15 an. Medienvertreter nannten jedoch die oben angeführte Zahl. Ursache des Unglücks waren ein Fehler eines Stellwerkswärters sowie unzureichende Fernmeldeverbindungen.

9. Februar 1971

Aitrang, BRD

(DB)

28 Tote

Der TEE »Bavaria« von München nach Zürich entgleiste infolge viel zu hoher Geschwindigkeit in einem Bogen. Die Trümmer des Zuges fielen auf das Gegengleis. In sie fuhr ein vierteiliger Dieseltriebwagen, der von Kempten nach Kaufbeuren unterwegs war. Für den Bogen galt eine Geschwindigkeitsbeschränkung von 80 km/h. Der Fahrtenschreiber des Schnellzugs registrierte jedoch ca. 130 km/h. Der Lokführer, der bei dem Unglück ums Leben kam, befuhr diese Strecke seit 20 Jahren. Gründe für sein Fehlverhalten konnten nicht ermittelt werden.

Ritzau, S. 151, 156

14. Februar 1971

Zwischen Zenica und Doboj, Jugoslawien

(JZ)

Mehr als 34 Tote

Die Diesellok eines Zuges mit etwa 200 Fahrgästen geriet in einem ca. 1,6 km langen Tunnel zwischen Zenica und Doboi, westlich von Sarajevo, in Brand. Der Zug hielt ungefähr 275 m vor dem Tunnelausgang an, und der Lokführer versuchte, das Feuer mit einem Feuerlöscher zu bekämpfen. Es griff jedoch auf die Wagen über. Viele Fahrgäste verließen den Zug und wollten den Tunnel zu Fuß verlassen. Dabei erlitten viele tödliche Rauchvergiftungen. Viele Opfer waren Arbeiter auf dem Weg zur Arbeit ins Stahlwerk Zenica.

27. Mai 1971

Radevormwald, BRD

(DB)

46 Tote, 25 Verletzte

Ein Dieseltriebwagen mit einer Gruppe Kinder, die auf dem Heimweg von einem Schulausflug nach Bremen war, stieß mit einem Güterzug zusammen. Der Güterzug sollte den Reisezug in Dahlerau kreuzen. Er verließ jedoch das Kreuzungsgleis, bevor der Gegenzug ankam. Der Lokführer sagte später, er habe angehalten, dann jedoch vom Fahrdienstleiter ein Abfahrsignal erhalten. Dieser rannte dem Güterzug hinterher und schwenkte eine rote Lampe, was vom Lokführer unbemerkt blieb. Nach seiner Rückkehr zum Bahnhof alarmierte er die Rettungsdienste, noch bevor der Unfall passierte.

Ritzau, S. 119

21. Juli 1971

Freiburg im Breisgau, BRD
(DB)
22 Tote

Auf seiner Fahrt von der Schweiz durch das Rheintal entgleiste der »Schweiz-Express« Basel - Kopenhagen in einem Bogen infolge überhöhter Geschwindigkeit. Die Lok und zwölf Reisezugwagen stürzten den etwa 5 m hohen Bahndamm hinunter auf ein Haus. Die restlichen zwei Wagen fielen um, blieben aber auf dem Gleis liegen. Die Überprüfung des Fahrtenschreibers ergab 137 km/h, fast doppelt soviel wie zugelassen. Überlebende Fahrgäste berichteten, die Wagen hätten stark geschwankt, und das Gepäck sei aus den Ablagen gefallen.

Dieses Unglück und das bei Aitrang vom Februar 1971 führten zu der Erkenntnis, daß das hohe Tempo die Lokführer nachts verunsichert und das rechtzeitige Bremsen bei Annäherung an eine Geschwindigkeitsbeschränkung zum Unsicherheitsfaktor macht. Demzufolge wurde festgelegt, die kleinen Kilometersteine durch große Tafeln entlang der Strecke zu ersetzen,und zwar ebenfalls alle 200 m. Diese Tafeln werden an elektrifizierten Strecken an den Fahrleitungsmasten befestigt.

Ritzau, S. 153

4. August 1971

In der Nähe von Belgrad, Jugoslawien
(JZ)
35 Tote

Ein Güterzug hätte im Bahnhof Lipe südlich von Belgrad auf die Durchfahrt eines Reisezuges mit 300 Messebesuchern warten müssen. Er tat es nicht, und so kam es auf der eingleisigen Strecke zum Frontalzusammenstoß. Der Lokführer des Güterzuges, sein Beimann und vier Eisenbahner aus Lipe wurden nach dem Unglück inhaftiert.

26. Oktober 1971

Zwischen Nagoya und Osaka, Japan
(Kinki Nippon Railway)
23 Tote

Zwischen den Städten Nagoya und Osaka kam es auf einer eingleisigen Strecke der privaten Gesellschaft Kinki Nippon Railway zu einem Frontalzusammenstoß.

31. März 1972

In der Nähe von Potgietersrus, Transvaal, Südafrika
(SAR)
38 Tote, 174 Verletzte

Bei der Annäherung an eine Flußbrücke entgleiste ein Reisezug. Die Lok fuhr auf den Schwellen weiter und stürzte dann in das fast ausgetrocknete Flußbett. Dabei zog sie einige Reisezugwagen mit sich. Alle Opfer waren Farbige. Vertreter der Eisenbahngesellschaft bestätigten, man habe Anzeichen von Sabotage entdeckt. Eine Explosion habe es aber nicht gegeben.

26. April 1972

Nördlich von Bangalore, Indien
21 Tote, 37 Verletzte

Die Lok und vier Wagen eines Reisezuges entgleisten.

4. Juni 1972

Jessore, Bangladesh (BRB)

76 Tote, mehr als 500 Verletzte

Ein Reisezug stieß mit einem Güterzug zusammen. Mindestens zehn Wagen wurden zerstört.

17. Juni 1972

Vierzy-Tunnel, Frankreich (SNCF)

108 Tote, 240 Verletzte

110 Jahre nach seiner Eröffnung stürzte ein Teil der Decke des 800 m langen Vierzy-Tunnels ohne vorherige Anzeichen ein. Die zweigleisige Strecke zwischen Paris und Soissons wurde durch das Geröll blockiert. Fast gleichzeitig fuhren Züge aus beiden Richtungen zwischen dem Gare du Nord (Paris) und Laon mit einem Tempo von etwa 110 km/h in die Trümmer des Tunnels. Von dem Unglück war außerhalb des Tunnels nichts zu sehen. Nur die Warnglocke an einem Bahnübergang läutete ständig. In der engen Tunnelröhre waren die Rettungsarbeiten sehr problematisch. Acetylenschneidbrenner konnten wegen der Ventilation nicht eingesetzt werden. Außerdem bestand die Gefahr, daß weiteres Gestein herabfallen würde. Deshalb verwendete man hydraulische Stützpfeiler. Die letzten zwei lebenden Passagiere konnten erst 40 Stunden nach dem Unglück befreit werden. Die Leiche eines Lokführers wurde nach fünf Tagen geborgen.

Die Wiedereröffnung des Tunnels war erst nach mehreren Monaten möglich.

Shaw, S. 412

21. Juli 1972

In der Nähe von Jerez, Spanien (RENFE)

76 Tote, 103 Verletzte

Kurz nach 7.00 Uhr stießen etwa 30 km vor Jerez der Schnellzug Madrid - Cadiz, der mit ca. 500 Personen besetzt war, und ein Nahverkehrszug zusammen. Im Nahverkehrszug befanden sich etwa 200 Fahrgäste, unter ihnen 60 Seeleute, die auf Heimaturlaub waren. Dieser Zug hatte ein Signal nicht beachtet, und die Weichen standen so, daß ein Zusammenstoß nicht zu vermeiden war.

6. August 1972

Liaquatpur, Pakistan (PR)

38 Tote

Ein Schnellzug von Lahore nach Karatschi wurde irrtümlicherweise vom Hauptgleis in ein Nebengleis geleitet. Dort stieß er frontal mit einem haltenden Güterzug zusammen.

29. September 1972

Malmesbury, Südafrika (SAR)

(100) Tote

In den frühen Morgenstunden entgleiste in der Nähe von Malmesbury, ca. 65 km nordöstlich von Kapstadt, ein Reisezug mit neun Wagen. Die meisten Opfer waren Farbige.

5. Oktober 1972

Saltillo, Mexiko
(FNdeM)

208 Tote

Ein Teil eines Sonderzuges, der Pilger und Urlauber von Festlichkeiten im Bergbau-Zentraum San Luis de Potosi zurückbrachte, entgleiste infolge überhöhter Geschwindigkeit. Vier Wagen fingen Feuer. Sechs Mitglieder des Zugpersonals wurden wegen Trunkenheit verhaftet. Ein weiterer Eisenbahner war »nicht mehr auffindbar«.

Shaw, S. 409

30. Oktober 1972

Chicago, Illinois, USA
(Illinois Central)

45 Tote, 330 Verletzte

Obwohl der Lokführer des neuen elektrischen »Highliner« Doppelstockzuges vom Zugführer vor der Abfahrt die Anweisung bekam, in Chicago zu halten, tat er es nicht. Der Bahnhof 27. Straße war im Fahrplan nur als Bedarfshalt ausgewiesen. Dieser Zug hielt jedoch wegen der Belegschaft eines in der Nähe befindlichen Krankenhauses immer hier. Als der Fehler bemerkt wurde, brachte man den Zug etwa 180 m vom Bahnsteig entfernt und 118 m hinter dem automatischen Blocksignal zum Halten. Das Zugpersonal entschloß sich, den Zug zum Bahnsteig zurückzudrücken. In der Zwischenzeit hatte aber der folgende Zug Durchfahrt für den Bahnhof 27. Straße erhalten, und er fuhr mit 80 km/h auf den ersten Zug auf. Die konventionellen Wagen des auffahrenden Zuges wurden durch den Aufprall stark beschädigt.

Die Durchfahrt war diesem zweiten Zug allerdings mit einer Geschwindigkeitbeschränkung von 50 km/h erteilt worden. Trotz der recht beträchtlichen Überschreitung hätte der Lokführer den zurückfahrenden Zug noch rechtzeitig erkennen müssen und den Zusammenstoß verhindern können. Er tat es aber nicht. Hauptursache für den Unfall bleibt jedoch die mangelnde Absicherung durch das »Highliner«-Personal beim Zurückdrücken.

Shaw, S. 361

30. Oktober 1972

In der Nähe von Karl-Marx-Stadt, DDR
(DR)

25 Tote, 70 Verletzte

Bei dichtem Nebel stießen zwei Schnellzüge zusammen.

Ritzau, S. 180

31. Oktober 1972

Eskisehir, Türkei
(TCDD)

Mehr als 30 Tote, 50 Verletzte

Ein Reisezug und ein Kesselwagenzug stießen zusammen. Mehrere Wagen rollten einen Abhang hinunter. Die Trümmer gerieten in Brand.

6. November 1972

Hokuriku-Tunnel, Japan
(JNR)

30 Tote, mehr als 700 Verletzte

Dieser zweigleisige Tunnel ist 13,87 km lang. Als der »Kitaguni-Express« in den frühen Morgenstunden durch den Tunnel fuhr, brach im Speisewagen ein Feuer aus. Der Lokführer hielt an und versuchte, den in Flammen stehenden Wagen abzukuppeln. Plötzlich fiel jedoch die Energieversorgung aus und im Tunnel herrschte totale Finsternis.

Die schlaftrunkenen Passagiere stiegen aus und wollten den Tunnel zu Fuß verlassen. Einige wurden von einem in die Gegenrichtung fahrenden Zug mitgenommen, andere faßten sich an den Händen und versuchten, den Tunnelausgang gemeinsam zu erreichen. Mit Atemgeräten ausgerüstete Rettungskräfte brachten von beiden Seiten Wagen in den Tunnel, um die Überlebenden zu retten. In Presseberichten wurde kritisiert, daß der Tunnel nicht ausreichend belüftet werden konnte. Seit dieser Katastrophe sind in Japan die Vorschriften für das Verhalten bei Ausbruch eines Feuers geändert worden. Der Lokführer hat in einem solchen Fall die Fahrt in einem Tunnel so lange wie möglich fortzusetzen.

Diese Grundverhaltensregel gilt auch für den Eurotunnel. Bei Ausbruch eines Feuers wird der betroffene Streckenabschnitt evakuiert und dann durch Feuertüren isoliert. Wenn ein Zug jedoch anhalten muß, bietet der zentrale Servicetunnel eine Fluchtmöglichkeit für die Fahrgäste. Dieser Tunnelröhre wird von beiden Seiten Luft mit einem höheren Druck als in den Röhren für die Züge zugeführt. Deshalb reagieren die automatischen Türen der internationalen »Eurostar«-Züge in Gefahrensituationen anders als in normalen Zügen. Wenn in einem solchen Zug die Notbremse gezogen wird, ertönt ein Alarmsignal, aber der Zug hält nicht an. Bei den britischen Inter-City-Zügen 225 bewirkt ein Betätigen des Türöffners das automatische Bremsen des Zuges. Bei jedem Wagentyp öffnen sich die Türen erst, wenn der betreffende Zug angehalten hat.

1. Februar 1973

Algerien
(SNTF)

35 Tote, 51 Verletzte

Im östlichen Teil des Landes sprang ein Reisezug aus den Schienen.

27. März 1974

Sao Miguel, Mozambique

60 Tote

In der Nähe von Lourenco Marques stießen ein Reisezug aus Rhodesien und ein mit Erdölprodukten beladener Zug frontal zusammen. Brennendes Erdöl ergoß sich auf die Reisezugwagen und die Hitze der Flammen verhinderte für eine geraume Zeit das Heranfahren der Löschzüge. Die Verletzten wurden mit Hubschraubern in die Krankenhäuser gebracht.

30. August 1974

Zagreb, Jugoslawien
(JZ)

153 Tote

Ein Schnellzug von Belgrad nach Dortmund entgleiste in einem Bogen bei einer Geschwindigkeit von ca. 90 km/h. Der Bogen war für 50 km/h zugelassen. Der Zug hatte ein Signal überfahren. Er sollte ca. 400 Gastarbeiter aus dem Urlaub in die BRD zurückbringen.

Später fanden Versuche mit ähnlichen Reisezugwagen des Schnellzuges München - Belgrad statt und man wies nach, daß das Unglück bei Einhaltung der vorgeschriebenen Geschwindigkeit nicht passiert wäre. Das Lokpersonal gab ein Versagen der Bremsen an, doch es zeigte sich bei einer Nachprüfung, daß sie voll funktionsfähig waren. In der Verhandlung, die sieben Monate später stattfand, gaben der Lokführer und sein Beimann zu, daß sie kurz vor Zagreb eingeschlafen waren. Sie hatten im vergangenen Monat über 300 Stunden Dienst gehabt. Sie wurden schuldig gesprochen. Der Lokführer wurde zu 15 Jahren Gefängnis verurteilt, sein Beimann zu acht Jahren.

31. Oktober 1974

Mohanganj, Indien

43 Tote, (60) Verletzte

Im Schnellzug Delhi - Kalkutta - Upper India gab es eine Explosion, die offensichtlich durch Feuerwerkskörper verursacht wurde, die ein Passagier mit sich führte. Der Zug fing Feuer. Viele der Fahrgäste starben, als sie von dem fahrenden Zug absprangen.

1975–1979

22. Februar 1975

In der Nähe von Tretten, Norwegen
(NSB)
29 Tote

Der Schnellzug Trondheim - Oslo sollte den Gegenzug planmäßig in Tretten, nördlich von Lillehammer, kreuzen. An diesem Tag hatte dieser jedoch Verspätung, und man ließ den Schnellzug fälschlicherweise auf die eingleisige Strecke, bevor der Gegenzug angekommen war.

22. Mai 1975

In der Nähe von Kenitra, Marokko
(ONCFM)
Mehr als 34 Tote

Ein Reisezug sprang aus den Schienen.

8. Juni 1975

Zwischen Warngau und Schaftlach, BRD
(DB)
41 Tote, 122 Verletzte

Südlich von München stießen am Sonntag kurz vor der Morgendämmerung auf einer eingleisigen Strecke zwei Reisezüge zusammen. Die Fahrdienstleiter beider Bahnhöfe hatten das Zugmeldeverfahren sehr nachlässig gehandhabt, so daß die beiden Züge in den eingleisigen Streckenabschnitt eingelassen wurden.

Die Fahrdienstleiter wurden zu einem Jahr bzw. zu acht Monaten Gefängnis auf Bewährung verurteilt.

Ritzau, S. 126

4. Mai 1976

In der Nähe von Schiedam, Niederlande
(NS)
24 Tote

Der »Rhein-Express« war aus Hoek van Holland mit Verspätung abgefahren. Kurz vor Erreichen der Strecke Rotterdam - Den Haag bei Schiedam (heute Rotterdam West-

Schiedam) war er auf das linke Gleis geleitet worden. Das war ein durchaus normaler Vorgang, denn die meisten Hauptstrecken in den Niederlanden können im Gleiswechselbetrieb befahren werden. Der Expreß sollte einen fahrplanmäßigen Personenzug, der auf dem rechten Gleis in Richtung Osten fuhr, überholen. Ein in Richtung Westen fahrender elektrischer Triebzug – der »Sprinter« –, der aus zwei zweiteiligen Triebwagen bestand, beachtete ein Haltsignal nicht und fuhr auf das Gleis, auf dem sich der »Rhein-Express« mit der E-Lok der Baureihe 1 300 befand. Der Frontalzusammenstoß geschah gerade in dem Moment, als der Personenzug überholt wurde. Somit waren alle drei Züge in das Unglück verwickelt.

Damals waren 25 % des Eisenbahnnetzes der Niederlande mit der automatischen Zugsteuerung ausgerüstet. Man beschleunigte die Einführung dieser Technik, und 1987 waren schon 60 % erreicht. 1992 betrug die Zahl 85 %.

23. Mai 1976

Seoul, Südkorea
(KNR)

20 Tote

Ein Reisezug und ein Tanklastwagen stießen auf einem Bahnübergang in der Hauptstadt zusammen, und ein Feuer brach aus.

6. September 1976

Benoni, Südafrika
(SAR)

31 Tote

Ein Schnellzug hielt vor einem Signal. Ein Pendlerzug, der auf der Fahrt in das Farbigenviertel Daveyton war, fuhr auf den Schnellzug auf. Alle Opfer befanden sich im Nahverkehrszug. Ein Sprecher der Eisenbahn schloß Sabotage als Unglücksursache aus. Somit resultierte das Unglück entweder aus einer falschen Signalstellung oder ein Zug hatte ein Signal nicht beachtet.

10. Oktober 1976

Mexiko
(FNdeM)

Mehr als 20 Tote

Ein Zug mit Urlaubern kollidierte nahe der Grenze zu den USA mit einem Güterzug. Ein Reisezugwagen stürzte in eine Schlucht.

18. Januar 1977

Sydney, Australien

83 Tote, 213 Verletzte

Ein Pendlerzug in Richtung Sydney entgleiste in der Nähe des Bahnhofs Granville.

Der Zug fuhr zwar nur mit ca. 30 km/h, jedoch war der Oberbauzustand sehr schlecht. Zwei der entgleisten Reisezugwagen prallten gegen die Pfeiler einer breiten Straßenbrücke, die zusammenbrach und auf den Zug fiel. Viele Menschen wurden von den Brückenteilen erschlagen, und auch die Rettungsarbeiten wurden erschwert.

19. Januar 1977

Varanasi, Indien

28 Tote, 78 Verletzte

In der Nähe der heiligen Hindustadt Varanasi (bis 1960 Benares) in der Provinz Uttar Pradesh fuhr ein Reisezug auf einen haltenden Zug auf.

28. Februar 1977

In der Nähe von Barcelona, Spanien

(Ferrocariles Catalanes)

22 Tote

19 km vom Stadtzentrum entfernt stießen zwei überfüllte Vorortzüge frontal zusammen. Der in Richtung Stadt fahrende Zug war mit Arbeitern der SEAT-Autowerke besetzt, die gerade ihre Schicht beendet hatten. Dieser Zug entgleiste und die Lok stürzte auf das Gegengleis, das für mehrere Stunden blockiert war.

30. Mai 1977

Assam, Indien

85 Tote

Hochwasser hatte nach schweren Regenfällen eine Flußbrücke etwa 113 km von Gauhati in Assam beschädigt. Die Lok und vier Reisezugwagen eines Zuges stürzten in den angeschwollenen Fluß.

27. Juni 1977

Lebus, DDR

(DR)

29 Tote

In den frühen Morgenstunden stießen in der Nähe von Lebus der von einer Dampflok gezogene Schnellzug von Zittau nach Stralsund und ein von einer Diesellok geführter Güterzug zusammen.

Der Schnellzug war im Bahnhof Booßen auf das verkehrte Streckengleis geleitet worden. Das Lokpersonal des Schnellzugs, das den Unfall bei mehr Aufmerksamkeit möglicherweise hätte abwenden können, kam ums Leben.

Ritzau, S. 181

8. September 1977

Assiut, Ägypten

(ER)

25 Tote

In Oberägypten entgleisten bei einer Geschwindigkeit von 115 km/h acht der elf Reisezugwagen des Schnellzugs Kairo – Assuan. Zur Beförderung der unverletzten Fahrgäste nach Assiut wurden Busse, Taxis und Privatautos eingesetzt. Der Verkehrsminister gab die Zahl der Toten mit 25 an, obwohl drei Tage später in einer Kairoer Zeitung mindestens 70 Opfer genannt wurden.

10. Oktober 1977

Naini, Indien

Mehr als 61 Tote, 151 Verletzte, 81 davon schwer

In den frühen Morgenstunden fuhr ein Reisezug im Bahnhof Naini in der Nähe von Allahabad in Nordindien auf einen Güterzug auf.

(12. November 1977)

Mexiko

(FNdeM)

37 Tote, (12) Verletzte

96 km vor Cuidad Juarez stießen auf einem Bahnübergang ein Zug und ein Tanklastwagen zusammen.

4. Januar 1978

Esenkoy, Türkei

(TCDD)

Mehr als 30 Tote, über 100 Verletzte

In einem entlegenen Gebiet der Türkei stießen zwei Reisezüge frontal zusammen.

Von den 400 Fahrgästen hatten sich auch am nächsten Tag noch nicht alle aus den Wagen befreien können. Drei der sieben Wagen lagen übereinander. Winterstürme verhinderten die Anfahrt der Rettungsfahrzeuge, so daß die Rettungstrupps mit Zügen zum Unglücksort gelangten.

25. Februar 1978

In der Nähe von Santa Fé, Argentinien

53 Tote, 56 Verletzte

Bei einer Kollision auf einem Bahnübergang kamen viele Zuginsassen ums Leben.

15. April 1978

Vado, Italien
(FS)

47 Tote, (200) Verletzte

Ein in Richtung Norden fahrender Nahverkehrszug entgleiste etwa 30 km südlich von Bologna. Die Lok fiel auf das Gegengleis, wo der Expreß von Venedig nach Rom in sie hineinfuhr. Die Reisezugwagen rutschten die Böschung hinab.

9. Januar 1979

Ankara, Türkei
(TCDD)

30 Tote, (100) Verletzte

In der Nähe der Haupstadt Ankara fuhr ein Pendlerzug auf einen anderen auf. Die Wagen des haltenden Zuges gerieten in Brand. Erst fünf Tage vorher waren bei einem anderen Eisenbahnunglück nahe Ankara 16 Menschen getötet worden.

26. Januar 1979

Chuadunga, Bangladesh
(BRB)

Mehr als 70 Tote, mehr als 200 Verletzte

322 km westlich von Dacca sprang ein voll besetzter Zug aus den Schienen und stürzte um.

21. August 1979

Taling Chan, Thailand
(SRT)

52 Tote, (200) Verletzte

Ein Reisezug und ein Güterzug stießen frontal zusammen. Ein Reisezugwagen kippte um und rutschte die Böschung hinunter. Später berichtete man, daß die Polizei den Lokführer des Güterzuges und den Stellwerkswärter gesucht haben, die beide nach dem Unglück verschwunden waren. Der Vorsitzende der Bahngesellschaft erklärte jedoch, daß sie nicht als Schuldige gesucht wurden. Man habe lediglich ihre Aussagen zur Feststellung der Unglücksursache benötigt.

13. September 1979

Stalac, Jugoslawien
(JZ)

60 Tote

Der Lokführer eines Güterzuges schlief vermutlich ein und überfuhr ein Signal. Danach stieß dieser Zug mit einem Reisezug in Richtung Skopje zusammen. Viele der Passagiere waren Armeeangehörige, die von Belgrad aus in Ausbildungslager im Süden des Landes fuhren. Beim Zusammenstoß wurden einige der Reisezugwagen auf ein

Viertel ihrer ursprünglichen Länge zusammengedrückt.

Zwischen 1971 und 1976 hatte es bei Eisenbahnunfällen in Jugoslawien etwa 700 Tote und 2 000 Verletzte gegeben.

(31. Oktober 1979)

Djibouti

50 Tote, 30 Verletzte

Im Südwesten der gleichnamigen Hauptstadt des nordostafrikanischen Landes entgleiste ein Zug.

3. Dezember 1979

Londa, Indien

23 Tote, 12 Verletzte

Im südlichen Teil des Subkontinents entgleiste ein Reisezug.

1980 – 1984

10. Juni 1980

Kambodscha

Mehr als 150 Tote, (250) Verletzte

Nach vielen Jahren des Krieges begannen Guerillas einen Kampf gegen die Verbindungswege des Landes. Am 10. Juni griffen sie 70 km nordwestlich der Hauptstadt Phnom Penh einen mit Zivilisten besetzten Zug an. Sie stoppten ihn mit einem Minen- oder Raketenangriff. Dann wurde er von ihnen beschossen.

19. August 1980

Torun, Polen
(PKP)

69 Tote, 50 Verletzte

In der Nähe von Torun, 193 km nordwestlich von Warschau, stießen ein Reisezug aus dem Ostseehafen Kolobrzeg und ein Güterzug frontal zusammen. Als Ursache des Zusammenstoßes wurde ein falsches Signal ermittelt. Es wurde nicht mitgeteilt, ob es sich um menschliches oder technisches Versagen handelte.

21. November 1980

Lamezia Terme, Italien
(FS)

Mehr als 28 Tote

Bei einem in Richtung Süden fahrenden Güterzug mit 41 Wagen gab es eine Zugtrennung. Obwohl der Zug mit einer durchgehenden Druckluftbremse ausgerüstet war, hielt der vordere Teil nicht an. Die 28 abgekuppelten Wagen hielten dagegen an und ein ebenfalls in Richtung Süden fahrender Schnellzug nach Syrakus auf Sizilien fuhr auf. Die Lok und vier Wagen stürzten auf das Gleis der Gegenrichtung. Eine halbe Minute später fuhr ein Zug in diese Trümmer. Offensichtlich hatte man die Funktionsfähigkeit der Bremsen nicht exakt überprüft.

13. Dezember 1980

Bosanska Krupa, Jugosl.
(JZ)

23 Tote

Das Zugpersonal eines Güterzuges befolgte die Anweisungen nicht und verließ einen Kreuzungsbahnhof, bevor der Reisezug der Gegenrichtung angekommen war. So kam es zum Zusammenstoß.

14. Januar 1981

Zwischen Accra und Kumasi, Ghana
(GRC)

Mehr als 21 Tote, (200) Verletzte

Zwischen Accra und Kumasi sprang ein Schnellzug aus den Schienen.

14. Mai 1981

Taegu, Südkorea
(KNR)

54 Tote

Der eigentlichen Katastrophe ging ein Zusammenprall an einem Bahnübergang in der Nähe von Taegu voraus. Der Schnellzug Pusan - Seoul stieß mit einem Motorrad zusammen und kam kurz hinter dem Bahnübergang zum Stehen. Bevor er weiterfahren konnte, fuhr ein Nahverkehrszug von hinten auf ihn auf. Die Ursache war entweder eine Signalstörung oder das Nichtbeachten der Signale durch den Lokführer des Nahverkehrszuges.

6. Juni 1981

Samastipur, Provinz Bihar, Indien

Über 212 Tote

Sieben Wagen eines überfüllten Reisezuges stürzten in den Fluß Bagmati. Viele Reisende ertranken. Kurz nach dem Unglück gaben offizielle Stellen bekannt, daß die Zahl der Toten zwischen 1 000 und über 3 000 betragen könne. Das wäre nicht nur das schlimmste Eisenbahnunglück in der ganzen Welt, sondern auch die furchtbarste Katastrophe mit einem Verkehrsmittel gewesen. Fünf Tage nach dem Unglück hatte man jedoch erst 212 Tote geborgen. Der Chef der indischen Marine gab bekannt, daß seine Froschmänner weitere 500 Leichen, die noch im Zug waren, an die Oberfläche holen würden. Örtliche Taucher und Bootsführer hatten einen Bergungslohn von fünf Pfund pro Leiche abgelehnt, weil sie damit gegen Tabus ihrer Kaste verstoßen hätten.

Die Berichte über dieses Unglück waren grundverschieden. Neben den unterschiedlichen Angaben zur Anzahl der Toten wurden auch zwei vollkommen unterschiedliche Unglücksursachen veröffentlicht. Der Minister für landwirtschaftliche Entwicklung in der Provinz Bihar erklärte, der Zug sei nach einer Notbremsung entgleist. Diese Darstellung wurde noch unterstützt durch den Korrespondenten einer indischen Nachrichtenagentur, der behauptete, der Zug habe wegen eines Rindes scharf bremsen müssen. Dagegen sagte der Vorsitzende der Eisenbahngesellschaft Indiens, der Zug sei während eines Sturms in den Fluß gestürzt. Starkes Bremsen ist als Ursache für ein Entgleisen reichlich unwahrscheinlich, obwohl bei Güterzügen durch die unterschiedlichen Achsfahrmassen und Bremsgewichte der einzelnen Wagen ein höheres Risiko besteht. Dagegen ist es schon vorgekommen, daß Züge durch Stürme von Brücken geworfen wurden. Die örtlichen Behörden hatten jedoch in diesem Fall keine extremen Witterungsbedingungen registriert.

(25. Juni 1981)

In der Nähe von Gagra, Georgien, Sowjetunion
(SZD)

70 Tote, mehr als 100 Verletzte

Zu diesem Unglück gab es keine offiziellen Meldungen. Ausländische Reisende berichteten jedoch in Moskau gegenüber westlichen Korrespondenten, daß es in der Nähe des Kurorts Gagra einen Zusammenstoß zwischen einem Schnellzug und einem Nahverkehrszug gegeben habe.

16. Juli 1981

Bilaspur, Madhja Pradesch, Indien

38 Tote, 42 Verletzte

Ein Reise- und ein Güterzug stießen zusammen.

18. Juli 1981

Dangarva, Indien

35 Tote

Innerhalb von zwei Tagen passierten in Indien zwei größere Eisenbahnunglücke. Nach dem Unfall vom 16. Juli entgleiste 800 m vor dem Bahnhof Dangarva ein Reisezug, weil einige Schienenlaschen entfernt worden waren. Sabotage scheint wahrscheinlicher zu sein als Schlamperei seitens des Gleisunterhaltungspersonals.

31. Juli 1981

Bahawalpur, Pakistan (PR)

Mehr als 30 Tote

Der aus 15 Reisezugwagen bestehende Awam-Schnellzug war mit einer großen Anzahl von moslemischen Gläubigen besetzt, die wegen der Feierlichkeiten zum Abschluß des Fastenmonats Ramadan von Karachi nach Lahore und Peshawar wollten. In der Nähe von Bahawalpur entgleiste der Schnellzug, weil einige Schienenlaschen an den Gleisen fehlten. Als Unglücksursache kommen also entweder rassistischer Terrorismus oder Sabotage in Frage. Es kann aber auch sein, daß diese Gründe nur genannt wurden, um mangelhafte Wartung der Strecke zu vertuschen.

31. August 1981

Asifabad Road, Indien

Mehr als 25 Tote, mehr als 40 Verletzte

In Südindien entgleiste in der Nähe des Bahnhofs Asifabad Road der Schnellzug Madras - Delhi.

27. Januar 1982

Beni Helouane, Algerien (SNTF)

Mehr als 130 Tote, 140 Verletzte

Kurz nach Mitternacht kam der Nachtschnellzug Algier - Oran in einer starken Steigung außerhalb von Beni Helouane zum Stehen. Zur Verstärkung holte man eine weitere Lokomotive, die vor einem Güterzug im Bahnhof stand. Sie wurde aber nicht an den Schnellzug angekuppelt. Vielmehr koppelte man zuerst die Schnellzuglok ab und die unzureichend gesicherten Wagen rollten das Gefälle hinunter und stießen mit dem im Bahnhof stehenden Güterzug zusammen.

27. Januar 1982

Agra, Indien

63 Tote, 41 Verletzte

Ein Schnellzug hatte drei Stunden Verspätung. Bei Agra stieß er in dichtem Nebel mit einem Güterzug zusammen. Der bei dem Unglück ums Leben gekommene Lokführer des Schnellzuges hatte bei der schlechten Sicht offensichtlich ein Signal nicht beachtet.

12. Juli 1982

Tepic, Mexiko
(FNdeM)

Mehr als 52 Tote, mehr als 120 Verletzte

Ein Reisezug von Nogales nach Guadalajara engleiste und stürzte in eine Schlucht. Das Unglück geschah in der Nähe von Tepic in einer einsamen Berggegend.

22. März 1983

Ishurdi, Bangladesh
(BRB)

(60) Tote

Beim Zusammenbruch einer Balkenbrücke stürzten zwei Reisezugwagen eines Zuges 23 m tief in ein ausgetrocknetes Flußbett. Im Gegensatz zu vielen anderen Brückeneinstürzen, über die in diesem Buch berichtet wird, gab es in diesem Fall keine Schäden durch Hochwasser. Wie im Bild auf Seite 188 gezeigt ist, brach diese eingleisige Brücke nach dem Entgleisen der Diesellok auf sehr eigenartige Weise zusammen. Durch die von der entgleisten Lok verursachten Erschütterungen bewegten sich die Brückenteile in Fahrtrichtung, lagen auf den Pfeilern nicht mehr richtig auf und stürzten jeweils mit einem Ende herunter. Die Lok selbst blieb auf dem zur Hälfte abgerutschen Brückenteil. Das Teil hinter ihr löste sich nicht aus den Halterungen, obwohl die Reisezugwagen durch die Notbremsung entgleist waren.

10. Juni 1983

In der Nähe von Kairo. Ägypten
(ER)

Mehr als 22 Tote, 46 Verletzte

In der Nähe von Kairo fuhr ein Zug auf einen haltenden auf, wobei die Wagen ziemlich stark beschädigt wurden.

6. April 1984

Birma
(BRC)

Mehr als 31 Tote

129 km nördlich von Rangun verunglückte ein Zug beim Überqueren einer Brücke.

14. Juli 1984

Divaca, Jugoslawien
(JZ)

31 Tote

Ein Schnellzug von Belgrad zu den Adria-Erholungsorten Koper und Pula hielt im Bahnhof Divaca. Die 14 Reisezugwagen waren mit ca. 1400 Reisenden besetzt. Ein Güterzug überfuhr zwei Haltsignale und fuhr mit ca. 65 km/h auf den Schnellzug auf. Die letzten drei Schnellzugwagen wurden schwer zerstört. Auch 16 Wagen des Güterzuges wurden stark in Mitleidenschaft gezogen.

Der Lokführer des Güterzugs überlebte und wurde verhaftet.

16. August 1984

Zwischen Jabalpur und Gondia, Madhja Pradesch, Indien

104 Tote

Eine durch Monsunregen beschädigte Brücke brach unter einem Zug zusammen.

23. November 1984

Byculla, Indien

25 Tote, 47 Verletzte

Ein überfüllter Pendlerzug entgleiste bei der Fahrt durch den Bahnhof Byculla in der Nähe Bombays. Sieben Wagen sprangen aus den Schienen, vier von ihnen stürzten um.

1985–1989

13. Januar 1985

Bangladesh
(BRB)
27 Tote, mehr als 58 Verletzte

Zwei Reisezugwagen und der Postwagen des »Samanta«-Express fingen Feuer. Der Zug befand sich auf der Fahrt vom Hafen Khulna nach Parbatipur im Bezirk Dinajpur nahe der Grenze zu Indien. Versuche, den Zug durch Betätigen der Notbremse zum Stehen zu bringen, schlugen fehl. Von offizieller Seite wurde später erklärt, daß Lokführer ihre Züge in dieser Gegend nicht gerne anhielten, weil sich hier einige Raubüberfälle ereignet hatten. In diesem Fall wurden jedoch der Lokführer und vier weitere Eisenbahner noch vor Ende der Untersuchung durch eine Regierungskommission verhaftet. Die Angaben über die Unglücksopfer variierten stark. Offiziell waren es 27.

13. Januar 1985

Awash, Äthiopien
(CDE)
428 Tote

Ein aus vier Wagen bestehender Zug, der mit über 1 000 Fahrgästen besetzt war, entgleiste an einem Bahnübergang in der Nähe von Awash zwischen Addis Abeba und Djibouti. Der Zug stürzte dann von einer angrenzenden Brücke in eine Schlucht. Zur Unglücksursache war anfänglich nichts bekannt. Es wurde überhöhte Geschwindigkeit vermutet.

20. Januar 1985

Zwischen Mankulam und Murukandy, Sri Lanka
(SLR)
(36) Tote

Separatistische Tamilen griffen im dichten Dschungel zwischen Mankulam und Murukandy einen Zug an. Dieser Überfall war Teil ihrer Kampagne für die Unabhängigkeit ihres Gebiets. Ursprünglich hätte der Zug an der Nordküste in der Hafenstadt Jaffna abfahren sollen. Aber wegen eines früheren Sabotageaktes verlegte man seine Abfahrt nach Kilinochchi, etwa 50 km südlich von Jaffna. Die Guerillas setzten Minen ein und beschossen die Fahrgäste. Neben verschiedenen Soldaten kamen auch mehrere Zivilisten ums Leben.

Die gebrochene Schiene bei Hither Green, südlich von London. Sie brachte am 5. November 1967 einen Dieseltriebzug aus Hastings zum Entgleisen. 49 Menschen verloren ihr Leben.
(Sammlung von Colin J. Marsden)

Entgleiste Wagen auf dem Bahnhof Zagreb, nachdem am 30. August 1974 ein Zug von Belgrad nach Dortmund mit zu hoher Geschwindigkeit eingefahren war. 153 Gastarbeiter, die nach dem Sommerurlaub nach Deutschland zurückfahren wollten, kamen ums Leben. Der Lokführer wurde später zu 15 Jahren Gefängnis verurteilt, nachdem er zugegeben hatte, daß er eingeschlafen war. (Popperfoto)

DB

Am Abend des 8. Juni 1975 stießen südlich von München zwischen Warngau und Schaftlach zwei Züge frontal zusammen. Wie am Ausmaß der Zerstörung zu erkennen ist, war das Tempo der Züge sehr hoch. Die Trümmer der Wagen schoben sich auf die beiden Diesellokomotiven. Die Fahrdienstleiter der beiden Bahnhöfe wurden später zu Gefängnisstrafen auf Bewährung verurteilt. (Popperfoto)

Luftaufnahme von den Rettungsarbeiten in Sydney am 18. Januar 1977. Ein Pendlerzug war in der Nähe von Granville entgleist. Zwei Wagen brachten eine Straßenbrücke, die über die Gleise führte, zum Einsturz, wodurch sich die Zahl der Toten noch erhöhte. Ein Brückenteil war offensichtlich nur unzureichend mit einem Pfeiler der Brücke verbunden gewesen. (Popperfoto)

Blick auf die Trümmer nach einem Frontalzusammenstoß zweier Vorortzüge außerhalb von Barcelona am 28. Februar 1977. Eine elektrische Lokomotive stürzte auf das Gegengleis. (Popperfoto)

Der Express »Romulus« von Rom nach Wien am 6. Juli 1982. Ein Nahverkehrszug fuhr auf den haltenden Expreß und tötete vier Menschen. (Popperfoto)

Der sehr ungewöhnliche Zusammenbruch der Brücke bei Ishurdi in Bangladesh am 22. März 1983. Das Foto entstand am Tag nach dem Unglück. In der Mitte des Bildes sieht man die Diesellokomotive, die sich noch auf einem der Brückenteile befindet. Die Brückenteile rutschten jeweils nur mit einer Seite von den Pfeilern. Rechts im Bild sieht man zwei der entgleisten Wagen. (Popperfoto)

Spektakuläres Foto vom Zusammenstoß zweier Züge südlich von Kairo am 10. Juni 1983. Ein Teil des Wagens hinter der Lok wurde bei dem Zusammenstoß senkrecht aufgerichtet. (Popperfoto)

Am 14. September 1985 gab es bei Rennens in der Schweiz einen Zusammenstoß zwischen einem Regionalzug und zwei Kleinlokomotiven. Trotz der großen Zerstörungen kamen nur fünf Menschen ums Leben, und 42 wurden verletzt. (Popperfoto)

Der Zusammenstoß bei Argenton-sur-Creuse in Frankreich am 31. August 1985. Ein Zug war entgleist, weil der Lokführer eine vorübergehende Geschwindigkeitsbeschränkung nicht beachtet hatte. (Sammlung des Autors)

Frontalzusammenstoß bei Hinton in Alberta, Kanada, am 8. Februar 1986. Noch am Tag nach dem Unglück stieg Rauch aus den Trümmern. Der Reisezug fuhr von links nach rechts und stieß mit einem Güterzug zusammen, der eine Kreuzung nicht auf einem Nebengleis abgewartet hatte. (Popperfoto)

Das verwüstete Gebiet in Arsamas in der UdSSR, nachdem 120 t industrieller Sprengstoff am 4. Juni 1988 bei der Annäherung eines Zuges an einen Bahnübergang explodiert waren. Der Krater im Vordergrund ist 26 m tief. An dieser Stelle befanden sich zur Zeit der Explosion drei Wagen. (Popperfoto)

Auf dem engen unteren Bahnsteig des Gare de Lyon in Paris kämpfen Rettungsmannschaften um die Befreiung der Opfer nach dem Zusammenstoß zwischen zwei Nahverkehrszügen am 27. Juni 1988.
(Popperfoto)

Eine weitere Aufnahme von diesem Unglück. Der erste Wagen des einfahrenden Zuges ist voller Trümmerteile. (Sammlung des Autors)

Den einzig erwähnenswerten Unfall mit einem französischen Hochgeschwindigkeitszug gab es am 23. September 1988. Ein TGV fuhr bei Voiron zwischen Lyon und Grenoble auf einen Lkw, der auf einem Bahnübergang stehengeblieben war. Ein Lokführer wurde getötet. Der andere gehörte zu den 36 Verletzten. Das Unglück passierte auf einem herkömmlichen Streckenabschnitt, denn auf Hochgeschwindigkeitsstrecken gibt es keine Bahnübergänge. (Popperfoto)

Nach dem Frontalzusammenstoß bei Pubail in Bangladesh am 15. Januar 1989. (Popperfoto)

Trümmer des Zuges auf der transsibirischen Eisenbahn nach der Erdgasexplosion am 4. Juni 1989. Die Gewalt der Explosion ist offensichtlich. (Popperfoto)

Bergungskräne beseitigen die Trümmer des Zuges von Guadalajara nach Mexicali, der am 10. August 1989 in den Fluß San Rafael de Bamoa stürzte. Von dem zusammengebrochenen Viadukt ist nichts zu sehen. Die Wagen, die in den Fluß gefallen waren, sind geborgen. (Popperfoto)

Foto vom Auffahrunglück bei Miaoli auf Taiwan vom 15. November 1991. In einem Zug befand sich eine Touristengruppe aus Okinawa. Unter den Toten und Verletzten waren mehrere Japaner. (Popperfoto)

In Shigaraki in Mitteljapan stießen am 14. Mai 1991 zwei Dieseltriebzüge frontal zusammen. 40 Personen wurden getötet und mehr als 400 verletzt. Es war die schlimmste Eisenbahnkatastrophe seit 28 Jahren. (Popperfoto)

Ein Bergungskran unterstützt die Aufräumungsarbeiten im Bahnhof Ghotki in Pakistan, wo am 8. Juni 1991 ein Reisezug auf einen stehenden Güterzug gefahren war. (Popperfoto)

Ein Drehgestell und der Dieselmotor der Lok sind im Vordergrund des Fotos zu sehen, das nach dem Zusammenstoß zwischen dem Express Riga - Moskau und einem Güterzug bei Twer entstand. Das Unglück geschah am 3. März 1992. (Popperfoto)

Als am 2. November 1993 in Depok, einem Vorort von Jakarta, zwei Züge frontal zusammenstießen, wurden die Wagen durch die Wucht des Aufpralls senkrecht nach oben geschoben. (Popperfoto)

Der Unfall von Amtraks »Sunshine Limited« am 22. September 1993 war kein typisches Eisenbahnunglück. Ein Schlepper und mehrere Lastkähne waren einige Kilometer nördlich von Mobile in Alabama gegen einen Viadukt gefahren. Dieser Vorfall war aber nicht gemeldet worden. Nach einer Stunde brach der Viadukt unter einem Zug zusammen. Einige Schlafwagen stürzten in den Nebenarm eines Flusses, 47 Fahrgäste und das Lokpersonal starben. (Popperfoto)

Amerikanische Zirkuszüge waren an mehreren Unglücken beteiligt, die im Kapitel »Chronologie« genannt worden sind. Zum Glück waren am 13. Januar 1994 bei Lakeland in Florida keine Opfer zu beklagen, als 19 der 59 Wagen des Zirkuszuges vom »Ringling Brothers and Barnum & Bailey Circus« entgleisten. Der Zug war von St. Petersburg nach Orlando unterwegs. Es gab Anzeichen dafür, daß die Weichen falsch standen. (Popperfoto)

Der Zugverkehr ist schon des öfteren von Autos und Schiffen gestört worden. Auf dem Foto links sind die Trümmer eines Zusammenstoßes nahe Kissimmee in Florida am 26. November 1993 zu sehen. Der »Silver Meteor« von Amtrak stieß auf einem Bahnübergang mit einem Tieflader zusammen, der eine 80 t schwere Turbine transportierte. Im Gegensatz zum Unglück bei Hixon in Staffordshire vom 6. Januar 1968 waren hier keine Opfer zu beklagen. Damals hatte ein Straßentransporter mit einem 160 t schweren Transformator versucht, einen automatisch gesicherten Bahnübergang noch vor Annäherung des Zuges zu überqueren.

Das untere Bild zeigt ein Unglück aus dem Jahre 1957. Ein Lkw hatte eine Eisenbahnbrücke beschädigt. Dadurch entgleisten eine 2'D2' der Japanese National Railway und einige Wagen des Zuges. Drei Menschen kamem ums Leben.

(beide Aufnahmen Popperfoto)

Der Unfall vom 4. August 1905 auf dem Bahnhof Ingolstadt Nord forderte 2 Tote und 22 Verletzte. Die Lokomotive Nr. 3322 (Gattung S 3/5) der Bayerischen Staatsbahn vor dem Schnellzug D 94 Köln - München entgleiste bei einer Geschwindigkeit von 90 km/h in der Einfahrweiche, die ausnahmsweise zur Überholung eines im Hauptgleis haltenden Zuges auf Abzweig gestellt war und nur mit 45 km/h hätte befahren werden dürfen. Die Lok wurde wiederhergestellt und als 17 411 von der Reichsbahn erst 1936 ausgemustert.
(Sammlung A. Gottwaldt)

Das Unglück von München Ost mit 28 Toten und 353 Verletzten gehörte zu einer ganzen Serie von Auffahrunfällen, die damals die Bayerische Staatsbahn heimsuchten. Am späten Abend des 24. Mai 1926 (Pfingstmontag) fuhr der Zug Nr. 814 auf den vor dem Einfahrsignal haltenden Zug Nr. 820 von Berchtesgaden auf. Als Ursache wurde eine Signalstörung angegeben. (Sammlung A. Gottwaldt)

Das Unglück von Genthin am 22. Dezember 1939. (Sammlung E. Preuß)

Flankenfahrt zweier Züge in Altenbeken am 23. April 1985: Der Lokführer der Üb 67 861 bezog irrtümlich »Fahrt Frei« des Ausfahrsignals für Dg 53 803 auf sich. Die Indusi wirkte zu spät.
(Foto: Kreispolizeibehörde Paderborn)

23. Februar 1985

Indien

34 Tote

In einem Zug in Ostindien brach ein Feuer aus. Wie schon bei der Katastrophe in Bangladesh am 13. Januar, war auch hier das Ziehen der Notbremse erfolglos. Es wurde erklärt, man habe die Notbremse absichtlich außer Betrieb gesetzt, um einen Mißbrauch zu verhindern. Es gab keine Angaben zum Ort des Unglücks. Man wußte lediglich, daß der Zug nach Nagpur fahren sollte. Auch hier existierten unterschiedliche Zahlen bezüglich der Todesopfer. Die offizielle Zahl betrug 34. Aber Nachrichtenagenturen berichteten von 60 bis 100 Toten.

2. August 1985

Moçambique

58 Tote, 160 Verletzte

In der britischen Presse gab es kaum Informationen zu diesem Vorfall. Man spekulierte sogar darüber, ob es ein Unglück war (Darstellung der Regierung), oder ob es sich um einen Sabotageakt handelte (Darstellung der Guerillas).

3. August 1985

Flaujac, Frankreich
(SNCF)

35 Tote, 165 Verletzte, (29 davon schwer)

Ein als Aushilfe tätiger Fahrdienstleiter im Bahnhof Flaujac bemerkte nicht, daß der Schnellzug Paris - Capdenac den Bahnhof noch nicht passiert hatte und leitete einen Nahverkehrszug von Rodez nach Brive auf die eingleisige Strecke. Unmittelbar danach bemerkte er jedoch seinen Fehler, und ein Ehepaar, das seine Tochter an den Nahverkehrszug gebracht hatte, hörte zufällig seine Worte »Ich bin erledigt. Es ist eine Katastrophe«.

Zur damaligen Zeit wurde die Zugfolge auf den meisten eingleisigen Nebenbahnen Frankreichs nur per Telefon geregelt. Unmittelbar nach dem Unglück unternahm man jedoch verstärkte Anstrengungen, um die Sicherheitsbedingungen zu verbessern.. Der Fahrdienstleiter von Flaujac wurde von der Polizei festgenommen.

Einen knappen Monat vorher waren auf einem Bahnübergang bei St Pierre-du-Vauvray acht Menschen ums Leben gekommen und somit erregte dieser erneute Vorfall großes Aufsehen in der Öffentlichkeit. Das Unglück von Flaujac veranlaßte außerdem die Gewerkschaften und die Kommunistische Partei Frankreichs, auf fehlende Geldmittel bei der Französischen Eisenbahn hinzuweisen. Die Regierung und die SNCF wurden beschuldigt, wenig Geld für den Nahverkehr zur Verfügung zu stellen, Personal einzusparen und die zur Verfügung stehenden Mittel für Projekte wie den Train à Grande Vitesse (TGV) auszugeben.

31. August 1985

Argenton-sur-Creuse, Frankreich
(SNCF)

43 Tote, 38 Verletzte

Ein Zug von Paris nach Port Bou entgleiste infolge zu hoher Geschwindigkeit auf einer Strecke, an der gebaut wurde. Der Unfall ereignete sich nachts an der Mittelmeerküste nahe der Grenze zu Spanien. Der Lokführer erhielt die Anweisung zur Reduzierung der Geschwindigkeit auf 100 km/h wegen eines Bogens und bremste den Zug von ursprünglich 140 km/h auf das vorgeschriebene Tempo. Als er in der Lok das zweite Warnsignal zur Reduzierung auf 30 km/h erhielt, dachte er, es handele sich um eine Erinnerung an die erste Beschränkung. Somit fuhr er im für ihn normalen Tempo weiter und leitete erst kurz vor der Baustelle eine Notbremsung ein. Sein Zug entgleiste vollständig. Er versuchte noch, den Lokführer des sich nähernden Postzuges Paris - Brive durch Ein- und Ausschalten des Spitzensignals zu warnen, aber es war zu spät und es kam zum Zusammenstoß. Nach diesem dritten schweren Unfall innerhalb von weniger als zwei Monaten trat der Präsident der SNCF zurück.

11. September 1985

Zwischen Nelas und Alcafache, Portugal
(CP)

45 Tote

Viele portugiesische Arbeitnehmer fahren nach Frankreich, um die dortigen besseren Arbeitsmarktbedingungen zu nutzen. Die direkte Eisenbahnverbindung zwischen den beiden Ländern ist die Beira Alta-Route, die Pampilhosa an der Strecke Lissabon - Porto mit Vilar Formoso an der spanischen Grenze verbindet. Die Züge auf dieser eingleisigen Strecke müssen gewaltige Steigungen und Serpentinen überwinden, um sich den Weg über die Berge zu bahnen. Das erschwert die Betriebsbedingungen beträchtlich. Zur Zeit dieses Unglücks wurde die Zugfolge noch per Telefon geregelt. Dabei kam es zwischen den Fahrdienstleitern in Nelas und Alcafache zu einem Mißverständnis, als sie die Kreuzungsbahnhöfe eines verspäteten Schnellzugs nach Frankreich neu festlegten. Somit stieß dieser Schnellzug bei hoher Geschwindigkeit mit einem Nahverkehrszug von Guarda nach Coimbra zusammen. Der Nahverkehrszug wurde vollkommen zerstört. Die Lok des Schnellzugs und fünf der acht Reisezugwagen stürzten den etwa 9 m hohen Bahndamm hinunter, die Lok ging in Flammen auf. Das Feuer griff sofort auf die ersten drei Wagen über und breitete sich auch im Pinienwald aus. Noch 24 Stunden nach dem Unglück waren die Rettungsmannschaften mit der Bergung der Toten beschäftigt.

Nach dem Unfall wurde beschlossen, diese Strecke zu elektrifizieren und die Signalanlagen auf den neuesten Stand zu bringen.

1. Februar 1986

Kwa Mashu, Südafrika
(SAR)

39 Tote, (70) Verletzte

In der Nähe von Durban stießen zwei Pendlerzüge vermutlich wegen einer Signalstörung zusammen. Die Rettungsarbeiten nahmen viel Zeit in Anspruch, so daß einige der Verletzten bis zu zwölf Stunden auf ihre Befreiung warten mußten.

8. Februar 1986

Hinton, Alberta, Kanada
(Canadian National)

29 Tote

Im Vorgebirge der Rockies hatte das Personal eines aus 114 Wagen bestehenden Güterzuges die Anweisung, auf einem Nebengleis die Kreuzung mit einem anderen Zug abzuwarten. Diese Vorschrift wurde nicht befolgt und so kam es auf der eingleisigen Strecke bei hohem Tempo zum Frontalzusammenstoß mit einem Reisezug. Dabei explodierten die Lokomotiven. Die Loks und die ersten Wagen verschmolzen zu einem Schrotthaufen von 12 m Höhe. Eine Ladung Schwefel im Güterzug geriet ebenfalls in Brand und die Schwefeldioxiddämpfe erschwerten die Rettungsarbeiten beträchtlich.

17. Februar 1986

Limache, Chile
(EFE)
58 Tote

Ein Zug aus den Küstenstädten Valparaiso und Vina del Mar nach Santiago und ein anderer Reisezug, der Urlauber von Los Andes in die Küstenorte bringen sollte, stießen zusammen. Beide Loks wurden stark beschädigt. Von den meisten Reisezugwagen blieb nur noch ein Haufen Stahl übrig. Die Kollision ereignete sich auf einem ehemals zweigleisigen Streckenabschnitt, auf dem das eine Gleis wegen eines Bombenanschlags durch Guerillas im Jahr davor gesperrt werden mußte. Wenige Stunden vor der Katastrophe waren etwa 275 m Signalkabel gestohlen worden, so daß die Zugfolge per Nottelefon geregelt wurde. Dabei kam es zwischen den Verantwortlichen zu einem Mißverständnis. Der Fahrdienstleiter und drei Dispatcher wurden festgenommen.

15. Mai 1986

In der Nähe von Bheramara, Bangladesh
(BRB)
Mehr als 25 Tote, 45 Verletzte

In der Nähe der Westgrenze des Landes entgleiste ein voll besetzter Schnellzug. Mehrere der Reisezugwagen stürzten in einen Kanal neben der Strecke. Als Unglücksursache wurde Sabotage genannt, denn einige Schienenlaschen waren entfernt worden.

6. August 1986

In der Nähe von Palamau, Indien
(50) Tote

Der Schnellzug von Tatangar nach Amritsar stieß in Bihar mit einigen Wagen eines Güterzuges zusammen, die sich von ihm gelöst hatten. Die Reisezugwagen stürzten in einen Kanal. 150 Fahrgäste waren bis zu 18 Stunden in den Wagen eingeschlossen.

6. November 1986

Koristowka, Sowjetunion
(SZD)
41 Tote

In den frühen Morgenstunden stießen zwei Reisezüge frontal zusammen. Einer der Züge hatte ein Haltsignal überfahren, weil das Lokpersonal eingeschlafen war. Zudem hatte der Lokführer seinem Beimann die Führung der Lok übergeben und sich abseits gesetzt. Das Unglück ereignete sich in der Nähe von Kirowograd. Die Züge waren von Kiew nach Donezk und von Kriwoi Rog nach Kiew. unterwegs.

Preuß, S. 95

16. Januar 1987

Kosti, Sudan
(SRC)
21 Tote, 45 Verletzte

Zu diesem Unglück im mittleren Sudan sind keine Einzelheiten bekannt.

17. Februar 1987

São Paulo, Brasilien
(CBTU)

Mehr als 69 Tote, mehr als 150 Verletzte

Bei starkem Regen stießen zwei überfüllte Pendlerzüge zusammen. Der Regen behinderte die Rettungsarbeiten. Die Eisenbahngesellschaft Brasiliens erklärte zur Unglücksursache, bei Wartungsarbeiten sei ein technischer Fehler ausgelöst worden. In anderen Berichten sprach man von fehlerhaften Weichen, falscher Signalstellung und menschlichem Versagen. Die ersten beiden der aufgeführten Ursachen standen nicht im Widerspruch zur offiziellen Verlautbarung.

2. Juli 1987

Kasumbalesa, Zaire
(SNCZ)

128 Tote

Auf einem Bahnübergang fuhr ein Lkw mit Anhänger dem ersten Wagen eines Zuges in die Flanke. Der Reisezugwagen kippte um und zog den zweiten Wagen mit.

9. Juli 1987

Ganderanagi-Fluß, Andhra Pradesh, Indien

Mehr als 53 Tote

Noch vor Sonnenaufgang entgleisten bei der Annäherung an eine Flußbrücke viele Wagen des »Dakshin-Express«, der sich auf der Fahrt von Hyderabad nach Delhi befand. Zwei Wagen stürzten in den Fluß, der durch den Monsunregen stark angeschwollen war. Da es auch in der Folgezeit ziemlich heftig regnete, wurden die Rettungsarbeiten stark erschwert.

In Indien sind Brückenbeschädigungen durch starke Regenfälle recht häufig. Aber wie bei ähnlichen Katastrophen war die Bahngesellschaft auch hier nicht in der Lage, den Zustand der Brücke und des Bahndamms zu überprüfen. Selbst die simple Vorsichtsmaßnahme, Züge bei extremen Witterungsbedingungen vor Brücken anhalten zu lassen und den Brückenzustand zu inspizieren, wurde nicht getroffen.

7. August 1987

Kamensk-Schachtinski, Sowjetunion
(SZD)

106 Tote

Ein mit etwa 5 000 t Getreide beladener Güterzug, der aus über 50 Wagen bestand, rollte ohne Kontrolle ein etwa 20 km langes starkes Gefälle hinab. Der Lokführer funkte eine Alarmmeldung an den vorausfahrenden Reisezug. Dieser war mit jungen Leuten besetzt, die aus Ferienorten nach Moskau zurückkehrten. Der Zug hielt gerade planmäßig im Bahnhof Kamensk-Schachtinski. Der Lokführer nahm die Warnmeldung auf und versuchte, unverzüglich loszufahren. Er wollte seinen Zug vor dem Güterzug in Sicherheit bringen. Die Schaffner jedoch ahnten nichts, und da noch einige Passagiere aussteigen wollten, zog ein Schaffner die Notbremse. Somit fuhr der Güterzug mit etwa 130 km/h auf den haltenden Zug auf. Die beiden letzten Wagen wurden vollständig zusammengedrückt und der Lokführer des Güterzuges wurde aus seinem Führerstand geschleudert. Alle Passagiere in den beiden letzten Wagen kamen ums Leben.

Erste Untersuchungen ergaben, daß die Luftabsperrhähne des Güterzuges von Unbekannten geschlossen worden waren. Man schrieb die Schuld den blinden Passagieren zu, die auf vielen sowjetischen Güterzügen wie die Wanderarbeiter in Amerika kostenlos durch das Land reisten. In der ersten Hälfte des Jahres 1987 hatte man ca. 7 000 von ihnen erwischt. Mindestens zwei weitere Unglücke sollen von diesen »Freifahrern« verursacht worden sein.

Aus dem Untersuchungsbericht ging hervor, daß beim Güterzug vor Beginn der Fahrt keine vorschriftsmäßige Bremsprobe durchgeführt worden war, denn dann hätte man festgestellt, daß die letzten Wagen nicht an die Bremsleitung angeschlossen waren. Der Lokführer hatte schon einige Zeit vor dem Unglück Schwierigkeiten mit den Bremsen bemerkt. Er hatte ihnen jedoch keine Beachtung geschenkt. Erst als der Zug außer Kontrolle geriet, wurde er aktiv. Nach dem Empfang der Warnung hätte das Bahnhofspersonal in Kamensk-Schachtinski ausreichend Zeit gehabt, den Reisezug auf ein anderes Gleis rangieren zu lassen. Doch es verhielt sich kopflos und unternahm nichts.

Fünf leitende Beamte der Eisenbahn Süd-Ost und einige Inspektoren wurden entlassen. Im November 1988 gab man bekannt, daß zwei Eisenbahner wegen Nachlässigkeit im Dienst zu zwölf Jahren Gefängnis verurteilt worden waren.

RGI 143 718 (1987), T. (18. November 1988).

19. Oktober 1987

Jakarta, Indonesien (PJKA)

Mehr als 155 Tote, (300) Verletzte

Infolge falscher Signalstellung stießen zwei überfüllte Pendlerzüge in einem südlichen Vorort von Jakarta frontal zusammen. Viele Opfer hatten wie allgemein üblich auf den Dächern der Wagen gesessen oder waren auf den Trittbrettern mitgefahren. Die Rettungsarbeiten wurden auch in der Nacht fortgesetzt, wobei Notbeleuchtung den Hilfstrupps die Arbeit erleichterte. 18 Stunden nach dem Unglück konnten die letzten Passagiere – zwei Jungen – geborgen werden.

28. November 1987

Kishangarh, Rajasthan, Indien

Mehr als 22 Tote, 16 Verletzte

Etwa 300 km südwestlich von Delhi brach in einem Wagen der 2. Klasse eines Zuges von Ajmer nach Delhi ein Feuer aus.

29. November 1987

Zwischen Garabni und Bejukkyschlak, Sowjetunion (SZD)

30 Tote, 66 Verletzte

In den Bergen des Kaukasus fuhr in den frühen Morgenstunden ein Güterzug auf einen haltenden Reisezug. Der Lokführer war eingeschlafen. Die Prawda gab bekannt, daß nach dem Unglück das ZK der KP Georgiens getagt habe. Zwei Angehörige der Eisenbahn wurden entlassen und aus der Kommunistischen Partei ausgeschlossen. Fünf weitere Eisenbahner wurden im Zusammenhang mit dem Unglück der Schlamperei im Dienst beschuldigt.

31. Dezember 1987

Pessene, Moçambique (CFM)

Mehr als 22 Tote, 71 Verletzte

Auf der Rückfahrt in die Heimatländer wurde ein Zug aus Südafrika mit ca. 1 500 Gastarbeitern von Guerillas angegriffen. Der Zug wurde mit einer Landmine zum Entgleisen gebracht und dann wurde das Feuer eröffnet. Einige Fahrgäste wurden auch entführt.

7. Januar 1988

Zwischen Kanton und Xian, China
(CPPR)

34 Tote, 30 Verletzte

Als ein Eisenbahner eine brennende Zigarette in einen Eimer mit Öl warf, brach in einem Zug von Kanton nach Xian Feuer aus. Der Eisenbahner wurde später zu einer lebenslänglichen Gefängnisstrafe verurteilt.

24. Januar 1988

Qiewu, China
(CPPR)

Mehr als 90 Tote, 66 Schwerverletzte

In den frühen Morgenstunden entgleiste ein Sonderzug von Kumning nach Schanghai. Das Unglück geschah etwa 35 km hinter Kumning in der Nähe des Bahnhofs Qiewu.

Dieses Unglück war in China das dritte innerhalb von drei Wochen. Neben der Katastrophe zwischen Kanton und Xian hatte es am 17. Januar einen Frontalzusammenstoß gegeben, bei dem 18 Personen ihr Leben verloren. Zwei Tage zuvor hatte der amtierende Ministerpräsident die Erhöhung der Sicherheitsvorkehrungen angeordnet.

24. März 1988

Schanghai, China
(CPPR)

28 Tote, 1 209 Verletzte

Die Eisenbahn in China hatte zu jener Zeit sehr große Probleme zu bewältigen, denn schon zwei Monate nach den oben geschilderten Unglücken gab es die nächste große Katastrophe. Die Opfer waren überwiegend japanische Oberschüler, die von Nanjing nach Hangzhou fuhren. Sie waren per Schiff aus Kochi in Japan gekommen. Ihr Zug hatte Signale überfahren. Später erklärte der Direktor der Eisenbahnverwaltung von Jinan in der Provinz Shandong, daß 70 % der Unfälle in diesem Gebiet durch schlechte Disziplin verursacht würden. Es gäbe allerdings auch Schwierigkeiten durch die Verwaltung und durch veraltete Anlagen.

20. Mai 1988

Takli, Thailand
(SRT)

27 Tote, mehr als 22 Verletzte

In der Nähe von Thakli in der Provinz Nakon Sawan durchbrach ein vollbeladener 10-t-Lkw die Schranke eines Bahnübergangs und fuhr einem Zug in die Flanke. Die Wagen wurden stark beschädigt, und einige entgleisten. Kurz hinter der Unglücksstelle befand sich eine Brücke, die über einen tiefen Bewässerungskanal führte. Einige der Wagen stürzten in das Wasser, andere blieben an der Brücke oder am Ufer hängen.

4. Juni 1988

Arsamas, Sowjetunion

(100) Tote, (200) Verletzte

Als sich ein Güterzug einem Bahnübergang näherte, explodierten drei Wagen mit industriellem Sprengstoff. Die Explosion geschah bei Arsamas ca. 400 km östlich von Moskau. 150 Häuser wurden dem Erdboden gleichgemacht, weitere 250 beschädigt. 600 Familien obdachlos. Die örtliche Gasleitung wurde beschädigt und auch Einrichtungen des Transportwesens wurden in Mitleidenschaft gezogen. Viele Opfer hatten in ihren Autos vor dem Bahnübergang gewartet.

T, 6. Juni 1988

27. Juni 1988

Gare de Lyon, Paris (SNCF)

59 Tote, 32 Verletzte

Gegen Ende der abendlichen Hauptverkehrszeit geriet ein elektrischer Triebwagen außer Kontrolle und stieß auf einem der unterirdischen Bahnsteige des Gare de Lyon mit einem anderen Triebwagen zusammen. Der Zug kam aus Mélun. In Vert-de-Maisons, 8 km vor dem Zielbahnhof, hatte eine Frau die Notbremse gezogen, da sie schnell nach Hause wollte. Entgegen ihrer Annahme hielt der Zug fahrplanmäßig nicht auf diesem Bahnhof. Der Triebwagenführer hatte durch den Halt in Vert-de-Maisons 26 min Zeit verloren und fuhr mit ziemlich hohem Tempo. Bei einer Geschwindigkeit von fast 100 km/h kurz vor dem Endbahnhof merkte er, daß die Bremskraft der Druckluftbremse nicht ausreichte. Er setzte auch nicht die Widerstandsbremse ein, weil er irrtümlicherweise der Meinung war, daß diese bei nassen Schienen nicht wirksam sei. Er war noch in der Lage, etwa 2 km vor dem Bahnhof einen Notruf an den Aufsichtsbeamten des Bahnhofs zu funken. Dort wartete ein überfüllter Zug nach Mélun auf die Ausfahrt. (Er war überfüllt, da der Zug vor ihm wegen eines fehlenden Triebwagenführers ausgefallen war.) Auf ihn fuhr er mit voller Wucht auf. Durch die ineinander verkeilten Wagen wurden die Rettungsarbeiten erschwert. Sie dauerten bis in die Nacht, und der letzte Überlebende konnte erst bei Anbruch der Morgendämmerung geborgen werden.

Erst im Herbst 1992 wurde in Paris gegen die Angeklagten verhandelt. Die Staatsanwältin forderte gegen den Triebwagenführer, gegen die Frau, die die Notbremse zog, gegen den zweiten Triebwagenführer, der zu spät zum Dienst gekommen war, gegen den Aufsichtsbeamten, der die Räumung des Bahnsteigs nicht eingeleitet hatte, eine harte Bestrafung wegen fahrlässiger Tötung. Die Verteidiger waren der Meinung, daß der Antrag der Staatsanwältin dem Verhalten des Triebwagenführers nicht gerecht werde. Sie hoben hervor, daß fehlende Geistesgegenwart bei fahrlässiger Tötung nicht strafbar sei. Die Meinungen in der Öffentlichkeit waren sehr unterschiedlich. Im Dezember wurden die Frau und der Aufsichtsbeamte freigesprochen und der Triebwagenführer wurde zu vier Jahren Gefängnis verurteilt (von denen er sechs Monate verbüßen mußte). Der Triebwagenführer, der zu spät zum Dienst erschienen war, wurde zu zwei Jahren auf Bewährung verurteilt. Diese Urteile führten zu einem landesweiten Streik bei der SNCF und veranlaßten den neuen Präsidenten der Eisenbahn, Jaques Fourier, zu einer scharfen Stellungnahme. Er bezeichnete das Urteil als »zutiefst ärgerlich«, da gegen eine Person, die nicht absichtlich gegen die Vorschriften verstoßen hatte und deren bisheriges Verhalten ohne Beanstandung war, eine Haftstrafe verhängt worden war. 1993 legte der zweite Triebwagenführer gegen sein Urteil Berufung ein, und es wurde von zwei Jahren auf zwei Monate reduziert, obwohl sein verspäteter Dienstantritt eigentlich kein direkter Verstoß gegen Sicherheitsbestimmungen war.

RGI 144 497, 726 (1988), 148 815 (1992), 149 5 (1993), 150 5 (1994). T 1 (28. Juni 1988), 1, 24 (29. Juni 1988).

8. Juli 1988

In der Nähe von Quilon, Indien

(140) Tote

Während der Monsunregenzeit gab es noch einen weiteren Brückeneinsturz in Indien. Ein Schnellzug von Bangalore nach Trivandrum überquerte die Perumon-Brücke über den See Asthamundi. Dieser See befindet sich 16 km nördlich der Küstenstadt Quilon im südlichen Bundesstaat Kerala. Einige Wagen des Zuges stürzten in das Wasser, das bis zu 9 m tief war. Im Zug befanden sich etwa 1 000 Fahrgäste, wobei die Angaben über die Zahl der Opfer stark voneinander abwichen. Auch über die Unglücksursache existierten zwei Versionen. So wurde behauptet, der Schnellzug sei entgleist. Man glaubte jedoch eher der Behauptung, die Brücke sei eingestürzt.

6. August 1988

In der Nähe von Bologoie, Sowjetunion

(SZD)

28 Tote, über 160 Verletzte

Der »Aurora-Express« von Leningrad nach Moskau entgleiste bei einer Geschwindigkeit von über 140 km/h. Das Unglück geschah auf einem Streckenabschnitt, auf dem die Höchstgeschwindigkeit kurzfristig auf 60 km/h herabgesetzt worden war. Die Geschwindigkeitsbeschränkung war angeordnet worden, weil sich am Tag zuvor bei Ultraschalltests herausgestellt hatte, daß die Schienen nicht in Ordnung waren. Der Lokführer hatte jedoch diese Information nicht erhalten. Der entgleiste Zug geriet in Brand. Da keine Zufahrtswege für die Feuerwehr zur Verfügung standen, kam ein Feuerlöschzug zum Einsatz. Bald war jedoch das Löschwasser aufgebraucht und das Feuer kam erst zum Erliegen, als die Wasservorräte erneuert worden waren.

T, (18. August 1988)

9. Oktober 1988

Lapovo, Jugoslawien

(JZ)

Mehr als 33 Tote, 15 Verletzte

An einem Sonntagabend entgleisten die letzten beiden Wagen des Schnellzugs Skopje – Belgrad. Das Unglück passierte bei der Durchfahrt durch den Bahnhof Lapovo 79 km südlich der Landeshauptstadt. Die Wagen prallten gegen die Lok eines stehenden Güterzuges und wurden stark beschädigt. Die Rettungsarbeiten dauerten die ganze Nacht. Die Einwohner der Stadt transportierten die Verletzten mit ihren Autos in das Krankenhaus der Stadt. Erste Untersuchungen ergaben, daß der Zug mit vorgeschriebener Geschwindigkeit fuhr. Auch die Signale waren befolgt worden. So wurde technisches Versagen als Ursache angenommen. Die serbische Regierung stellte den Hinterbliebenen der Unglücksopfer einen Betrag von 600 000 Dinar (ca. 120 Pfund) zur Verfügung.

12. Dezember 1988

Eisenbahnknotenpunkt Clapham, England

(British Railways, Southern Region)

35 Tote, 69 Schwerverletzte

Kurz nach 8.00 Uhr an einem Montagmorgen bemerkte der Lokführer eines Zuges von Basingstoke nach Waterloo, daß das Signal WF 138 in dem Einschnitt bei Clapham plötzlich von Grün auf Rot sprang. Er leitete eine Gefahrenbremsung ein und brachte den Zug vor dem nächsten Signal zum Stehen. Dort meldete er dem Stellwerk telefonisch, was geschehen war. Noch während des Telefongesprächs fuhr der ihm folgende Zug – auch Poole-Zug genannt, obwohl er eigentlich von Branksome abgefahren war – auf den hinteren Teil des stehenden Zuges auf. Das passierte bei einem Tempo von 56 km/h. Das Signal hatte auch diesem Zug freie Fahrt angezeigt. Die Trümmer fielen auch auf das Nachbargleis, wo ein glücklicherweise leerer Gegenzug das Ausmaß des Unglücks vergrößerte.

Der bei dem Unglück entstehende Lärm veranlaßte einige Menschen, die Rettungsdienste über den Notruf 999 zu alarmieren. Es stellte sich aber schnell heraus, daß der Zugang zur Unglücksstelle sehr kompliziert war. Der Zusammenstoß war in einem sehr engen Einschnitt passiert, der in ca. 3 m Höhe von einer Schutzmauer abgedeckt war. Diese Engstelle war durch die Zugtrümmer verstopft. In beiden Zügen befanden sich etwa 1 500 Menschen, die in dem Gewirr aus Eisen und Stahl regelrecht gefangen waren. In unmittelbarer Nachbarschaft der Unglücksstelle befand sich eine Schule, deren Schüler und Lehrer erste Hilfe leisteten. Das Schulgebäude wurde zum Rettungszentrum.

Nachdem das Ausmaß der Katastrophe erkannt worden war, kam ein Team der »Britischen Gesellschaft für schnelle Hilfe« (BASICS) zum Einsatz. Einige Ärzte wurden mit Polizeihubschraubern eingeflogen.

Die letzten fünf eingeklemmten Fahrgäste wurden von BASICS-Ärzten versorgt. Erst nach fünf Stunden konnte der letzte Überlebende befreit werden.

Man fand sehr schnell heraus, daß die falsche Anzeige des Signals WF 138 durch einen Anschlußfehler, der 15 Tage vorher passiert war, verursacht worden war. Im Herbst des folgenden Jahres wurde ein offizieller Untersuchungsbericht einer Kommission veröffentlicht. Sie wurde geleitet vom Anwalt der Krone Anthony Hidden. Ihr gehörten weiter Major C.B. Holden vom Untersuchungsamt der Eisenbahn, Dr. T.B. McCrirrick und Dr. A.A. Wells an.

Ende der 80er Jahre erlebte die Londoner Nahverkehrsgesellschaft, die vor kurzem den Namen Network SouthEast erhielt, einen großen Aufschwung. Die Linie nach Waterloo war sehr stark befahren und die 1936 eingebauten Lichtsignale mußten dringend erneuert werden. Nach langwierigen Prüfungen (10 Jahre) gab das Komitee für Investitionen bei der britischen Eisenbahn im Oktober 1984 dem »Waterloo Area Resignalling«-Projekt (WARS) den Zuschlag. Zehn Wochen später stimmte auch der Minister für den öffentlichen Verkehr zu. Der Einbau eines neuen Signalsystems bei laufendem Betrieb ist immer problematisch. Wenn der betreffende Streckenabschnitt dann noch wie 1988 bis an die Grenze seiner Kapazität ausgelastet ist, bereitet das zusätzliche Schwierigkeiten. Das Aufstellen der neuen Signale entlang der Strecke ist relativ einfach. Schwieriger sind da schon die Verkabelung und das Umschalten vom alten auf das neue System zum entsprechenden Zeitpunkt. Erschwerend erwies sich in diesem Fall auch noch die Tatsache, daß die Isolierung der alten Kabel brüchig geworden war. Damit bestand bei jeder Berührung die Gefahr eines Kurzschlusses.

An einem Sonntag zwei Wochen vor dem Unglück hatte man einen neuen Draht in den Relais-Raum des Stellwerks Clapham A eingebaut. Der verantwortliche Techniker hätte das alte Kabel an einem Ende abtrennen und es am anderen Ende mit Isolierband umwickeln müssen. Er tat es nicht und schob den abgetrennten Draht einfach zur Seite. Am Tag vor dem Unfall mußte das nächste Relais ersetzt werden. Während man das tat, schnellte der alte Draht, der 50 Jahre an dieser Klemme befestigt gewesen war, zurück und berührte die Anschlußklemme wieder. Das bewirkte das grüne Licht am Signal WF 138 und führte letztlich zum Auffahrunfall.

Bald nach dem Unglück stellte sich heraus, daß der Einbau von WARS äußerst hohe Ansprüche an die Techniker stellte. Wie immer in Zeiten hoher Beschäftigung war es schwierig, Fachleute an die Eisenbahn zu binden. Das traf besonders für das Gebiet um London zu. Wegen der Terminstellung und auch wegen des entsprechenden Einkommens der Arbeiter mußte eine große Anzahl von Überstunden geleistet werden. Das führte über die Jahre zu einer Vernachlässigung der Sicherheitsstandards. Obwohl der Techniker, der den alten Draht nicht abgeklemmt hatte, die volle Verantwortung für die Katastrophe übernahm, machte Herr Hidden deutlich, daß die Verantwortlichen für die Überprüfung der Sicherheit ebenfalls nicht schuldlos waren. Die britische Eisenbahngesellschaft wurde später wegen Verstoßes gegen Vorschriften zur Gewährleistung der Sicherheit bestraft.

Wie bei solchen gerichtlichen Überprüfungen üblich wurden auch alle Details gründlich untersucht. Der Hidden-Bericht enthielt 93 Empfehlungen. 20 davon befaßten sich mit der Verbesserung des Einsatzes des Rettungsdienstes. In der Öffentlichkeit war geäußert worden, daß die Aufprallsicherheit der Mk I-Wagen dieser Züge nicht ausreichend sei. Diese Frage wurde im Anhang diskutiert, aber der vorletzte Absatz schloß mit den Worten »... es kann überzeugend nachgewiesen werden, daß es bei der Eisenbahn wesentlich wichtigere Aufgaben für den Einsatz großer Geldmittel gibt als den vorzeitigen Austausch dieser Wagen«.

Das Feuer von King's Cross 11 Monate zuvor und die weniger folgenschweren Kollisionen von Purley am 6. März 1989 (siehe unten) und von Bellgrove am nächsten Tag (hier nicht erwähnt) führten zu großen Diskussionen über die Sicherheit bei der Eisenbahn. Wie ich im ersten Kapitel erwähnt habe, brachte die Anhäufung dieser Unglücke die Medien und die Öffentlichkeit dazu, zu vergessen, daß der Tod das einzig Sichere im Leben ist. Man übersah auch die ständig steigende Zahl der Opfer bei Unfällen auf der Straße und anderswo. Diese Diskussionen führten dazu, daß die Bevölkerung die Bahn als wesentlich unsicherer einschätzte, als diese tatsächlich war. Sie erreichte auch, daß man es als politisch notwendig erachtete, mehr Geld für die Sicherheit der Bahnen zur Verfügung zu stellen, um die Sicherheitsrisiken zu minimieren. Wenn allerdings die Investitionen für die Sicherheit bei der Bahn durch erhöhte Fahrpreise finanziert werden, birgt das die Gefahr in sich, daß viele Menschen mit dem Auto fahren.

15. Januar 1989

Pubail, Bangladesh (BRB)

Mehr als 170 Tote, mehr als 400 Verletzte

In der Nähe von Pubail stieß ein Schnellzug nach Chittagong mit einem in Richtung Norden fahrenden Postzug zusammen. Beide Züge waren voll besetzt. Auch Dächer und Gänge waren überfüllt. Insgesamt schätzte man die Zahl der Menschen in und auf den Zügen auf etwa 2 000. Die meisten Opfer waren Moslems, die auf ihrer jährlichen 3-Tagespilgerfahrt nach Tongi waren. Sie wollten die Biswa Ejtema (Weltgemeindeversammlung) besuchen, das größte islamische Treffen außerhalb von Mekka. Einige der entgleisten Wagen kippten um und fielen die Böschung hinunter in ein Reisfeld. Eine der Dieselloks der Züge wurde stark beschädigt, obwohl die Lok auf der Strecke oder zumindest nahe des Gleisbetts blieb. Die Fernsehbilder vom Unglücksort gingen um die Welt. Soldaten eines in der Nähe befindlichen Lagers halfen bei den Rettungsarbeiten oder hielten Ordnung unter den zahlreichen Schaulustigen. Es war das folgenschwerste Eisenbahnunglück in der Geschichte des Landes. Man führte die Katastrophe auf die Unfähigkeit des Personals zurück, das neue Signalsystem zu bedienen. Am 2. Februar gab es in Bangladesh einen weiteren Eisenbahnunfall. Als ein Zug 32 km von Chittagong entgleiste, verloren mindestens 13 Menschen ihr Leben, und ca. 100 wurden verletzt.

T, (16. Januar, 3. Februar 1989).

2. März 1989

Ostäthiopien
(CDE)

57 Tote, 54 Verletzte

Ein Güterzug kollidierte mit drei leeren Waggons. Die Opfer waren hauptsächlich blinde Passagiere.

T, (3. März 1989)

4. März 1989

Purley, England
(British Railways, Southern Region)

5 Tote, 88 Verletzte, 32 davon schwer

Bezüglich der erfreulich geringen Anzahl der Opfer hätte dieses Unglück nicht in das Kapitel »Chronologie« dieses Buches aufgenommen werden müssen. Es gibt jedoch einige wichtige Dinge, die mich trotzdem dazu bewogen haben. An einem Samstagnachmittag fuhr ein aus acht Wagen bestehender Zug vom Typ 421/2 (4CIG) auf der Fahrt von Littlehampton nach Victoria von hinten gegen einen anderen Zug. Dieser, ein aus vier Wagen bestehender elektrischer Zug vom Typ 423 (4VEP), fuhr von Horsham nach Victoria. Der Zug 421/2 hatte Signale nicht beachtet und kollidierte mit dem vor ihm fahrenden Zug, der gerade nach einem Halt auf dem Bahnhof von der langsamen Fahrstrecke auf die Schnellstrecke gewechselt war. Die ersten sechs Wagen des Zuges aus Littlehampton wurden aus den Schienen geworfen und landeten in verschiedenen Stellungen am Fuße der Böschung hinter einigen Häusern. Ein Anwohner hatte gerade sein Gewächshaus verlassen und wollte Wasser holen. In diesem Moment fielen zwei Wagen auf das Gewächshaus. Die Signalanlage war vor fünf Jahren installiert worden. Sie hatte nicht immer fehlerfrei gearbeitet. Neben kleineren Schwierigkeiten hatte das Signal einmal fälschlicherweise grünes Licht angezeigt. Als Ursache wurde ein Fehler in der Schaltung festgestellt, der aber behoben werden konnte. Bei einem nochmaligen Test nach dem Unglück zeigten sich keine Fehler. Der leitende Untersuchungsbeamte Mr A. Cooksey schlußfolgerte deshalb, daß der Lokführer des 421/2 weder das gelbe Licht des Signals 2 noch das akustische Warnzeichen des automatischen Zugwarnsystem (AWS) beachtet hatte.

Obwohl der Lokführer eine begrenzte Immunität genoß, stand er dem Untersuchungsbeamten Rede und Antwort und trug zur Aufklärung bei. Trotzdem wurde er schließlich der fahrlässigen Tötung und der Gefährdung von Menschenleben beschuldigt. Diese Tatsache ist natürlich einer Zusammenarbeit bei der Aufklärung von Unglücksursachen und der Vermeidung weiterer ähnlicher Unfälle nicht gerade förderlich. 18 Monate nach der Kollision fand die Verhandlung statt, und der Lokführer bekannte sich, offensichtlich falsch beraten, schuldig. Man verurteilte ihn zu 18 Monaten Gefängnis, wovon 12 zur Bewährung ausgesetzt wurden. Wie beim Unglück im Gare de Lyon rief das Urteil Empörung hervor, und es wurde nach Einspruch herabgesetzt.

Das Unglück zeigte einen der Mängel des automatischen Zugwarnystems. Dieser könnte fast automatisch behoben werden, besonders weil die Züge sehr oft an solchen Signalen über beträchtiche Entfernungen hinweg vorbeifahren müssen. Auch die Notwendigkeit der Einführung des automatischen Zugschutzsystem (ATP), durch welches der Zug automatisch zum Halten kommt, selbst wenn der Lokführer auf das akustische Warnsignal nicht reagiert, zeigte sich mit aller Deutlichkeit. Gegenwärtig wird an der Entwicklung eines solchen Systems für die »Great Western«-Hauptlinie von Paddington gearbeitet. Auch Fahrtenschreiber werden zur Zeit in viele Züge eingebaut, um später technische Details oder streitbare Signalanzeigen untersuchen zu können.

Bei dem Unglück von Purley gab es noch einen weiteren unerfreulichen Aspekt. Die Polizei verweigerte den technischen Mitarbeitern der Bahn den Zugang zur Unglücksstelle. Wenn ein Unfall passiert, können entsprechend qualifizierte Techniker vor Ort zahlreiche Informationen zum Beispiel aus der Stellung der Steuerhebel oder aus der Temperatur der Bremsblöcke gewinnen. Im Bericht des Untersuchungsbeauftragten heißt es: »Natürlich ist die Polizei dafür verantwortlich, am Ort eines Unglücks Eigentum zu schützen und Beweismaterial zu sichern. Aber es ist ebenso wichtig, daß auch die Untersuchungsbeamten der Eisenbahn unmittelbaren Zugang haben.« Die Idee, Polizisten als unabhängige Zeugen die Arbeiten überwachen zu lassen, wird im Bericht begrüßt. Weiter wird gesagt: »Beim Unglück von Purley gab es Probleme auf diesem Sektor.« Auch Anthony Hidden widmet sich in seinem Bericht zum Clapham-Unglück diesem Thema. Glücklicherweise wird an der Lösung dieser Frage gearbeitet, aber, wie bei der Einführung automatischer Halbschranken an Bahnübergängen (siehe Unglück bei Hixon im Jahre 1968), dauerte es geraume Zeit, ehe die Polizei mit der Bahn kooperierte.

RG 146 729 (1990), MR 47 617 (1990).

19. April 1989

Jhansi, Indien

Mehr als 67 Tote, 137 Verletzte

Zwölf der zwanzig Reisezugwagen eines Expreß von Bangalore nach Delhi entgleisten bei hohem Tempo. Das Unglück ereignete sich in der Nähe von Jhansi in Zentralindien, etwa 530 km südlich der Hauptstadt. Auf einem Foto konnte man drei der Wagen sehen, die in einiger Entfernung von der Strecke in einer Zickzacklinie auf der Seite lagen. Nach dem Besuch der Unglücksstelle schloß der Minister für das Eisenbahnwesen Sabotage als Ursache nicht aus. Eine offizielle Unteruchung wurde angeordnet.

T, (20. April 1989).

19. Mai 1989

Provinz Sambesi, Moçambique

(CFM)

Mehr als 28 Tote, 48 Verletzte

Zwei Züge kollidierten. Als Ursache wurde der schlechte Zustand der Strecke angegeben.

24. Mai 1989

Thailand

(SRT)

Mehr als 22 Tote

Die »Times« veröffentlichte einen Bericht über dieses Zugunglück im Norden von Thailand. In anderen britischen Medien fand es keine Erwähnung.

4. Juni 1989

In der Nähe von Ufa, UdSSR

(SZD)

Mehrere hundert Tote und Verletzte

Westlich des Urals wurden zwei Züge der Transsibirischen Eisenbahn durch eine Explosion in einem Feuerball vernichtet. Große Mengen Erdgas waren aus einer defekten Pipeline ausgeströmt. Kurze Zeit vorher war ein Druckabfall in der Leitung festgestellt worden. Man hatte ihn durch eine Beschleunigung der Kompressoren ausgleichen wollen, was aber nur die ausströmende Menge des leicht brennbaren Gases erhöhte. Das Gas breitete sich in der Umgebung und in den Wäldern aus und sammelte sich in zwei

Senken. Als zwei Züge 1,6 km von dem Leck in der Pipeline entfernt aneinander vorbeifuhren, entzündete sich das explosive Gemisch. Eine 2 000 m breite Flammenwand warf die Loks und mehrere Wagen aus den Gleisen. Auf einer Fläche von mehreren Quadratkilometern wurden Bäume entwurzelt, verloren ihre Blätter oder verbrannten. Viele der Verletzten erlitten schwere Verbrennungen. Einige Kinder wurden später in Großbritannien medizinisch versorgt. Präsident Gorbatschow besuchte die Unglücksstelle. Frau Thatcher schickte den Familien der Opfer ein Beileidsschreiben. In Rußland wurde ein Tag Staatstrauer angeordnet und der Kongreß der Volksdeputierten unterbrach seine Beratungen. Die Rettungsarbeiten verliefen sehr effektiv und umsichtig. Hubschrauber wurden eingesetzt und brachten die Verletzten in Krankenhäuser. Selbst ein Sonderflug nach Moskau wurde noch am selben Abend ermöglicht. Obwohl die meisten der Todesopfer Fahrgäste der Züge waren, kann man diese Katastrophe wohl kaum als typisches Zugunglück bezeichnen.

T, (5., 6. Juni 1989).

26. Juni 1989

China
(CPPR)

20 Tote, 11 Schwerverletzte

In einer Toilette eines Zuges von Hangzhou nach Schanghai explodierte Sprengstoff. Der hintere Teil des Wagens wurde weggerissen. Es stellte sich heraus, daß man Dynamit in ein Waschbecken gelegt hatte. Unklar blieb, ob es sich um einen terroristischen Anschlag gegen das Regime oder um einen Unfall handelte. Die »Times« berichtete, daß Explosionen in Zügen in China nicht ungewöhnlich seien. Trotz eines Verbots, Sprengstoff mitzunehmen, verstecken Bauern, die Arbeiten im Steinbruch oder ähnliche Tätigkeiten ausführen wollen, oft Dynamit in den Toiletten der Züge. Es war auch schon vorgekommen, daß Züge mit Hilfe von Sprengstoff angehalten und dann ausgeraubt wurden.

T, 13 (28. Juni 1988)

4. August 1989

Colon, Kuba
(FdeC)

32 Tote, 17 Verletzte

Kurz vor dem Morgengrauen stießen zwei Reisezüge mit hoher Geschwindigkeit frontal zusammen. Die Kollision ereignete sich 160 km östlich von Havanna. Zwei Lokomotiven und vier Reisezugwagen wurden zerstört. Der Provisorische Verteidigungsrat versuchte, die Toten zu identifizieren und die Ursache des Unglücks zu bestimmen.

10. August 1989

Puente del Rio Bamoa, Mexiko
(FNdeM)

Mehr als 100 Tote, (630) Verletzte

Ungefähr 80 km südlich von Los Mochis stürzte ein Nachtzug von Guadalajara nach Mexicali an der Grenze zu den USA von einem Viadukt in den Fluß San Rafael de Barmoa. Die Brücke war vom Hochwasser beschädigt worden und einige Reisezugwagen fielen in den angeschwollenen Fluß. Die Strecke von Mazatlan zur US-Grenze folgt fast ausschließlich der Ostküste des Golf von Kalifornien. Sie überquert die zahlreichen Flüsse, die aus der Sierra Madre ins Meer fließen.

Der Zug war unter dem Namen »El Burro« (Der Esel) bekannt, weil er sehr langsam fuhr und häufig halten mußte.

1. November 1989

Moghulsari, Uttar Pradesh, Indien

58 Tote, 60 Schwerverletzte

Zehn der achtzehn Wagen des »Toofan«-Schnellzuges sprangen aus den Schienen und landeten in einem Graben in der Nähe des Bahnhofs. Die Angaben über die Anzahl der Opfer variierten stark. Anfangs sprach man von »mindestens 52«. Als nächstes einigte man sich auf 42. Bald jedoch gab man »möglicherweise bis zu 100« an. Schließlich erschien die nun offizielle Zahl 58. Das beweist einmal mehr, wie schwierig es selbst in der heutigen Zeit noch sein kann, Einzelheiten über Katastrophen in fremden Ländern zu erhalten. Der Grund für das Entgleisen des Zuges konnte nicht sofort ermittelt werden.

10. November 1989

Südlich von Mosul, Irak

(Iraqi Railways)

Mehr als 50 Tote

Zeitungen der Regierung gaben bekannt, daß es beim Entgleisen eines Zuges südlich von Mosul viele Opfer gegeben habe. Aus der Bevölkerung war zu erfahren, daß wenigstens 50 Menschen ihr Leben verloren.

Auch die Zahl der Verletzten sei sehr hoch gewesen.

Übersicht

über größere Eisenbahnunfälle seit dem 1. Januar 1990

Datum	Land	Ort	Art des Unfalls	Zahl der Opfer
1990				
04.01.	Pakistan	Sangi	Kollision nach Überleitung eines Zuges auf falsches Gleis	306
16.01.	Indien	Patna,Bihar	Feuer	100
03.05.	Mexiko	Oaxaca	führerloser Zug entgleiste	40
04.06.	Indien	nahe Vikarabad Andhra Pradesh	Frontalzusammenstoß	20
25.06.	Indien	Bihar	Zusammenstoß	45
07.08.	Tunesien	nahe Tunis	Zusammenstoß	20
09.10.	Indien	nahe Hyderabad Andhra Pradesh	Feuer (Brandstiftung)	47
17.10.	Kambodscha	Kompongi	Terroristen brachten Zug zum Entgleisen und beschossen ihn	50
1991				
04.03.	Moçambique	Nacala	außer Kontrolle geratener Zug entgleiste	96
06.04.	Kuba	Villa Clara	Zug entgleiste	56
14.05.	Japan	nahe Shigarki	Frontalzusammenstoß auf eingleisiger Strecke	40
08.06.	Pakistan	Ghorki	wahrscheinlich Auffahrunfall	55
22.06.	Äthiopien	nahe Dire Dawa	Zug entgleiste	50
05.09.	Kongo	nahe Dolisie	Frontalzusammenstoß auf eingleisiger Strecke	150

Datum	Land	Ort	Art des Unfalls	Zahl der Opfer
31.10.	Indien	nahe Bangalore	Zug entgleiste (Steinschlag)	40
15.11.	Taiwan	Miaoli	Auffahrunfall	33
1992				
04.03.	Rußland	Twer	Zusammenstoß, dann Feuer	?
04.09.	Indien	Madhja Pradesh	Auffahrunfall	37
1993				
18.1.	Iran	nahe Semnan	Zusammenstoß	24
30.1.	Kenia	nahe Mtito	Brücke brach unter Zug zusammen	65
28.3.	Südkorea	nahe Pusan	Zug entgleiste, nachdem sich Strecke gesenkt hatte	79
27.05.	Armenien	nahe Gyumri	Zusammenstoß	30
31.05.	Angola	Quipungo	Zug entgleiste nach Anschlag durch Unita-Rebellen	355
01.06.	Indien	keine Angaben	Wagen lösten sich und verursachten Zusammenstoß	24
04.08.	Indien	Mairwa	Zug entgleiste	22
13.09.	Moçambique	Nordteil	Zug entgleiste	77
22.09.	USA	nahe Mobile, Alabama	Brücke brach nach Zusammenstoß mit Lastkahn zusammen	44
13.10.	Indien	Bombay	Beim Versuch, von einem Zug abzuspringen, in dem sich Rauch entwickelte, gerieten Fahrgäste auf das Nachbargleis.	49
02.11.	Indonesien	nahe Jakarta	Frontalzusammenstoß	35
1994				
08.03.	Südafrika	nahe Pinetown	Zug entgleiste wahrscheinlich wegen überhöhter Geschwindigkeit	63
15.05.	Birma	Pinlaung	Ein Zug entgleiste und stürzte um.	25
11.08.	Rußland	110 km vor Beograd	Ein Vorortzug stieß mit einem entgleisten Güterzug zusammen.	17
21.08.	Tunesien	150 km südlich von Tunis	Frontalzusammenstoß	21

Datum	Land	Ort	Art des Unfalls	Zahl der Opfer
22.09.	Angola		Entgleisung eines Güterzuges. Die Opfer fuhren unberechtigterweise mit diesem Zug.	146
26.10.	Indien	Bihar	Feuer im Zug	28
02.12.	Ungarn	Szajol	Ein Schnellzug entgleiste.	29
30.12.	Birma	nahe Wuntho	Ein Schnellzug entgleiste.	102
1995				
13.01.	Bangladesh	Hili	Frontalzusammenstoß des »Simanta-Express« mit einem haltenden Nahverkehrszug.	39.
25.02.	Indien	nahe Diphu	In einem Militärzug explodierten Bomben.	25
15.04.	Ägyten	Quweisna	Ein Schnellzug stieß mit einem Bus zusammen. Die meisten Toten waren Fahrgäste des Busses.	42
14.05.	Indien	nahe Salem	Frontalzusammenstoß	60
02.06.	Indien	nahe Kalubathan	Auffahrunfall	48
21.08.	Indien	Ferozabad	Infolge einer Signalstörung fuhr der »Purshottam Express« auf den »Kalindi Express«, der wegen einer Viehherde gehalten hatte	335
28.10.	Aserbaidschan	Baku	Ein Zug der Metro fing Feuer.	303
21.12.	Ägypten	El Badrshein	Auffahrunfall eines Hochgeschwindigkeitszuges im Nebel.	75

Verzeichnisse aller Eisenbahnunfälle

In diesem Verzeichnis sind alle Eisenbahnunfälle, die in der Chronologie und in der übersicht seit 1. Januar 1990 erfaßt sind, aufgeführt, und zwar nach Ländern geordnet und innerhalb derer in alphabetischer Reihenfolge.

Wenn sich ein Unfall zwischen zwei Orten ereignet hat, werden diese durch einen Schrägstrich getrennt, z. B. Onawa/Benson. Bei Unfällen, die in der Nähe eines Ortes passierten, ist der Name mit einem Sternchen versehen (*). Unfälle, deren genauer Ort nicht bekannt ist, sind am Schluß des jeweiligen Landes aufgeführt. Bei Unfällen, die auch oder nur im Bild gezeigt werden, ist die Seitenzahl angegeben.

Ägypten

Assiut	08. September 1977
Benha	29. April 1931
Kairo *	10. Juni 1983, *196*
Kafr-az-Zayyat	30. Januar 1954

Algerien

Beni Heouane	Januar 1982
Turenne	14. September 1932
–	01. Februar 1973

Angola

Quipungo	31. Mai 1993

Argentinien

Alpacatal *	07. Juli 1927
Benavidez	01. Februar 1970
Buenos Aires	08. November 1958
Ciudadela	23. August 1955
Comodoro Rivadavia	15. Februar 1953
Cordoba	25. Februar 1957
La Cruz	15. Juni 1947
Santa Fé *	25. Februar 1978
Tres Cruces/Iturbe	09. September 1945

Äthiopien

Awash	13. Januar 1985
Dire Dawa *	22. Juni 1991
–	02. März 1989

Australien

Braybrook Junction, Victoria	20. April 1908
Campania	29. Februar 1916, *129*
Murrulla,	13. September 1926
Sydney	18. Januar 1977, *194*

Bangladesh

Bheramara *	15. Mai 1986
Chuadunga	26. Januar 1979
Ishurdi	22. März 1983, *196*
Ghotki	08. Juni 1991, *203*
Jessore	04. Juni 1972
Pubail	15. Januar 1989, *200*
-	13. Januar 1985

Belgien

Contich	21. Mai 1908
Diegem	14. November 1940
Wilsele	02. Dezember 1954

Belgisch-Kongo

Kambove	16. Februar 1919

Birma

Kyauktaga	28. Januar 1928
Mandalay/Rangun	04. März 1957
Rangun*	26. März 1961
Tawwi/Peinzalok	25. Juli 1921
Toungoo	09. Dezember 1965
–	06. April 1984

Brasilien

Anchieta	04. März 1952
Aracaja *	20. März 1946
Barra do Pirai	07. August 1956
Commendador	28. März 1965
Engenheiro Goulart	05. Juni 1959
Fortale	17. Dezember 1951
General Gamara	27. Januar 1968
Joao Ayres/Sitio	19. Dezember 1938
Nilopolis	16. November 1966
Novaiguassu	07. Juni 1951
Pacienca	07. März 1958
Pantojo	06. September 1950
Rio de Janeiro	06. Oktober 1935
–	08. Mai 1958
Sao Paulo	17. Februar 1987
–	06. April 1950

BRD

Aitrang	09. Februar 1971
Esslingen	13. Juni 1961
Freiburg im Breisgau	21. Juli 1971
Königswinter	14. September 1958
Radevormwald	27. Mai 1971
Warngau/Schaftlach	08. Juni 1975, *194*

Bulgarien

Drama	11. Mai 1913
Poroi/Andjista	23. Mai 1913

Ceylon

Anuradhapura	14. Januar 1923
Kalatura *	12. März 1928
Madawachchi/ Anuradhapura	26. Januar 1923

Chile

Limache	17. Februar 1986
San Bernando	17. Juli 1955
Sewell	07. Februar 1959

China

Kanton*	03. Januar 1938
Kanton/Xian	07. Januar 1988
Kowloon/Kanton	16. Januar 1938
Peking-Mukden	27. Dezember 1930
Qiewu	24. Januar 1988
Sheklung	16. Januar 1937
Shanghai	24. März 1988
Shinchow *	03. Januar 1938
–	20. April 1931
–	23. Juli 1947
–	26. Juni 1989

Costa Rica

Varill River	14. März 1926

Dänemark

Vigerslev	01. November 1919

DDR

Bornitz	25. Februar 1956
Karl-Marx-Stadt *	30. Oktober 1972
Langenweddingen	06. Juli 1967
Lebus	27. Juni 1977
Leipzig	15. Mai 1960
Zwickau/Aue	12. Juli 1950

Deutschland

Argeningkem	18. Januar 1918
Berlin-Gesundbrunnen	08. Oktober 1939
Bohmte	16. Januar 1918
Cosel/Bauerwitz	12. November 1939
Frankfurt (Oder)/Posen	27. Dezember 1941
Genthin	22. Dezember 1939, *208*
Goch	13. August 1945
Großheringen	24. Dezember 1935
Hannover/Wunstorf	04. Januar 1943
Herne	13. Januar 1925
Kaiserslautern/Homburg	08. Januar 1918
Kirn	16. Januar 1918
Köln/Duisburg	30. Januar 1916
Kranowitz	25. Oktober 1919
Kreiensen	31. Juli 1923
Leiferde/Meinersen	19. August 1926
Leipzig/Berlin	22. September 1918
Markdorf/Kluftern	02. Dezember 1939
Mülheim (Ruhr)	30. März 1910
München Ost	24. Mai 1926, *207*
Neuwied *	22. Dezember 1947
Rosengrund	12. November 1939
Porta Westfalica	20. Januar 1944
Schneidemül/Landsberg	01. Juli 1918
Schneidemül *	11. September 1918
Siegelsdorf	10. Juni 1928
Velten	23. August 1947

Djibouti-	31. Oktober 1979

Ecuador

Riobamba	24. Februar 1909

England

Billingham	*131*
Bolsover	14. Dezember 1910
Bourne End	30. September 1945
Chapel-en-le-Frith	09. Februar 1957
Clapham	12. Dezember 1988
Darlington	27. Juni 1928, *67*
Doncaster	*71*
Eccles	30. Dezember 1941
Goswick	26. Oktober 1947, *133*
Grantham	*69*
Hall Road	27. Juni 1905
Harrow & Wealdstone	8. Oktober 1952, *136, 137*
Hawes Junction	24. Dezember 1910
Hither Green	05. November 1967, *193*
Lichfield	01. Januar 1946
Norton, Fitzwarren	04. November 1940
Purley	04. März 1989
St. Johns, Lewisham	04. Dezember 1957
Salisbury	01. Juli 1906, *68, 69*
Shrewsbury	*70*
South Croydon	24. Oktober 1947

West Hampstead	*71*
Winsford	17. April 1948

Finnland

Iittala	05. März 1940
Kuurila	15. März 1957, *140*

Frankreich

Achères	03. Juli 1926
Arbanats	24. Dezember 1910
Argenton-sur-Creuse	31. August 1985, *197*
Arleaux	27. September 1902
Arras *	03. Dezember 1947
Batignolles Tunnel	05. Oktober 1921
Bollène	19. Juli 1957
Beaucourt Hamel	25. Juni 1921
Chalon-sur-Saône	06. Oktober 1943
Chantonnay	16. November 1957, *141*
Chateaudun *	25. Dezember 1910
Criss	17. April 1919
Epineuil-le-Fleuriel/Vallon	05. Mai 1940
Flaujac	03. August 1985
Gare de Lyon	27. Juni 1988, *199*
Houilles	09. Oktober 1920
Hazebrouck *	30. Dezember 1941
Kédange	04. September 1945
Lagny-Pomponne	23. Dezember 1933, *130*
Laventie/La Gorgue	28. Dezember 1941
Les Aubrais	02. September 1939
Les Eschets	10. September 1921
Lothiers	07. Dezember 1918
Massy Plaiseau	17. Januar 1917
Marmande	24. Dezember 1910
Mauvages	22. Januar 1919
Mauvres/St Péray	03. Juli 1957
Mélun	04. November 1913
Mielan *	01. August 1922
Modane	12. Dezember 1917
Montamert	25. August 1927
Montereau	24. Dezember 1910
Montreuil-Bellay	23. September 1911
Morgny	18. Mai 1940
Nozières-Brignon	07. September 1957
Pacy Tunnel	19. September 1918
Paris	02. November 1941
Pont d'Atelier *	18. Februar 1949, *134*
Pont-de-Cé	04. August 1907
Pont-sur-Yonne	03. November 1919
Révigny	12. November 1946
Rozières-sur-Mouzon	11. Januar 1945
St Cyr Defavières	19. Oktober 1915
St Elier/Conches-en-Ouche	24. Oktober 1933
St Fons	27. Juli 1945
St Valéry-en-Caux	17. Januar 1945
Sary-sur-Sud	24. August 1951
Saujon	14. August 1910
Savigny-sur-Orge	12. Dezember 1946
Theillay	16. Juli 1918
Thumeries	17. Februar 1948
Tournon	03. Juli 1954
Velars-sur-Ouche	23. Juli 1962, *144*
Vernaison	21. September 1945
Vierzy Tunnel	17. Juni 1972
Villeneuve-Loubet	Mitte September 1913
Villeneuve-St Georges	29. Juli 1937
Villepreux-les-Clayes	18. Juni 1910
Vitry-le-François	18. Juni 1961, *142*
Voiron	23. September 1988, *200*
–	18. Februar 1923

Französisch-Äquatorialafrika

Paporah Bridge	19. August 1924

Ghana

Accra Kumasi	14. Januar 1981

Griechenland

Korinth	01. Oktober 1968

Indien

Agra	27. Januar 1982
Akola *	03. Juni 1943
Amroha	25. Juni 1921
Ariyalur	23. November 1956
Arkonam	07. Oktober 1920
Asifabad Road	31. August 1981
Assam	30. Mai 1977
Bangalore *	26. April 1972
	31. Oktober 1991
Bareilly	14. März 1924
Baudpur	09. März 1964
Belgaum	26. Mai 1966
Belur	08. Juli 1928
Benares	13. August 1950
Bhagauli	04. März 1946
Bhatni Junction	28. Juli 1946
Bhilai	08. Juni 1962
Bihar	25. Juni 1990
Bihta	17. Juli 1937
Bikaner	18. Mai 1952
Bilaspur	16. Juli 1981
Bitroi *	12. April 1950
Bommidi	14. Dezember 1920
Boregaun	30. April 1913
Byculla	23. November 1984
Chamraj	21. Mai 1958
Cuttack *	15. Juli 1969
Dangarva	18. Juli 1981
Dhanbad	15. Mai 1948
Dhanushkodi *	23. Dezember 1964, *144*
Dighwara/Barra Gopal	23. September 1946
Diphu	26. April 1966
Dumraon	21. Juli 1962
Firozabad/Makkhanpur	19. Juni 1919
Ganderanagi-Fluß	Juli 1987
Ghatsila/Dalbhumgarh	20. Oktober 1961
Gogra	11. November 1962
Gurdaspur	03. September 1950
Hayagat/Kishanpur	22. Januar 1928
Hyderabad *	09. Oktober 1990

Hazaribagh	12. Januar 1939
Jabalpur/Gondia	16. August 1984
Jagatbels	31. März 1954
Jairampur	05. August 1940
Jakhwada	17. Mai 1920
Jangaon	27. September 1954
Jasidih	07. Mai 1950
Jhansi	19. April 1989
Jullundur Cantonment	23. November 1948
Jungshahi	22. März 1945
Kamalasagar/Nayanpur	17. Mai 1947
Kishangarh	28. November 1987
Londa	03. Dezember 1979
Lumding	20. April 1966
Madhja Pradesch	04. September 1992
Mahububnagar	02. September 1956
Mainpuri/Bhongaon	29. Oktober 1961
Mairwa	04. August 1993
Mangapatnan	11. September 1902
Matunga	13. Juni 1966
Mewa Newada	24. April 1920
Moghulsari	01. November 1989
Mohanganj	31. Oktober 1974
Mohri	01. Januar 1958
Montgomery	29. August 1924
Moradabad	Mai 1908
Naini 10. Oktober 1977	
Najdia	17. April 1939
North Western State	25. Dezember 1907
Oderolal/Tando Adam	16. Mai 1942
Ongole	04. Oktober 1946
Palamau *	06. August 1986
Patna	16. Januar 1990
Quilon *	8. Juli 1988
Rohtak *	29. Juni 1919
Samastipur	6. Juni 1981
Sambhu	24. November 1948
Siliguri	19. April 1961
Sirhind	29. Januar 1950
Umeshnagar	04. Januar 1963
Vadamadura	21. August 1938
Varanasi	19. Januar 1977
Vikarabad *	04. Juni 1990
Villupuram Junction	14. November 1943
Yalvigi	19. März 1968
Yamuna	08. Juli 1960
–	1908
–	23. Juli 1917
–	19. November 1921
–	Februar 1966
–	23. Februar 1985
–	01. Juni 1993

Indonesien

Bandung	11. April 1963
Jakarta	19. Oktober 1987
Jakarta *	02. November 1993, *204*
Tasikmalaja	08. Mai 1959

Irak

Mosul *	10. November 1989

Iran

Ardekan	31. Dezember 1970
Semnan *	18. Januar 1993

Italien

Arguata Scrivia	07. August 1917
Armi Tunnel	02. März 1944
Benevento	15. Februar 1953
Cantanzaro	23. Dezember 1961
Castel Bolognese	*143*
Como *	20. Juli 1941
Lambrate	30. Oktober 1939
Lamenzia Terme	21. November 1980
Monza	07. Januar 1960
Orvieto *	13. Juni 1945
Populonia	18. Februar 1934
Rom *	27. August 1921
Spoleto	21. März 1948
Torre Annunziata	30. Dezember 1939
Vado	15. April 1978
Venedig	08. Oktober 1920
Voghera	31. Mai 1962

Jamaika

Balaclava	30. Juli 1938
Kendal	02. September 1957

Japan

Aboshoi	26. September 1941
Akinakano/Umitashi	23. September 1926
Hokuriku Tunnel	06. November 1972
Honshu	01. September 1923
Kyujo	Mai 1941
Kyoto	08. Januar 1934
Mikawashima	03. Mai 1962
Nagoya/Osaka	26. Oktober 1971
Oira *	07. April 1930
Oita/Beppu	26. Oktober 1961
Osaka	29. Januar 1940
Rokken	15. Oktober 1956
Shigarki	14. Mai 1991, *202*
Tadakuma	16. April 1936
Yamagati Prefektur	04. März 1940
Yokohama	24. April 1951
–	09. November 1963
–	25. Februar 1947

Jugoslawien

Bosanka Krupa	13. Dezember 1980
Belgrad *	04. August 1971
Divaca	14. Juli 1984
Gostivar *	30. Juli 1969
Kumanov *	05. November 1962
Lapovo	9. Oktober 1988
Skopje	26. Juli 1963
Stalac	13. September 1979
Zagreb	30. August 1974, *193*
Zaluka/Ozaij	17. März 1940
Zenica/Doboj	14. Februar 1971

Kambodscha

Kompong	17. Oktober 1990

Kampuchea
– 10. Juni 1980
– 17. Oktober 1990

Kanada
Almonte 27. Dezember 1942
Canoe River/Cedarside 21. November 1950
Dugald 01. September 1947
Hinton 08. Februar 1986, *198*
Sapperton 28. November 1909
Sudbury 21. Januar 1910
Wanstead 26. Dezember 1902

Kenia
Mitito* 30. Januar 1993

Kolumbien
Cari 22. Februar 1962
Montenegro 05. Oktober 1951

Kongo
Dolisie * 05. September 1991

Kuba
Colon 04. August 1989
Villa Clara 06. April 1991

Mandschurei
Chengchitun/Ssupingkai 17. März 1933
Machungho 08. Dezember 1926
Tiehlong * 11. Dezember 1926

Marokko
Kenitra * 22. Mai 1975

Mexiko
Cazadero 01. Februar 1945
Encarnacion 19. September 1907
Gargantua Siding 25. April 1908
Guadalajara 03. April 1955
Iguala * Dezember 1940
Manzanillo Line 23. Juni 1910
Oaxaca 03. Mai 1990
Oaxaca * 30. Juni 1956
Puente del Rio Bamoa 10. August 1989, *201*
Queretaro City * Februar 1940
Saltillo 05. Oktober 1972
Santa Lucrecia/ Matias Romero 21. Oktober 1939
Tacotalpa 20. Dezember 1964
Tepic 12. Juli 1982
– 05. Oktober 1919
– 13. April 1939
– 10. Oktober 1976
– 12. November 1977

Moçambique
Pessene Dezember 1987
Nacala 04. März 1991
Säo Miguel 27. März 1974
Provinz Sambesi 19. Mai 1989
– 02. August 1985
– 13. September 1993

Neuseeland
Walouru 24. Dezember 1953, *139*

Niederlande
Harmelen 08. Januar 1962, *143*
Schiedam * 04. Mai 1976
Weesp 13. September 1918, *72*
Woerden *142*

Niederländisch-Indien
Tanjong-Prioh * 02. April 1914

Nigeria
Ibadan * 15. Oktober 1952
29. September 1957
Langalanga 16. Februar 1970

Nordirland
Belfast 10. Januar 1945

Norwegen
Malvik 19. November 1940
Tretten * 22. Februar 1975

Österreich
Langenwang 25. September 1951
St. Valentin 26. Oktober 1939
Trifail 19. Januar 1917
Uggowitz * August 1918

Pakistan
Bahawalpur 31. Juli 1981
Bhairabazar 09. September 1950
Gambar 29. September 1957
Ghorki 08. Juni 1991, *203*
Jhampir/Braudabad 21. Januar 1954
Liaquatpur 06. August 1972
Sangi 04. Januar 1990

Philippinen
Fabrica 02. September 1954

Polen
Frankfurt (Oder)/Posen 27. Dezember 1941
Kalisch Dezember 1914
Lemberg 01. Oktober 1936
Nowy Dwor 22. Oktober 1949
Piotrkow 09. Oktober 1962
Swaroschin/Preussisch Stargard 01. Mai 1925
Torun 19. August 1980

Portugal
Custoias 26. Juli 1964
Lissabon 20. Dezember 1965
Nelas/Alcafache 11. September 1985
Odemira 13. September 1954, *139*

Rumänien
Bukarest * 31. Mai 1966
Bukarest/Mogosoaia 22. Juli 1962
Ciurea 07. Januar 1917

Contesti	06. Dezember 1913
Craiova	02. November 1944
Etulia	24. Dezember 1938
Lufany	27. Oktober 1920
Mircesti/Roman	29. Juni 1918
Petrova/Viseul Bistra	16. Juli 1930
Resca	01. Dezember 1939
Vinty-Leanca	02. Juli 1923

Rußland

Jezupol/Wodniki	07. Februar 1918
Kaukasus	02. November 1917
Lebedin	31. Dezember 1905
Luga *	Januar 1921
Moskau/Petrograd	13. August 1917
Omsk	08. September 1923
Pogranitschnawa	Oktober 1920
Rostow am Don	06. Oktober 1905
Snamenska/Trepowka	31. Dezember 1905

San Salvador 16. März 1934

Schottland

Castlecary	10. Dezember 1937
Elliot Junction	29. Dezember 1906
Quintinshill	22. Mai 1915

Schweden

Ludvika *	13. Januar 1956
Norrköpping	01. November 1918

Schweiz

Bellinzona	24. April 1924
Rennens	*197*
Wädenswill	22. Februar 1948

Senegal

Theis *	31. Dezember 1969

Slowenien

Sagor	19. Januar 1917

Sowjetunion

Arsamas	04. Juni 1988, *198*
Bologoje	16. August 1988
Domodedowo	16. April 1939
Gagra*	25. Juni 1981
Garabni/Bejukkyschlak	29. November 1987
Gyumri*	27. Mai 1993
Kamensk-Schachtinski	07. August 1987
Karymskoje	22. Juni 1936
Koristowka	06. November 1986
Kossino	02. Januar 1932
Leningrad*	29. Juni 1930
	Ende Sptember 1931
Lublino	16. Oktober 1932
Moskau*	34 März 1934
Odessa/Moskau	02. Mai 1924
Pobelo	06. Januar 1935
Tawatui	12. März 1934
Tschernaja	20. Mai 1930
Twer	03. März 1992, *204*
Ufa*	04. Juni 1989, *201*
Zujewska	23. September 1929

Spanien

Anettla/Ampolla	01. September 1926
Barcelona	09. Januar 1961
Barcelona *	28. Februar 1977, *195*
Barcelona/Tortosa	16. Juli 1920
Fuensanta	15. November 1945
Grisen	10. Februar 1965
Hospitalet/Cambrile	25. November 1907
Jerez *	21. Juli 1972
Las Planas, Barcelona	09. April 1925
Martorell	25. September 1938
Mons La Nueva *	13. Februar 1949
Neon Daroston	Mai 1920
Parades	11. Juli 1922
Plencia	09. August 1970
Robledo de Chavela/ Santa Maria de la Alameda	15. März 1968
San Asensio	27. Juni 1903
San Gervasio	11. Februar 1939
Santa Eulalis/Villafranco del Campo	18. Dezember 1966
Selerra	12. Oktober 1918
Torre	03. Januar 1944
Valencia	04. Dezember 1937
Valencia*	29. März 1938
Velilla de Ebro	03. Dezember 1940
Villa Verde	04. August 1957
Zumaya	15. Februar 1941

Sri Lanka

Maankulam/Murnkandy	20. Januar 1985

Südafrika

Barberton/Kaapmuiden	30. März 1902
Benoni	06. September 1976
Blaauwkrantz Bridge	02. April 1911
Effingham	04. Oktober 1965
Heavitree	20. Oktober 1952
Heidelberg	27. Juli 1927
Johannesburg *	28. April 1949
Kwa Mashu	01. Februar 1986
Leeudorn Stad	17. Juli 1932
Malmesbury	29. September 1972
Odendaalsrust	09. September 1954
Pinetown *	08. März 1994
Potgietersrus *	31. März 1972
Randfontein	29. Juli 1964
Salt River	09. Juni 1926
Watterval Boven *	15. November 1949
Woodstock	08. April 1957

Sudan

Kosti	16. Januar 1987

Südkorea

Pusan *	28. März 1993
Seoul	23. Mai 1976
Suwon/Osan	31. Januar 1954
Taegu	14. Mai 1981
Taejon *	4. September 1948

Südrhodesien

Plumtree/Tsessebe	04. April 1938

Taiwan

Miaoli	15. November 1991, *203*

Thailand

Takli	20. Mai 1988
Taling Chan	21. August 1979
–	4. Mai 1989

Tschechoslowakei

Saitz	10. September 1928
Sakvice	25. Dezember 1953
Steblova *	14. November 1960

Tunesien

Tunis *	07. August 1990

Türkei

Ankara *	28. Oktober 1948
Ankara	09. Januar 1979
Esenkoy	04. Januar 1978
Eskisehir	31. Oktober 1972
Ispartakule	20. Oktober 1957, *140*
Ulukiska/Adana	18. Mai 1952

Uganda

Kampala *	23. April 1941

Ungarn

Berettyujfalu*	06. Januar 1941
Biatorbagy	13. September 1931
Budapest *	22. Dezember 1968
Herczechalen	01. Dezember 1916
Steinbruch/Rakos	06. November 1918
Szekesfehérvar	18. August 1951
Szolnok	24. Dezember 1963

Uruguay

Montevideo	04. August 1963

USA

Amherst	29. März 1916
Atlantic City	28. Oktober 1906
Bagley	31. Dezember 1944
Berry	01. September 1902
Bolivar	08. September 1900
The Bronx,	16. Februar 1907
Brookdale	12. August 1916
Byron	20. Dezember 1902
Canaan	15. September 1907
Carlin	12. August 1939
Castle Rock,	18./19. Sept. 1944
Chicago	30. Oktober 1972
Colton	28. März 1907
Conneaut	27. März 1953, *138*
Corning *	04. Juli 1912
Coshocton	11. September 1950
Cuyahoga Falls	31. Juli 1940
Dotsero	15. Januar 1909
Dover	18. September 1906
Durand	07. August 1903
Eden	07. August 1904
Evanston	12. November 1951
Florence	16. März 1906
Fort Wayne & Wabash Valley	21. September 1910
Frankford Junction	06. September 1943
Gallitzin	18. Februar 1947
Graceland	27. Januar 1903
Green Mountain	21. März 1910
Hackettstown	16. Juni 1925
Harrisburg	11. Mai 1905
High Cliff	06. Juli 1944
Hodges	24. September 1904
Homestead	Oktober 1943 *132*
Humbel	13. Dezember 1922
Ivanhoe	22. Juni 1918
Kellyville	28. September 1917
Kentwood	14. November 1903
Kissimmee *	*206*
Lakeland	*205*
Laurel Run	23. Dezember 1903
Lebanon	15. September 1914
Ligonier	05. Juli 1912
Litchfield	03. Juli 1904
Little Falls*	19. April 1940
Lockett	27. September 1923
Los Angeles	22. Januar 1956
Manchester	25. August 1911
McDonald	23. Juni 1900
Metz	14. Oktober 1908
Middletown, Ohio	04. Juli 1910
Michigan	09. August 1945
Miles City	19. Juni 1938
Mobile*	22. September 1993, *205*
Mount Union	27. Februar 1917
Naperville	25. April 1946, *132*
Nashville	09. Juli 1918
Newark Bay	15. September 1958, *141*
New York City	1. November 1918 12. April 1920
New York State	13. Dezember 1909
Nyack	30. August 1900
Onawa/Benson	20. Dezember 1919
Patapsco	17. Juni 1905
Porter	27. Februar 1921
Rennert	16. Dezember 1943
Richmond	22. November 1950
Robinson	05. September 1956
Rockfish	07. Juli 1903
Rockmart	23. Dezember 1926
Rockville Center	17. Februar 1950, *134*
Salem	20. Juli 1907
San Antonio	18. März 1912
Seneca	27. November 1901
Shepherdsville	Dezember 1917
South Byron	12. Januar 1919
Staunton	04. Oktober 1910
Stockton	04. August 1944

Kesselexplosionen

Nur wenige Menschen wissen, daß jeder Dampfkessel das Potential hat, wie eine Bombe mit hoher Zerstörungskraft zu wirken. Der »Königliche Astronom« George Airy berechnete 1863, daß eine Wassermenge von 28 Liter selbst bei einem Druck von nur 4,13 bar die Zerstörungskraft von 453 Gramm Schießpulver hat[1].

Eine solche Wassermenge wiegt ca. 28 kg. Dieser Vergleich verdeutlicht die zerstörerische Wirkung der beiden Substanzen. Wenn man bedenkt, daß der Kessel einer mittelgroßen Dampflokomotive mindestens 5,5 m^3 Wasser enthält, wird das Risiko einer möglichen Katastrophe noch deutlicher. Der Betriebsdruck in den heutigen Dampflokomotiven erreicht die fünffache Höhe des von Airy berechneten. Auch die Wassertemperatur nahm entsprechend zu. Beide Faktoren tragen beträchtlich zur Erhöhung der in den Kesseln eingeschlossenen Energie bei. Die Art und Weise, wie wir es in den letzten zwei Jahrhunderten gelernt haben, mit diesen Tatsachen umzugehen, liefert Anschauungsunterricht für die Beherrschung des technischen Risikos.

Obwohl explodierende Kessel sehr gefährlich sind, testet man sie hydraulisch über ihrem normalen Betriebsdruck. Wenn dabei ein Fehler festgestellt wird, kommt es nicht zu einer Katastrophe. Das liegt darin begründet, daß der Test mit kaltem Wasser durchgeführt wird. Kommt es zu einem Bruch, wird nur eine kleine Menge der Flüssigkeit freigesetzt. In der Realität muß der Flüssigkeit im Kessel jedoch eine große Wärmemenge zugeführt werden, um sie vom kalten Zustand auf die erforderliche Betriebstemperatur und den nötigen Betriebsdruck zu bringen. Kommt es dann zur Explosion, wird all diese Energie sofort frei. Nicht nur der Dampf im Kessel dehnt sich schnell aus. Auch ein großer Teil des Wassers, dessen Temperatur ja weit über dem Siedepunkt liegt, verwandelt sich blitzartig in Dampf. Damit wird die Dampfmenge, die mit hoher Geschwindigkeit aus dem Riß tritt, merklich erhöht. Die resultierende Druckwelle aus überhitztem Dampf ist höchst gefährlich. Sie kann unter Umständen wie ein Raketentriebwerk wirken und Teile des Kessels und manchmal auch die gesamte Anlage in Geschosse verwandeln, die beträchtliche Entfernungen zurücklegen können.

Die ersten stationären Maschinen von Newcomen arbeiteten mit Dampf bei ziemlich geringem Druck. Das Prinzip war, daß der atmosphärische Druck den Kolben gegen das Vakuum bewegte, welches nach der Kondensation des Dampfes entstanden war. Die Maschinen von Watt arbeiteten nach der gleichen Methode, obwohl hier die Luft, die auf den Kolben wirkte, durch Niederdruckdampf ersetzt wurde. All diese

Maschinen hatten nur Dampf mit relativ niedrigem Druck zu bewältigen. Die Situation änderte sich merklich, als Trevithick »kräftigen Dampf« einsetzte und durch Verwendung höherer Drücke den Kolben direkt bewegte. Es mußte nun gewährleistet werden, daß es bei der Kondensation keine Energieverluste gab. Deshalb befanden sich bei den ersten Lokomotiven, wie z.B. bei Trevithicks »Penydarren« und auch bei Stephensons Konstruktionen einschließlich der »Locomotion« die Zylinder im Inneren der Kessel. Dadurch trat keinerlei Wärme- und Druckverlust auf.

Bei Trevithicks stationären »Hochdruckmaschinen« gab es von Beginn an Kesselexplosionen. Das wurde von Watt und seinen Partnern als Argument verwendet, wenn es darum ging, potentielle Nutzer zu überzeugen, die alten Modelle zu kaufen. Die großen Zylinder in den Kondensationsmaschinen waren jedoch nur noch bei stationären Anlagen einsetzbar. Wenn Dampf als Antrieb bei Fortbewegungsmitteln verwendet wurde, erforderte das unbedingt eine Gewichtsabnahme der gesamten Anlage. Als die Dampflokomotive entwickelt wurde, mußten somit immer höhere Dampfdrücke in Kauf genommen werden, womit natürlich das Explosionsrisiko ebenfalls erhöht wurde. Deshalb mußten dringend Vorsichtsmaßnahmen getroffen werden, um die Zahl der Katastrophen möglichst gering zu halten.

Für Kesselexplosionen kommen zwei wesentliche Gründe in Betracht.

Das ist einmal die Belastung des Druckkessels über eine Grenze hinaus, bei der er noch sicher ist, und das ist zweitens die unbemerkte Senkung dieser Grenze. Zur Verhinderung des ersten o.g. Punktes sind Sicherheitsventile entwickelt worden, und es gibt hoffentlich genügend Inspektionen und hydraulische Tests, um eine Abnahme der Druckfestigkeit eines Kessels rechtzeitig festzustellen. Beide Punkte werden nun etwas ausführlicher betrachtet.

Ein Sicherheitsventil gewährleistet, daß überschüssiger Dampf entweichen kann. Dadurch wird abgesichert, daß der Druck in einem Kessel einen vorgegebenen Wert nicht übersteigt. Die einfachste Form des Sicherheitsventils war ein Ventilteller, welcher durch ein mit Hebelkraft verstärktes Gewicht eine Öffnung verschloß. Bei einer solchen Anordnung kann es sehr einfach zu einem Mißbrauch kommen, indem zum Beispiel das Gewicht erhöht wird, oder indem man das Ende des Hebels festhält. Die Fahrer des Nachbaus der »Locomotion« wissen, wie ärgerlich es ist, wenn zwischenzeitlich Dampf aus dem Sicherheitsventil entweicht, wenn die Lok über Unebenheiten auf der Strecke rattert. Das bringt die Lokführer manchmal sogar dazu, das Ventil zuzuhalten. (Es gibt auch Ventile, die verriegelt sind und somit ein Öffnen mit der Hand nicht gestatten.) Hackworth entwickelte ein federgelagertes Ventil und Salter Hebel mit einer Feder. Die Version von Ramsbottom stellte eine Verbesserung dar. Er verwendete eine Anordnung von zwei Ventilen, die gemeinsam mit einer Feder geschlossen wurden. Jeder Versuch, ein Ventil geschlossen zu halten, öffnete das andere. In den letzten Jahren der Dampflokomotive wurden allgemein Sicherheitsventile vom Typ »Pop« eingesetzt. Ihr Vorteil bestand darin, daß sie sich zuverlässig schlossen, wenn der Dampfdruck fiel. Damit sparten sie Dampf. Andererseits war das ohrenbetäubende Zischen, wenn sie sich ohne vorherige Anzeichen öffneten, auch nicht gerade angenehm. Trotz aller Verbesserungen der Sicherheitsventile waren die letzten zwei großen Kesselexplosionen bei Lokomotiven in Großbritannien darauf zurückzuführen, daß sich die Ventile nicht geöffnet hatten.

Im Jahre 1909 hatte der Lokführer einer C1' der Rhymney Railway Probleme mit den Injektoren und fuhr die Lok ins Depot in Cardiff zurück. Das Manometer zeigte 13,6 bar an und lag damit weit über dem maximalen Betriebsdruck von 10,9 bar. Er schrieb das aber einem Fehler im Meßgerät zu. (Eine Vorsichtsmaßnahme bei diesen Geräten liegt darin, daß der maximal zulässige Kesseldruck geringer ist als er Höchstwert des Manometers). Während die Lok im Depot stand, zersprangen beide Wasserstandsschaugläser. Aber noch immer erkannte niemand, daß der Druck weit über der zulässigen Grenze lag. Und so geschah das Unvermeidliche. Der obere Aufsatz der Feuerkammer wurde in einem Stück herausgeschleudert. Der Kessel wurde aus den Befestigungen gerissen und landete in etwa 40 m Entfernung. Drei Menschen starben bei der Explosion, die in großen Teilen von Cardiff zu hören war. Der Sicherheitsinspektor der verantwortlichen Behörde erkannte sofort, daß das Ramsbottom-Sicherheitsventil falsch zusammengebaut war (s. Zeichnung) und sich nicht öffnen konnte[2]. Beim Lokaltermin bildete sich die Jury allerdings ein anderes Urteil (s. auch Kapitel Chronologie). Darauf wird später noch eingegangen werden.

Der zweite Vorfall dieser Art ereignete sich im Jahre 1921 in Buxton. Der Kessel einer der Lokomotiven der LNWR explodierte kurz nach der Abfahrt. Die Lok sollte einen aus 34 Wagen bestehenden Zug nach Oldham bringen. Man hatte wieder angenommen, daß das Manometer nicht in Ordnung sei und hatte es sogar zweimal ausgetauscht. Auch bei diesem Unglück hatte es Probleme mit den Injektoren gegeben. (Das kann ein Symptom für zu hohen Kesseldruck sein.) Der Überdruck riß den Aufsatz der Feuerkammer ab. Die Kammer fiel zusammen und dann explodierte der Kessel. Teile von ihm wurden in etwa 200 m Entfernung gefunden. Die Explosionskraft warf die Lok aus den Schienen und die Hinterräder wurden abgerissen.

Beide Mitglieder der Lokbesatzung kamen ums Leben[3, 4]. Die Sicherheitsventile waren von einem Fremdvertragspartner überholt worden. Bei der Bearbeitung war nicht genügend Spiel gelassen worden und folglich klemmten die Ventile und öffneten sich nicht.

Obwohl der Dampf noch weitere 47 Jahre als Antriebskraft auf den Hauptstrecken der britischen Eisenbahnen genutzt wurde, gab es nur noch geringfügige Unfälle mit Kesseln. Fast ein halbes Jahrhundert ohne Katastrophe – das ist ein Beweis dafür, daß man dieses Problem immer besser in den Griff bekommen hat.

Wenn heute für eine stillgelegte Dampflok wieder eine Fahrt beantragt wird, muß ein Formular ausgefüllt werden. Darauf muß unter anderem bestätigt werden, daß die Funktionstüchtigkeit der Sicherheitsventile visuell überprüft wurde. Das ist nicht in allen Ländern so.

Mit der Diskussion zur Rolle von Sicherheitsventilen bei Kesselexplosionen sind wir ins 20. Jahrhundert geraten. Es ist jedoch erforderlich, nochmals das Ende des 19. Jahrhunderts zu betrachten.

Damals war die Frage der Kesselfestigkeit von wesentlicher Bedeutung. Aus der folgenden Übersicht kann man erkennen, daß in Großbritannien zu dieser Zeit viele Kessel und Rohrleitungen platzten, obwohl diese Art von Unfällen nur geringe Bedeutung im Vergleich zum Gesamtunfallgeschehen hatte.

Unfälle mit Kesseln im Verhältnis zum Gesamtunfallgeschehen bei der Eisenbahn in den Jahren 1871–1900

	1871-75	1876-80	1881-85	1886-90	1891-95	1896-1900
Gesamtzahl der Unfälle	7 226	13 681	11 989	8 384	7 002	6 774
Unfälle mit Kesseln	41	38	16	10	13	17
%	0.6	0.3	0.1	0.1	0.2	0.3

Quelle: H.R. Wilson: Railway Accidents; Raynar Wilson, London (1925) Tabelle 1

Über die Ursachen dieser Explosionen war man sich nie einig. Es gab eine Theorie, nach der die Hitze das Wasser in Wasserstoff und Sauerstoff zerlegte. Danach sollten beide explosionsartig rekombinieren. Zur Trennung der Wassermoleküle sind jedoch weitaus höhere Temperaturen erforderlich als in der Feuerkammer erreicht werden. Einige erhitzte Metalle können die Wassermoleküle spalten, indem sie sich mit dem Sauerstoff verbinden. Für die Explosion des Wasserstoffs ist dann jedoch wieder Sauerstoff erforderlich, und der befindet sich nicht im Kessel.

Eine zweite Theorie besagte, daß es bei der Zuführung von kaltem Wasser zu einer plötzlichen Dampfentwicklung kommt. Dadurch steigt der Druck so schnell, daß die Sicherheitsventile nicht reagieren können. Uns ist allen bekannt, wie Wasser wegspritzt, wenn es auf heiße Metallflächen tropft. Wegen des vorhandenen Drucks findet dieser Prozeß jedoch im Inneren des Kessels nicht statt. Schon im Jahre 1856 bezweifelte Robert Stephenson diese Theorie[5]. 1857 wurde ein Experiment durchgeführt, bei dem Wasser in einen rotglühenden Kessel gefüllt wurde. Es gab keine Explosion[6]. Trotz dieses Beweises, der schon 50 Jahre vor der Rhymney-Explosion erbracht wurde, kam die Untersuchungskommission für das Unglück von Cardiff zu dem Schluß, daß die Explosion durch Arbeiten an den Injektoren verursacht wurde, was zu einer plötzlichen Dampfentwicklung führte[7].

Ein Kessel widersteht am besten dem inneren Druck, wenn er die Form einer Kugel hat. Dann werden alle Wandteile gleichmäßig beansprucht. Diese Form ist aber für eine Dampflokomotive nicht praktikabel. Wenn man die zylindrische Kesselform verwendet, sind die Beanspruchungen vor allem in Zylinderrichtung gerichtet. Dann bedürfen die beiden Kesselenden der besonderen Aufmerksamkeit. Größere Probleme gibt es mit der inneren und äußeren Feuerkammer. Hier bieten die zylindrischen Oberflächen fast ebene Flächen an. Bei Erhöhung des Drucks verziehen sie sich. Deshalb werden die zwei Oberflächen mit Bolzen verbunden. Diese existieren in den unterschiedlichsten Formen. Sie benötigen einen sicheren Sitz auf beiden Seiten, so daß sie bei voller Belastung nicht durch die Platten gezogen werden können. An der Außenseite ist das relativ einfach möglich, aber im Inneren der Feuerkammer werden die Bolzenbefestigungen durch die Einwirkung des offenen Feuers ausgeglüht und der Kesselwärter hat diesen Prozeß ständig zu überwachen.

Wenn der Kessel während des Betriebes erhitzt wird und dann wieder abkühlt, rufen die unterschiedlichen Ausdehnungen zwischen der inneren und der äußeren Feuerkammer starke Belastungen der Bolzen hervor, die zum Brechen führen können. In extremen Fällen mußten flexible Spezialbolzen verwendet werden. Das Aufspüren eines gebrochenen Bolzens ist nicht einfach. Der erfahrene Kesselwärter erkennt einen solchen Bolzen jedoch am Klang, wenn er mit seinem Hammer dagegen schlägt. In Ländern wie den USA war es üblich, ein enges Loch in Längsrichtung neben den Bolzen zu bohren. Bei einem Bruch war ein kleiner Dampfstrahl zu sehen, der sofort die Aufmerksamkeit auf sich zog. Die Feuerkammern solcher Lokomotiven waren außen nicht verkleidet. Dadurch konnte die defekte Stelle sehr leicht gefunden werden.

Das Metall in einem Kessel wird durch Korrosion angegriffen. Sehr stark gefährdet sind die Stellen im Inneren des Kessels, die mit Wasser in Berührung kommen. Sie müssen in regelmäßigen Abständen überprüft werden. Im letzten Jahrhundert gab es Schwierigkeiten, weil sich in der Nähe der Bolzen Risse bildeten. Der Grund dafür lag darin, daß sich die Kessel beim Erwärmen und Abkühlen leicht verzogen. Waren die Kessel nicht vollkommen zylindrisch, verstärkte sich das Problem noch. Kam es aus diesem Grund zu einer Explosion, unterschieden sich die Folgen wesentlich von den in den

Feuerkammern üblichen. William Kirtley, der Leiter der Midland Werke, schrieb in den sechziger Jahren des vorigen Jahrhunderts einige Abhandlungen zu diesem Thema[8]. Das Problem bestand aber auch noch um die Jahrhundertwende. Im Jahre 1989 verfaßte Ian Winship einen Artikel für die Newcomen Society. in dem er sich eingehend mit der Frage von Kesselexplosionen bei Lokomotiven in der zweiten Hälfte des 19. Jahrhunderts beschäftigt[9].

Zu Beginn des 20. Jahrhunderts waren die Konstruktionsprinzipien und die Materialfragen für die Herstellung von Kesseln abgeschlossen. Jetzt wurde das Problem des plötzlichen Verlusts der Festigkeit während des Betriebs der Kessel vor allem in den USA sehr wesentlich. Die innere Feuerkammer war das kritische Gebiet, und diese konnte sich aus zwei Gründen überhitzen. Es kam häufig vor, daß die Besatzung der Lok nicht darauf achtete, daß die Abdeckplatten mit Wasser bedeckt waren. Ein Überhitzen passierte aber auch dann, wenn sich Kesselstein abgesetzt hatte. In beiden Fällen wurde die Wärme wegen des fehlenden Wassers bzw. wegen der isolierenden Wirkung des Kesselsteins nur unzureichend von den Außenseiten der Platten abgeleitet. Berechnungen zum Wärmeübergang der Platten der inneren Feuerkammer ergaben, daß das Kupfer Temperaturen erreichte, bei dem es seine Festigkeit verlor. Die Techniken und Materialien der dreißiger Jahre ließen wenig Spielraum für eine Erhöhung der Wärmeerzeugung in konventionellen Feuerkammern.

In dem Heft »Railway Wonders of the World« von F.A. Talbot, das kurz vor dem Ersten Weltkrieg erschien, gibt es einen Artikel über den Kessel von Jacobs-Shupert. Dieser Kessel war so gebaut, daß er bei niedrigem Wasserstand nicht explodierte. Der Autor schreibt in diesem Artikel, daß »(in den USA) pro Woche durchschnittlich eine Lok explodiert. Das führt zu vielen Toten und Verletzten und zu Sachschaden von mehreren Hunderttausend Pfund pro Jahr.«[10] Man könnte zuerst denken, daß hier ein Produzent seine Ware anpreisen will. Die Realität ist aber vielleicht sogar noch schlimmer. Die Interstate Commerce Commission berichtete 1917 davon, daß es in diesem Jahr 389 durch fehlerhafte Kessel verursachte Unfälle gegeben habe, das hieß, durchschnittlich mehr als einen Unfall pro Tag. 52 Personen kamen dabei ums Leben, 469 wurden verletzt.

Eine Explosion bei der Denver & Rio Grande Western aus dem Jahre 1934 steht als Beispiel dafür, wie es in Nordamerika nicht gelang, die Kessel ständig von Kesselstein und Schlamm freizuhalten. Die Feuerkammer einer 1'E1' wurde vom Kessel abgetrennt und landete 65 m vor dem Zug. Teile der Rauchkammer und des Führerstandes flogen noch weiter in die entgegengesetzte Richtung. Die markante Schlußfolgerung im Bericht der ICC lautete:

»...es ist eindeutig, daß die Überhitzung der Platten der Feuerkammer durch verschlammtes Wasser im Kessel hervorgerufen wurde. Dieses Wasser konnte die Wärme nicht mit der erforderlichen Schnelligkeit absorbieren. Dadurch konnten die Heizflächen nicht auf einer sicheren Temperatur gehalten werden. Es ist weiterhin offenkundig, daß der Kessel nicht so oft gereinigt worden ist, wie es der Zustand des Wassers notwendig gemacht hätte. Das war die Hauptursache für das Unglück.«[11]

Weiterhin heißt es, »Auszüge aus den Vorschriften der Bahn, die die Reinigung der Kessel betreffen, zeigen, daß besondere Maßnahmen getroffen wurden, der Verantwortung bezüglich der Reinigung der Kessel aus dem Wege zu gehen.« Bundesvorschrift 45 besagte, daß die Kesselreinigung mindestens einmal im Monat durchzuführen ist.

Die Denver & Rio Grande Western legte fest, daß die Kesselreinigung unabhängig vom Wasserzustand höchstens einmal im Monat zu erfolgen hat.

Dieser Unfall war etwas ungewöhnlich. Wesentlich häufiger achteten die Besatzungen der Lokomotiven nicht auf einen ausreichenden Wasserstand über der Feuerkammer. In Großbritannien gab es mehrere schwere Unfälle dieser Art. Eine der »Princess Coronation« Pacific (Nr. 6224 Duchess Alexandra) war gleich zweimal beteiligt, 1940[12] und 1948[13]. Es war lange Zeit Vorschrift, daß ein Schmelzeinsatz in die obere Platte der Feuerkammer eingebaut wurde.

Wenn das Wasser einen zu niedrigen Stand erreichte, schmolz die Speziallegierung in der Mitte dieses Einsatzes. Dadurch gelangte Dampf in die Feuerkammer, und die Besatzung der Lok wurde gewarnt.

Bei dem Unglück im Jahre 1948 wurde dieses Warnsignal 13 1/2 km nach der Abfahrt aus Glasgow hörbar. Man hielt in Carstairs an und ließ den Kessel überprüfen. Dann wurde die Fahrt fortgesetzt, allerdings nur noch für eine kurze Zeit.

Die Kessel mußten mit zwei unabhängig voneinander arbeitenden Vorrichtungen zur Kontrolle des Wasserstandes ausgerüstet sein.

Deshalb erblickt man im Führerstand einer Dampflokomotive auch gleich zwei Schaugläser. Beim zweiten Unglück mit der LMS Pacific waren beide Gläser defekt. Die Schaugläser konnten so schmutzig werden, daß man den Wasserstand in ihnen nicht erkennen konnte. Es war ebenfalls möglich, daß man auf den ersten Blick ein volles Schauglas nicht von einem leeren unterscheiden konnte. Im April 1945 überhitzte sich zwischen Hinton Admiral und New Milton die obere Platte der Feuerkammer der »Lord Nelson« 2'C, Nr. 854 »Howard of Effingham«. Die Besatzung dieser Lok hatte ein leeres Schauglas als ein volles angesehen[14]. Bei einer weiteren »Princess Coronation« (Nr. 46238 City of Carlisle) schmolz im Jahre 1962 der Sicherungseinsatz in der oberen Platte, weil eines der Schaugläser schmutzig war und falsch abgelesen wurde. Die Gesellschaft LNER brachte als erste eine Platte mit diagonalen schwarzen und weißen Streifen hinter dem Schauglas an. Wenn sich Wasser im Glas befand, waren die Winkel der Streifen anders als bei einem leeren Glas. Dadurch war eine eindeutige Unterscheidung möglich.

Die Gesellschaft GWR benutzte nur Meßgeräte, die durch einige Versuchshähne in verschiedenen Höhen ergänzt wurden. Diese waren zwar nicht sehr nutzerfreundlich, waren aber andererseits auch nicht so störanfällig wie die Schaugläser. Im Jahre 1952 zersprang bei der Yiewsley Grange Nr. 6859 das Glas im Gehäuse eines Meßgeräts. Der Durchgang durch die Glasröhre wurde fast blockiert. Somit wurde der Wasserstand falsch angezeigt, und die Abdeckplatte der Feuerkammer war nicht mehr mit Wasser bedeckt, als die Lok nach Gresford Bank fuhr[15]. Die Kupferplatte riß in der Mitte, und der Heizer wurde schwer verwundet. Die Lokomotive erlitt keinen größeren Schaden.

Vor der Eröffnung der zweiten Front im Zweiten Weltkrieg fuhren in Großbritannien einige Loks der amerikanischen Baureihe 1'D. Sie hatten hohle Bolzen und auch die Schaugläser unterschieden sich von den britischen. Es wurden keine Glasröhren verwendet. Man benutzte stattdessen eine Glasplatte mit prismatischen Rippen an der Hinterwand. Für britische Augen glich ein volles Glas einem leeren. Außerdem gab es auf den Schaugläsern Ventile und keine Hähne. Die mußten vollständig geöffnet werden. Folglich waren drei der 756 amerikanischen Loks zwischen November 1943 und August 1944 an den Kesselexplosionen bei Honeybourne, Thurston und im Tunnel South Harrow beteiligt[16].

Während des Zweiten Weltkrieges gab es auch in den USA eine Reihe von schlimmen Kesselexplosionen. Diese Ereignisse wurden im »Journal of the Stephenson Locomotive Society« von E.W. Lewcock beschrieben[17]. Am schlimmsten war das Jahr 1943, in dem von nicht weniger als 25 Explosionen berichtet wird. Auf einigen Abbildungen sind die völlig zerstörten Waggons zu sehen.

Bekannte Lokomotiven und Züge waren an den Katastrophen beteiligt. Im September 1943 explodierte die Lok des »Twentieth Century Limited« von Chicago nach New York bei einem Tempo von 115 km/h. Sie kam erst nach etwa 275 m zum Stehen[18]. Die Lokomotive, der Tender und 11 Reisewagen entgleisten. In den USA wurde es allgemein üblich, bei Dampflokomotiven Niedrigwasser-Alarmanlagen einzubauen (siehe Abbildung oben). Doch selbst mit diesen Anlagen kam es immer noch zu Kesselexplosionen. 1953 explodierte eine der Lokomotiven der Chesapeake & Ohio. Der Warnton war zwar zu hören gewesen, der Lokführer hatte aber nichts unternommen, um die Explosion zu verhindern[19].

Im August 1935 geschah bei der PLM in Frankreich eine der spektakulärsten Kesselexplosionen. Der Expreß Genf - Paris wurde von einer Lok der Baureihe 141-C (Nr. 623) gezogen. Zwischen Culoz und La Burbanche gibt es einen etwa 25 km langen Streckenabschnitt mit einem sehr starken Anstieg (1:83). Danach folgt eine Strecke durch Tenay mit einem ähnlichen Gefälle. Der Zug hatte den Anstieg mit einem durchschnittlichen Tempo von 50 km/h bewältigt. Dann fuhr er durch den Bahnhof Tenay-Hauteville und erreichte 80 km/h. Kurze Zeit später explodierte der Kessel. Die Abdeckplatte der inneren Feuerkammer brach weg, und der Dampf trat mit großer Gewalt aus einer Öffnung von ca. 1,5 m^2 aus. Dadurch wurde der 34 Tonnen schwere Kessel aus den Verankerungen gerissen. Er erreichte eine Höhe von 18 m, flog über eine Telegrafenleitung und über eine Reihe von Bäumen. Dann landete er in etwa 83 m Entfernung auf einem Feld. Dort überschlug er sich dreimal, kam nach 23 m, 34 m und 17 m auf den Boden, bevor er auf der Seite liegen blieb. Sein Vorderteil zeigte nach hinten. Ein Teil der zerrissenen Kupferplatte war noch immer so heiß, daß er von den Seiten der Feuerkammer nach unten sackte[20].

Bei der Explosion war auch die Bremsleitung beschädigt worden und somit wurde der Zug automatisch gebremst und zum Halten gebracht. Es gab keine Verletzten. Der Lokführer und der Heizer kamen bei der Explosion ums Leben. Ihre Kleidung wurde vollkommen zerfetzt, sie wies allerdings keine Spuren von Verbrennung auf.

Im Jahre 1937 wurde ein umfassender Bericht von Monsieur Chan, Ingénieur Principal du Matériel der Eisenbahn, veröffentlicht[21, 22, 23]. Hierin wurden die Ereignisse vor und nach der Explosion rekonstruiert. Es wurde gefolgert, daß die Abdeckplatte der Feuerkammer etwa sieben Minuten vor Erreichen des Gipfels nicht mehr mit Wasser bedeckt war. Als der Zug dann den Berg hinabfuhr, lief das verbliebene Wasser im Kessel nach vorn und das verschlimmerte die Situation noch. Der Schmelzeinsatz muß schon beim Anstieg mindestens neun Minuten vor der Explosion geschmolzen sein. Der Lokführer handelte jedoch gegen die Vorschriften und unternahm nichts. Man errechnete, daß es zum Zeitpunkt der Explosion im Kessel ein Dampfgewicht von 27 kg gab. Hinzu kamen sieben Tonnen Wasser mit einer Temperatur von 200 Grad Celsius und einem Druck von 15,6 bar. Schon 1 % der bei der Explosion freigesetzten Energie hätte für eine Umdrehung des Kessels nach vorne ausgereicht. Es gibt keinen besseren Beweis für die am Anfang dieses Kapitels gemachten Aussagen bezüglich der Kräfte, die in den Kesseln der Lokomotiven eingezwängt sind.

1) Airy, G.B.: »On the Numerical Expression of the Destructive Energy in the Explosion of Steam Boilers and on its Comparison with the Destructive Energy of Gunpowder«:
Philosophical Magazine 26 329-336 (1863).
2) Hewison, G.H.: Locomotive Boiler Explosions , S. 115.
3) Hewison, op cit, S. 119.
4) Garraway, A.G.W.: Operating and Safety, Protokoll eines Symposiums der Friends of the National Railway Museum, S. 15 (1978)
5) Diskussion zu einem Artikel von W.K. Hall: On the Causes of Explosions of Steam Boilers : MPICE 15 281-308 (1855-56).
6) Johnson, J.: Artikel `Boiler Explosion': Engineer 3 261 (3. April 1857).
7) RG 10 665 (1909).
8) Kirtley, W.: »On the Corrosion of Locomotive Boilers and the Means of Prevention«: PIME 56-78 (1866)
9) Winship, I.R.: »The Decline in Locomotive Boiler Explosions in Britain 1850 - 1900«: Transactions of the Newcomen Society 60 73 (1988-89).
10) F.A. Talbot: »A Safety Locomotive Boiler«: Railway Wonders of the World: Cassell & Co S. 82 (ca. 1913).
11) ICC Report covering investigation of accident to Denver & Rio Grande Western Railroad Locomotive 1409 near Wellington, Utah, August 18, 1934.
12) Hewison, op cit, S. 121.
13) Hewison, op cit, S. 132.
14) Hewison, op cit, S. 128.
15) Hewison, op cit, S. 138.
16) Hewison, op cit, S. 123 - 128.
17) Lewcock, E.W.: »Trading Water for Steam«, Journal of the
Stephenson Locomotive Society 62 50, 82 (1986).
18) RG 79 295 (1943), 80 109 (1944).
19) Atkins, C.P.: Railway World Annual 1983 S. 97.
20) RG 63 238 (1935).
21) Chan: Revue Générale des Chemins de Fer S. 106 (1. Februar 1937).
22) RM 80 363 (1939).
23) RG 69 123 (1938).

Abkürzungen der Bahngesellschaften

BRB
Eisenbahnen in Bangladesh

BRC
Eisenbahngesellschaft Burma

CBTU
Brasilianische Stadtbahn-Gesellschaft

CDE
Eisenbahnen Djibouti-Äthiopien

CFM
Eisenbahnen in Mozambique

CP
Portugiesische Eisenbahnen

CPPR
Eisenbahngesellschaft der Volksrepublik China

DB
Deutsche Bundesbahn (Seit Anfang 1994 firmiert die aus dem Zusammenschluß von Deutscher Bundesbahn und Deutscher Reichsbahn entstandene »Deutsche Bahn AG« unter diesem Kürzel).

DR
Deutsche Reichsbahn (Dieser Name wurde von der deutschen Bahn vom April 1920 übernommen und wurde bis Ende 1993 in Ostdeutschland (ehemalige DDR) weiterverwendet.)

EFE
Staatliche Eisenbahngesellschaft Chiles

ER
Eisenbahngesellschaft Ägyptens

FNdeM
Eisenbahngesellschaft Mexikos

FS
Italienische Staatsbahn

GRC
Ghanaische Eisenbahngesellschaft

JNR
Nationale Eisenbahngesellschaft Japans, jetzt untergliedert in sechs regionale Personenbeförderungsgesellschaften und eine nationale Gütertransportgesellschaft

JZ
Eisenbahngesellschaft Jugoslawiens

KNR
Nationale Eisenbahngesellschaft (Süd)- Koreas

NMBS
Belgische Staatsbahn (siehe auch SNCB)

NS
Niederländische Eisenbahnen

ONCFM
Eisenbahngesellschaft Marokkos

PJKA
Staatliche Eisenbahngesellschaft Indonesiens

PKP
Staatliche Eisenbahngesellschaft Polens

PR
Eisenbahngesellschaft Pakistans

SAR
Eisenbahngesellschaft Südafrikas, später Teil des Südafrikanischen Transportdienstes (SATS) und als Transnet bekannt

SLR
Staatliche Eisenbahngesellschaft Sri Lankas

SNCB
Belgische Staatsbahn (siehe auch NMBS)

SNCF
Französische Staatsbahn

SNCZ
Nationale Eisenbahngesellschaft von Zaire

SNTF
Nationale Eisenbahngesellschaft Algeriens

SRC
Eisenbahngesellschaft des Sudan

SRT
Staatliche Eisenbahngesellschaft Thailands

SZD
Eisenbahngesellschaft der Sowjetunion

TCDD
Staatliche Eisenbahngesellschaft der Türkei

Literaturverzeichnis

Adams, C.F.:
Notes on Railroad Accidents: Putnams, 1879.

Bishop, Bill:
Off the Rails - A Detailed Account of Railway Accidents & Derailments: Bracken Books, 1984: (ISBN 1 85170 208 3).

Blythe, R.:
Danger Ahead: Newman Neame, 1951.

Bonnett, H.:
The Grantham Railcrash of 1906: Bygone Grantham, 1978: (ISBN 0 906338 05 0).

Churchman, G.B.:
Danger Ahead: IPL Publishing Group, 1991: (ISBN 0-908876-74-2). (New Zealand railway accidents.)

Conly, G. und Stewart, G.:
Tragedy on the Track: Graham House, 1986: (ISBN 1-86934-008-6). (New Zealand railway accidents.)

Coombes, L.F.E.:
The Harrow Railway Disaster-Twenty-five Years On: David & Charles, 1977: (ISBN 0 7153 7409-5)

Currie, J.R.L:
The Runaway Train - Armagh 1889: David & Charles, 1971: (ISBN 0 7153 5198 2).

Davey, Nancy:
The Tay Bridge Disaster 1879: Dundee Art Gallery & Museums 1993: (ISBN 0 900344 55 5).

Gerard, M. und Hamilton, J.A.B.:
Rails to Disaster - More British Steam Train Accidents 1906 - 1957: George Allen & Unwin, 1984: (ISBN 0-04-385 103-7).

Hall, Stanley:
Danger Signals - An Investigation into Modern Railway Accidents: Ian Allen, 1987: (ISBN 0 7110 1709 2).

Ders.
Danger on the Line: Ian Allen, 1989: (ISBN 07110 1872 2).

Ders.
The Railway Detectives - 150 Years of the Railway Inspectorate: Ian Allen, 1990: ISBN 0 7110 1929 0).

Hamilton, J.A.B.:
Britain's Greatest Rail Disaster - The Qintinshill Blaze of 1915: George Allen & Unwin, 1969: (ISBN 04 625003 4).

Ders.
Trains to Nowhere - British Steam Train Accidents 1906 - 1960: herausgegeben von Malcolm Gerard: George Allen & Unwin, 1981: (ISBN 0-04-385084-7).

Ders.
Disaster Down the Line!: George Allan & Unwin, 1967: (Paperback, Javelin Books, 1987: ISBN 0 7137 1973 7).

Hewison, C.H.:
Locomotive Boiler Explosions: David and Charles, 1983: (ISBN 0-7153 8305).

Holloway, S.:
Moorgate - Anatomy of a Railway Disaster: David & Charles, 1988: (ISBN 0 7153 8913).

Johnson, C.:
Learning the Hard Way: The New Zealand Railway & Locomotive Society, 1991: (ISBN 0-908573-57-X). (New Zealand Railway Accidents.)

Jones, Elwyn V.:
Mishaps on the Cambrian Railways (1864- 1922): Severn Press, 1972.

Jongerius, R.:
Spoorweganvallen in Nederland 1839 - 1993: Schuyt & Co. , 1993 (ISBN 90-6097-341-0).

Nock, O.S.:
Historic Railway Disasters: Ian Allan, 1966: (Paperback, Arrow Books, 1986: (ISBN 0 09 907720 5), 4. durchgesehene Auflage von Cooper, B.K.: Ian Allan, 1987 (ISBN 0-7110-1752-2).

Pearce, K.:
Broken Journeys Volume I: Railmac Publications 1985: (ISBN 0 949817 45 7).

Ders.
Broken Journeys Volume II: Railmac Publications, 1989: (ISBN 0 949817 79 1)

Prebble, John:
High Girders: Martin Secker & Warburg, 1956: (The Tay Bridge Disaster of 1879).

Püschel, Bernhard:
Historische Eisenbahn-Katastrophen - Eine Unfallchronik von 1840 bis 1926: Eisenbahn-Kurier (ISBN 3-88255-838-5).

Preuß, E.
Eisenbahnunfälle in Europa. Transpress, 4. Aufl. 1995 (ISBN 3-344-70716)

Reed, Robert C.:
Down Brakes: 1. Auflage, P.R.Macmillan, 1960. Train Wrecks - A Pictorial History of Accidents on The Main Line: Bonanza Books, New York, 1968 (Library of Congress card Nr. 68-13249).

Ritzau, H.J. und Hörstel, J.:
Die Katastrophenszene der Gegenwart - Eisenbahnunfälle in Deutschland Band 2: Verlag Zeit und Eisenbahn, 1953: (ISBN 3-921 304-50-4).

Ritzau, H.J.:
Eisenbahn-Katastrophen in Deutschland: Verlag Zeit & Eisenbahn: 1979 (ISBN 3-921304-38-6).

Rolt, L.T.C.:
Red for Danger: 4. Auflage, durchgesehen und ergänzt von Geoffrey Kichenside: Pan Books, 1982: (ISBN 0 330 29189 0).

Schneider, A. und Mase, A.:
Railway Accidents of Great Britain & Europe: aus dem Deutschen übersetzt von Dellow, E.L.: David & Charles, 1970 (ISBN 7153 4791 8).

Shaw, Robert B.:
History of Railroad Accidents, Safety Precautions and Operating Practices: 1978.

Stretton, C.E.:
Safe Railway Working: Crosby Lockwood & Son, 1909.

Thomas, John:
Obstruction Danger - Stories of Memorable Railway Disasters: William Blackwood & Sons, 1937.

Ders.
Great Britain's Worst Railway Disaster (1915): David & Charles, 1962: (7153 4645-8).

Ders.
The Tay Bridge Disaster - New Light on the 1879 Tragedy: David & Charles, 1972: (ISBN 0 7153 5198 2).

Vaughan, A.:
Obstruction Danger - Significant British Railway Accidents 1890 - 1986: Patrick Stephens, 1989: (ISBN 1-85260-055-1).

Wells, J.A.:
Signals to Danger - Railway Accidents at Newcastle upon Tyne and in Northumberland: Northumberland County Library, 1992: ISBN 1 874020 07 8).

Wilson, H.R.:
The Safety of British Railways: P.S.King & Son, 1909.

Danksagung

Australien
R. McAdams
J. Costigan

Kanada
D. J. Nichol
Dr. R. V. V. Nicholls

Frankreich
M. Doerr
J. Falaize
P. Jefford
Union Internationale
des Chemins de fer

Deutschland
M. Grieves

Großbritannien
W. Adams
C. P. Atkins
G. Bird
G. Duddridge
M. C. Holmes
M. Hughes
P. Kelly
J. Rintoul
L. Tyrell
G. D. Towner
F. Voisey
Personal der Bibliothek des
National Railway Museum, York

Japan
O. Nakayama
T. Suga
K. Usui

Niederlande
H. Hanenbergh

Neuseeland
J. B. C. Taylor

Schweden
G. Dahlberg
L. Furuskar

USA
Mark J. Cedeck
John W. Barringer III,
National Railway Library, St. Louis
Transport Museum Association,
National Museum of Transport,
St. Louis.

Allen, die Fotos und Zeichnungen zur Verfügung gestellt haben, danke ich herzlich.

Wir schreiben über mehr als Dampf!

Spannende Abenteuer mit der Eisenbahn, computergesteuerte Modellbahn-Tests, originelle Werkstatt-Tips, einmalige Fotos, Geschichten von Menschen und Maschinen – bei uns finden Sie alles, was Modell und Vorbild an Faszination bieten.

Bilden Sie sich bitte selbst ein Urteil. Wir schicken Ihnen umgehend ein Probeheft. Das verpflichtet zu nichts und kostet nichts (außer Porto für die Postkarte oder die Telefon- bzw. Faxgebühr).

Also gleich anfordern.

MODELLEISENBAHNER
Pietsch + Scholten Verlag
Postfach 103743, D-70032 Stuttgart
Olgastraße 86, D-70180 Stuttgart
Telefon (0711) 2108078
Fax (0711) 2360415 oder (0711) 2108082